Mathematik für Realschulen

7. Jahrgangsstufe
Wahlpflichtfächergruppe II/III

Erich Habler
Simon Kappl
Xaver Kiermair
Hans Lippert
Herbert Püls
Christoph Sobotta
Maximilian Steger
Martin Sulzenbacher

Verlag Moritz Diesterweg
Frankfurt am Main

Erich Habler, München
Simon Kappl, Markt Schwaben
Xaver Kiermair †
Hans Lippert, Friedberg
Herbert Püls, Lichtenfels
Christoph Sobotta, Landshut
Maximilian Steger, Königsbrunn
Martin Sulzenbacher, Fuchstal

Abbildungsnachweis:
S. 26, 34, 36 u, 70: MEV Verlag; S. 36 o, 66, 71, 73.2, 75, 80.5, 81.3: Hans Lippert, Friedberg; S. 39, 65: Maximilian Steger, Königsbrunn; S. 42, 54 u, 78, 79, 80.5, 114, 120, 121: Christoph Sobotta, Landshut; S. 59, 84, 97, 128, 132: Erich Habler, München; S. 62: dpa/Heidtmann, Frankfurt; S. 64: IFA-Bilderteam, Düsseldorf; 73.1: dpa/Thissen, Frankfurt; 80.1: Detlev Ehlen, Frankfurt; 96.2: Max Ernst, Euklid, 1945, Öl 65 x 57,5 cm; © VG Bild-Kunst, Bonn 2002; 96.3: Archiv für Kunst und Geschichte, Berlin

Druck A ^{3} / Jahr 2010
Alle Drucke der Serie A sind im Unterricht parallel verwendbar.

Illustrationen: Anton Oberfrank, Friedberg
Satz: Fotosatz Otto Gutfreund GmbH, Darmstadt
Druck und Bindung: westermann druck GmbH, Braunschweig

ISBN 978-3-425-**07158**-9

Inhaltsverzeichnis

Kennzeichnung von Aufgaben für schlaue Füchse

Anregungen für Projekte

Lösungshilfen

Kapitel 1–5:

Bei vielen Aufgaben sind in eckigen Klammern zur Kontrolle die Ergebnisse durch die Quersumme ihrer Beträge angegeben.
Beispiele: Lautet das Ergebnis einer Aufgabe *195*, so steht hinter der Aufgabe [15]; lautet das Ergebnis *–213*, so steht hinter der Aufgabe [6].
Bei Brüchen ist die Quersumme der Summenwerte aus Zähler und Nenner angegeben. Beispiel: Beim Ergebnis $\frac{19}{17}$ ist [18], beim Ergebnis $2\frac{3}{7}$ [12] und beim Ergebnis *3,15* ist [9] angegeben.

Kapitel 6:

Die Ergebnisse der Aufgaben mit ungeraden Aufgabennummern werden auf Seite 132 aufgeführt.

Mathematische Zeichen und Abkürzungen

$=$	**gleich**: $8 = 2 \cdot 4$
$\neq$	**ungleich**: $6 \neq 5+3$
$\approx$	**ungefähr gleich**: $7{,}99 \approx 8$
$\triangleq$	**entspricht**: 1 cm (einer Zeichnung) $\triangleq$ 5 kg
$>$	**größer als**: $6 > 3$
$<$	**kleiner als**: $3 < 6$
$\geqq$	**größer oder auch gleich**
$\leqq$	**kleiner oder auch gleich**
$+$	**plus**
$-$	**minus**
$\cdot$	**mal, multipliziert mit**
$:$	**geteilt durch, dividiert durch**
$\sim$	direkt **proportional**
a^k	**Potenz**schreibweise „a hoch k“
%	**Prozent**: von Hundert
$\lvert a \rvert$	absoluter **Betrag** von a
$\mid$	**teilt**: $3 \mid 12$
$\frac{a}{b}$	**Bruch** a: Zähler; b: Nenner
$\square, \triangle, x, y, a, b$	Platzhalter, **Variable**
$(+1 \mid -3)$	**geordnetes Zahlenpaar** aus den Zahlen +1 und –3
$T_1, T_2, T(x)$	**Terme**, Term mit der Variablen x
M, M_1, M_2	**Mengen**
$\{a; b; c\}$	**Menge** mit den Elementen a, b und c
$\mathbb{N}$	**Menge** der natürlichen Zahlen: $\mathbb{N} = \{1; 2; 3; \ldots\}$
$\mathbb{N}_0$	**Menge** der natürlichen Zahlen einschließlich 0: $\mathbb{N}_0 = \{0; 1; 2; 3; \ldots\}$
$\mathbb{Z}$	**Menge** der ganzen Zahlen: $\mathbb{Z} = \{\ldots; -2; -1; 0; +1; +2; \ldots\}$
$\mathbb{Z}^+ (\mathbb{Z}^-)$	**Menge** der positiven (negativen) ganzen Zahlen
$\mathbb{Q}$	**Menge** der rationalen Zahlen
$\mathbb{Q}^+$	**Menge** der positiven rationalen Zahlen
$\mathbb{Q}_0^+$	**Menge** der positiven rationalen Zahlen einschließlich 0
$\mathbb{V}_n$	**Menge** der Vielfachen von n: $\mathbb{V}_3 = \{3; 6; 9; 12; \ldots\}$, $\mathbb{V}_n \subseteqq \mathbb{N}$
$\mathbb{T}_{10}$	**Menge** der Teiler von 10: $\mathbb{T}_{10} = \{1; 2; 5; 10\}$
$\mathbb{P}$	**Menge** der Primzahlen: $\mathbb{P} = \{2; 3; 5; 7; 11; 13; 17; 19; 23; \ldots\}$
$\mathbb{G}$	**Grundmenge**
$\mathbb{D}$	**Definitionsmenge**
$\mathbb{L}$	**Lösungsmenge**: $\mathbb{L} \subseteqq \mathbb{G}$
$\{x \mid \ldots\}$	**Menge** aller Elemente x, für die gilt: …
$[z_1; z_2]$	**abgeschlossenes Intervall**
$[y_1; y_2[,]y_1; y_2]$	**halboffene Intervalle**
$]z_1; z_2[$	**offenes Intervall**
$\emptyset$	**leere Menge**: Menge ohne Element
$\in$	**ist Element von**: $a \in \{a; b; c\}$

$\notin$	**ist nicht Element von:** $d \notin \{a; b; c\}$
$\subseteq$	**ist Teilmenge von:** $\{x\} \subseteq \{x; y; z\}$, $\{4\} \subseteq \{4\}$
$\subset$	**ist echte Teilmenge von:** $\{2\} \subset \{2; 3; 4\}$
$\nsubseteq$	**ist nicht Teilmenge von:** $\{x; y; z\} \nsubseteq \{u; y; w; x\}$
$M_1 \cap M_2$	**M_1 geschnitten mit M_2** (Schnittmenge): $\{2; 3\} \cap \{2; 4; 5\} = \{2\}$
$M_1 \cup M_2$	**M_1 vereinigt mit M_2** (Vereinigungsmenge): $\{2; 3\} \cup \{2; 4; 5\} = \{2; 3; 4; 5\}$
$M_3 \setminus M_4$	**M_3 ohne M_4** (Restmenge): $\{2; 5; 7; 9\} \setminus \{5; 9\} = \{2; 7\}$
(w); (f)	(w): **wahre Aussage**; (f): **falsche Aussage**
$\wedge$	Konjunktionszeichen: ... **und zugleich** ...
$\vee$	Adjunktionszeichen (Disjunktionszeichen): ... **oder auch** ...
$\Rightarrow$	**Wenn ..., dann ...**
$\Leftrightarrow$	**äquivalent; ... genau dann, wenn ...**
$A, B, \ldots, P_1, P_2, \ldots$	Namen für **Punkte**
$P(2\|3)$	**Punkt** mit den **Koordinaten** $(2\|3)$
g; AB	g: **Gerade** g; AB: **Gerade** durch die Punkte A und B
$[AB$	**Halbgerade** mit dem Anfangspunkt A durch den Punkt B
$[AB]$	**Strecke** als Punktmenge
$\overline{AB}$	**Länge** der Strecke $[AB]$
$\parallel$; $\perp$	$\parallel$: **parallel zu**; $\perp$: **senkrecht auf (zu)**
$d(P; g)$	**Abstand** des Punktes P von der Geraden g
$\sphericalangle ASB$	**Winkel** ASB bzw. Maß des Winkels ASB S: Scheitel; $[SA$: erster Schenkel; $[SB$: zweiter Schenkel
$\alpha, \beta, \ldots, \alpha_1, \alpha_2, \ldots$	**Maße von Winkeln**
$\triangle ABC$	**Dreieck** ABC
$k(M; r)$	**Kreis** um den Mittelpunkt M mit dem Radius r
$m_{[AB]}$	**Mittelsenkrechte** der (zur) Strecke $[AB]$
$w_{\sphericalangle ASB}$	**Winkelhalbierende** des Winkels ASB
$\overrightarrow{PQ}$	**Pfeil** oder auch **Vektor** (Pfeil als Repräsentant des Vektors)
$\vec{v}$	**Vektor**
$-\vec{v}$	**Gegenvektor zu** $\vec{v}$
$\vec{v} = \begin{pmatrix} v_x \\ v_y \end{pmatrix}$	**Koordinatendarstellung** des Vektors $\vec{v}$ mit den **Vektorkoordinaten** v_x und v_y
$\vec{a} \oplus \vec{b}$	**Vektorsumme:** $\begin{pmatrix} a_x \\ a_y \end{pmatrix} \oplus \begin{pmatrix} b_x \\ b_y \end{pmatrix} = \begin{pmatrix} a_x + b_x \\ a_y + b_y \end{pmatrix}$
A; V	A: **Flächeninhalt**; V: **Rauminhalt, Volumen**
LE, FE, VE	**Längeneinheit, Flächeneinheit, Volumeneinheit**
$P \xmapsto{a} P'$	Abbildung durch **Achsenspiegelung** mit a als Spiegelachse
$P \xmapsto{\vec{v}} P'$	Abbildung durch **Parallelverschiebung** mit $\vec{v}$ als Verschiebungsvektor
$P \xmapsto{Z; \varphi} P'$	Abbildung durch **Drehung** mit Z als Drehzentrum und φ als Drehwinkelmaß

1 Die Menge ℚ der rationalen Zahlen

1.1 Multiplikation und Division in ℤ

Multiplikation ganzer Zahlen

Um den Wert eines Produktes oder eines Quotienten festlegen zu können, übertragen wir die für die natürlichen Zahlen geltenden Gesetze auch auf die ganzen Zahlen.
Mit der ursprünglichen Bedeutung der Multiplikation als wiederholter Addition desselben Summanden erhalten wir zum Beispiel:

$4 \cdot 5 = 5 + 5 + 5 + 5$ oder auch $5 \cdot 4 = 4 + 4 + 4 + 4 + 4$

und somit auch:

$(+3) \cdot (+2) = (+2) + (+2) + (+2) = +6$ oder auch $(+2) \cdot (+3) = (+3) + (+3) = +6$
$(+3) \cdot (-2) = (-2) + (-2) + (-2) = -6$ also gilt auch $(-2) \cdot (+3) = -6$

Um Rechenregeln zu gewinnen, betrachten wir folgende Multiplikationen, bei denen jeweils der zweite Faktor gleich bleibt. Der erste Faktor wird von Multiplikation zu Multiplikation um 1 kleiner.

⋮ ⋮ ⋮		⋮ ⋮ ⋮	
$(+3) \cdot (+2) = +6$	Der Produktwert wird von Multiplikation zu Mulitplikation um 2 kleiner.	$(+3) \cdot (-2) = -6$	Der Produktwert wird von Multiplikation zu Mulitplikation um 2 größer.
$(+2) \cdot (+2) = +4$		$(+2) \cdot (-2) = -4$	
$(+1) \cdot (+2) = +2$		$(+1) \cdot (-2) = -2$	
$0 \cdot (+2) = 0$		$0 \cdot (-2) = 0$	
$(-1) \cdot (+2) = -2$		$(-1) \cdot (-2) = +2$	
$(-2) \cdot (+2) = -4$		$(-2) \cdot (-2) = +4$	
$(-3) \cdot (+2) = -6$		$(-3) \cdot (-2) = +6$	
⋮ ⋮ ⋮		⋮ ⋮ ⋮	

Wir erkennen folgende Regeln:

Zwei ganze Zahlen werden multipliziert, indem man ihre Beträge multipliziert und dabei beachtet: Der Wert des Produkts ist **positiv**, wenn **beide Faktoren gleiches Vorzeichen** haben. Der Produktwert ist **negativ**, wenn **beide Faktoren verschiedene Vorzeichen** haben.
Der Produktwert ist 0, wenn mindestens ein Faktor gleich 0 ist.

Man sagt:

+ mal + gibt +
– mal – gibt +
+ mal – gibt –
– mal + gibt –

Beispiele

$(+16) \cdot (+2) = +32$ $(-4) \cdot (+8) = -32$ $(-14) \cdot (-5) = +70$ $(-3) \cdot 0 = 0$

❶ Schreibe als Produkt und berechne dann den Wert des Produkts.
a) $(-5) + (-5) + (-5) + (-5) + (-5)$ **b)** $(+7) + (+7) + (+7) + (+7)$
c) $(-15) + (-15) + (-15) + (-15)$ **d)** $(-6) + (-6) + (-6) + (-6) + (-6) + (-6)$
e) $(-8) + (-8) + (-8) + (-8) + (-8) + (-8) + (-8) + (-8) + (-8)$

❷ Berechne die Werte der folgenden Terme.
a) $(+3) \cdot (+7)$; $(-3) \cdot (-7)$; $(-13) \cdot (+5)$; $(+25) \cdot (-4)$; $(+15) \cdot (-7)$
b) $(-15) \cdot (+6) \cdot (-3)$; $5 \cdot 4 \cdot (-5)$; $8 \cdot (-12) \cdot 2$; $4 \cdot (-5) \cdot 100 \cdot (-1)$

Rechengesetze

Für die Multiplikation ganzer Zahlen können wir die für natürliche Zahlen und Brüche geltenden Rechengesetze anwenden.

In einem Produkt können die Faktoren beliebig vertauscht werden.

$a \cdot b = b \cdot a$
Kommutativgesetz

Beispiele

$(+3) \cdot (-5) = (-5) \cdot (+3) = -15$
$(+8) \cdot (-3) \cdot (+4) \cdot (+5) \cdot (-2) = (+4) \cdot (-3) \cdot (+8) \cdot (-2) \cdot (+5) = +960$

Die Faktoren eines Produkts können durch Klammern beliebig zusammengefasst werden.

$(a \cdot b) \cdot c = a \cdot (b \cdot c)$
Assoziativgesetz

Beispiele

$[(+6) \cdot (-5)] \cdot (+2) = (+6) \cdot [(-5) \cdot (+2)]$
$(-30) \cdot (+2) = (+6) \cdot (-10)$
$-60 = -60$

$[10 \cdot (-5) \cdot (-4) \cdot 8 = (+10) \cdot (-5) \cdot (-4) \cdot (+8) =$
$(+10) \cdot [(-5) \cdot (-4) \cdot (+8)] =$
$10 \cdot [(-5) \cdot (-4) \cdot 8] = 1\,600$

Der Wert des Produkts aus einer Zahl und einer Summe ist gleich dem Wert der Summe aus den Produkten der Zahl mit jedem Summanden.

$a \cdot (b + c) = a \cdot b + a \cdot c$
bzw.
$(a + b) \cdot c = a \cdot c + b \cdot c$
Distributivgesetz

Beispiele

ausmultiplizieren

$(-5) \cdot (-7 + 3)$
$= (-5) \cdot [(-7) + (+3)]$
$= (-5) \cdot (-7) + (-5) \cdot (+3)$
$= (+35) + (-15)$
$= +20$

$(-6) \cdot (-127) + 27 \cdot (-6)$
$= [-127 + 27] \cdot (-6)$
$= (-100) \cdot (-6)$
$= +600$

ausklammern

Aufgaben

1 Berechne.

a) $(-3) \cdot 9$ **b)** $8 \cdot (-5)$ **c)** $(-8) \cdot (-12)$ **d)** $(-25) \cdot (+4)$
e) $(-11) \cdot (-5)$ **f)** $7 \cdot 17$ **g)** $(-125) \cdot 0$ **h)** $(+25) \cdot (+8)$
i) $(+100) \cdot (-100)$ **j)** $8 \cdot (-88)$ **k)** $(-500) \cdot (+750)$ **l)** $(-10) \cdot (-105)$
m) $-124 \cdot 42$ **n)** $-2\,318 \cdot (-125)$ **o)** $-12^2 \cdot (-789) \cdot 5^3 \cdot (-5^2)$ **p)** $5^3 \cdot (-5^2)$

2 Übertrage die Multiplikationstabelle in Bild 1 in dein Heft und fülle sie aus.

·	5	−7	11	1	−20
−9					
12		−84			
−6					
−1					
25					

Bild 1

3 Rechne vorteilhaft. Wende die Rechengesetze an.

a) $50 \cdot (-13) \cdot 20$ [4] **b)** $-6 \cdot (-20) \cdot 9 \cdot (-5)$ [9]
c) $(-8 \cdot 3) \cdot (-7) \cdot (-25)$ [6] **d)** $12 \cdot (-37) + (-2) \cdot (-37)$ [10]
e) $-78 \cdot (-17) + (-22) \cdot (-17)$ [8] **f)** $273 \cdot (-9) + 227 \cdot (-9)$ [9]
g) $-75 \cdot (-14) + (-14) \cdot 61$ [16] **h)** $45 \cdot (-44) - 36 \cdot 45$ [9]
i) $-39 \cdot 61 - 61 \cdot 31$ [13] **j)** $-7 \cdot 55 + 55 \cdot (-19) - 4 \cdot 55$ [12]

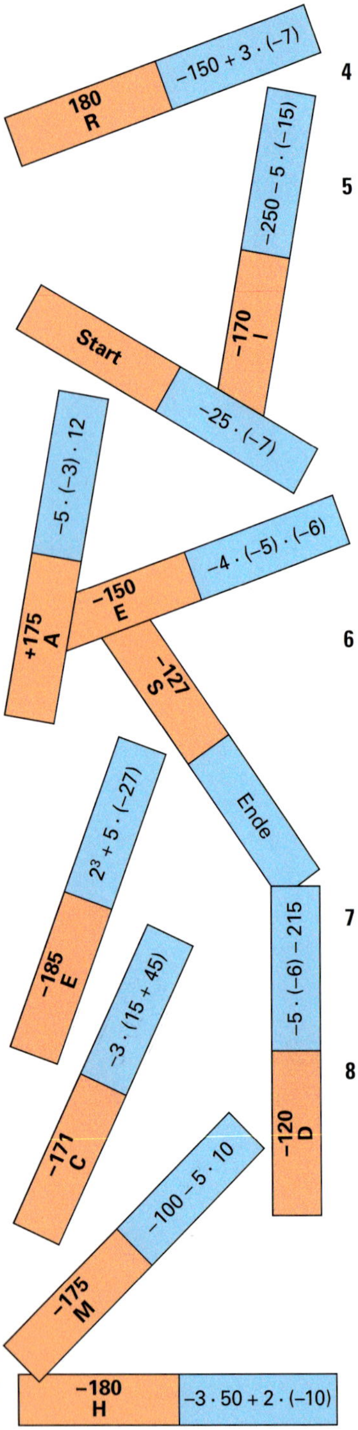

Bild 1

Aufgaben

4 Bringe die Dominosteine in Bild 1 in die richtige Reihenfolge und finde das Lösungswort (Name einer Person). Stelle Wissenswertes über diese Person mithilfe eines Lexikons oder des Internets zusammen.

5 Berechne den Wert des Produkts.

Beispiele

$6 \cdot (-4) \cdot (-5) \cdot 3$	$6 \cdot (-4) \cdot (-5) \cdot (-3)$	$(-6) \cdot (-4) \cdot (-5) \cdot (-3)$
$= -24 \cdot (-5) \cdot 3$	$= -24 \cdot (-5) \cdot (-3)$	$= 24 \cdot (-5) \cdot (-3)$
$= 120 \cdot 3 = +360$	$= 120 \cdot (-3) = -360$	$= -120 \cdot (-3) = +360$

a) $(-2) \cdot 4 \cdot (-5) \cdot 10$ [4] **b)** $8 \cdot 15 \cdot (-2)$ [6] **c)** $-8 \cdot (-125) \cdot (-6)$ [6]
d) $3 \cdot (-5) \cdot 7 \cdot (-9)$ [18] **e)** $(-15) \cdot (-1) \cdot 9 \cdot (-10)$ [9] **f)** $-20 \cdot 30 \cdot 40 \cdot (-2)$ [12]
g) $55 \cdot (-15) \cdot 8 \cdot (-13) \cdot (-1)$ [21] **h)** $-33 \cdot (-45) \cdot 3^3 \cdot (-2)$ [18]

Der Wert eines Produkts aus mehreren Faktoren ist **positiv**, wenn die Anzahl der negativen Faktoren eine gerade Zahl ist. Er ist **negativ**, wenn die Anzahl der negativen Faktoren eine ungerade Zahl ist.

6 Berechne und beachte dabei die Regel *Punkt vor Strich*.

a) $3 \cdot (-5) + (-5) \cdot 4$ [8] **b)** $8 - 15 + (-2) \cdot (-4)$ [1]
c) $(-5) \cdot (-5) \cdot (-2) + 50 - (-45) \cdot (-1)$ [9] **d)** $2^2 + (+3) \cdot (-2) + (-17) \cdot 0$ [2]
e) $5 \cdot (-8) - 4 \cdot (-3) + (-7) \cdot (-9)$ [8] **f)** $3 \cdot 5 \cdot (-6) - 8 \cdot 25 \cdot (-2) - 20^2$ [9]
g) $4 \cdot (-6) \cdot (-5) - (-3) \cdot 5 \cdot (-7)$ [6] **h)** $(-14) + 14 \cdot (-3) - 7 \cdot (-9)$ [7]
i) $(-14) \cdot 5 \cdot (-125) \cdot (-8) - 7 \cdot 10^4$ [5] **j)** $(-3) \cdot (-16) \cdot (-10) + (-4) \cdot (-25) \cdot 7$ [4]
k) $-5 + 3 \cdot [-18 + (-8) \cdot 12 - 4 \cdot (-45)] + 3 \cdot (-7)$ [10]
l) $-[20 \cdot (-13) - 120] \cdot (-15) + (24 + 36)^2 - 31 \cdot (-71)$ [2]

7 Rechne möglichst geschickt.

a) $(-12) + (-30) + (-8)$ **b)** $121 - (-52) + (-32) - 11^2$
c) $8 \cdot (-4) \cdot (-5) \cdot 2$ **d)** $-9 \cdot 25 \cdot (-7) \cdot (-4)$
e) $17 \cdot (-125) \cdot 8 \cdot (-3)$ **f)** $(-8) \cdot (-3) \cdot (-125) - (-4) \cdot 10^3$

8 Wende das Distributivgesetz an.

Beispiele

$(-5) \cdot (-21) + 6 \cdot (-21)$	$103 \cdot (-8) + 5 \cdot 103 - (-10) \cdot 103$
$= [(-5) + 6] \cdot (-21)$	$= 103 \cdot [(-8) + 5 - (-10)]$
$= (+1) \cdot (-21)$	$= 103 \cdot [-3 + 10]$
$= -21$	$= 103 \cdot 7 = 721$

a) $17 \cdot (-3) + 3 \cdot (-3)$ **b)** $373 \cdot (-15) + 127 \cdot (-15)$
c) $(-18) \cdot 56 - (-18) \cdot 55$ **d)** $-47 \cdot 23 + (-53) \cdot 23$
e) $-123 \cdot 11 + 23 \cdot 11$ **f)** $-44 \cdot 9 - 6 \cdot 9$
g) $(-11) \cdot (-7) + 5 \cdot (-7) + (-7) \cdot 7$ **h)** $-9 \cdot 4 + (-9) \cdot 3 + (-9) \cdot 2 + (-9)$
i) $-63 + 31 \cdot (-63) + (-20) \cdot (-63)$ **j)** $[-12 \cdot 13 + 15 \cdot (-12)] \cdot (-51)$
k) $29 \cdot [(-17) \cdot 9 + (-11) \cdot (-17)]$ **l)** $[-14 + (-14) \cdot 19] \cdot [13 \cdot (-9) + 13 + 13 \cdot 9]$

[Ergebnisse: −3 640; −7 500; −2 300; −1 100; −756; −450; −90; −60; −18; −7; 986; 17 136]

Aufgaben

9 Schreibe einen der Faktoren zunächst als Summe und berechne dann. Es gibt mehrere Möglichkeiten, wähle die günstigste.

Beispiel

$-98 \cdot 17 = [-90 + (-8)] \cdot 17 = -90 \cdot 17 + (-8) \cdot 17 = -1530 + (-136) = -1666$

oder $-98 \cdot 17 = [-100 + (+2)] \cdot 17 = -100 \cdot 17 + (+2) \cdot 17 = -1700 + 34 = -1666$

oder $-98 \cdot 17 = -98 \cdot [10 + 7] = -98 \cdot 10 + (-98) \cdot 7 = -980 + (-686) = -1666$

oder $-98 \cdot 17 = -98 \cdot [20 - 3] = -98 \cdot 20 - (-98) \cdot 3 = -1960 - (-294) = -1666$

a) $(-7) \cdot 18$	**b)** $(-12) \cdot 16$	**c)** $17 \cdot (-22)$	**d)** $(-13) \cdot (-18)$
e) $(-15) \cdot (-15)$	**f)** $-4 \cdot (-491)$	**g)** $-114 \cdot 7$	**h)** $57 \cdot (-25)$
i) $-105 \cdot 27$	**j)** $-49 \cdot 999$	**k)** $13 \cdot (-1013)$	**l)** $(-101) \cdot (-199)$

[Ergebnisse: −798; +20099; −374; −48951; 225; 234; −126; −1425; −2835; −13169; 1964; −192]

10 Setze für die Variablen die angegebenen Zahlen ein und berechne den Termwert.

Beispiel $T(x) = (-2) \cdot x + 7$ für $x = -9$

Wir schreiben: $T(-9) = (-2) \cdot (-9) + 7$; $T(-9) = +18 + 7$; $T(-9) = +25$

a) $T(x) = (-2) \cdot x + 7$ für $x \in \{-6; -4; -1; 0; +3; +5\}$

b) $T(y) = 4 \cdot (y - 2) + 5$ für $y \in \{-2; -1; 0; 1; 2\}$

c) $T(a) = (a - 3) \cdot (3 + a)$ für $a \in \{-5; -3; -1; 1; 3; 5\}$

d) $T(z) = (2 \cdot z + 1) \cdot z - 5$ für $z \in \{-10; -8; -1; 0; 2\}$

e) $T(b) = (b - 5) \cdot (b - 5)$ für $b \in \{-3; -2; -1; 0; 1; 2; 3; 4; 5; 6; 7\}$

11 Bilde einen Term und berechne seinen Wert.

a) Multipliziere die Summe aus −17 und −4 mit 8.

b) Subtrahiere vom Produkt aus −23 und 5 die Zahl −50.

c) Addiere zum Produkt der Zahlen −10 und 27 die Differenz aus −82 und 28.

d) Subtrahiere vom Produkt der beiden Zahlen −15 und −6 ihre Summe.

e) Addiere zum Produkt aus −6 und 25 das Vierfache der Summe aus −9 und −11.

f) Addiere zum Produkt der Zahlen 25 und −25 das Produkt der Zahlen −46 und −5.

g) Subtrahiere von der Summe der Zahlen −52, 7^3 und 9 das Produkt mit den Faktoren 3 und −101.

12 Übertrage die folgende Tabelle in dein Heft, setze für die Variablen x und y jeweils die angegebenen Zahlen ein und berechne die Termwerte.

	$(x\|y)$	$(x + y) \cdot x$	$(x + 2) \cdot y$	$x + 2 \cdot y$	$2 \cdot x + y$	$x + y \cdot x$
a)	$(-15\|8)$					
b)	$(27\|-9)$					
c)	$(-7\|-7)$					

Division ganzer Zahlen

Aus der Multiplikation erhalten wir die Division als Umkehrung wie folgt:

⋮	⋮	⋮	⋮
$(+4)\cdot(+2)=+8$	$(+8):(+2)=+4$	$(+4)\cdot(-2)=-8$	$(-8):(-2)=+4$
$(+2)\cdot(+2)=+4$	$(+4):(+2)=+2$	$(+2)\cdot(-2)=-4$	$(-4):(-2)=+2$
$0\cdot(+2)=0$	$0:(+2)=0$	$0\cdot(-2)=0$	$0:(-2)=0$
$(-2)\cdot(+2)=-4$	$(-4):(+2)=-2$	$(-2)\cdot(-2)=+4$	$(+4):(-2)=-2$
$(-4)\cdot(+2)=-8$	$(-8):(+2)=-4$	$(-4)\cdot(-2)=+8$	$(+8):(-2)=-4$
⋮	⋮	⋮	⋮

Man sagt:

+ durch + gibt +
− durch − gibt +
+ durch − gibt −
− durch + gibt −

Wir erkennen folgende Regeln:

Zwei ganze Zahlen werden dividiert, indem man ihre Beträge dividiert und dabei beachtet: Der Quotientenwert ist **positiv**, wenn **Dividend und Divisor gleiches Vorzeichen** haben. Der Quotientenwert ist **negativ**, wenn **Dividend und Divisor verschiedenes Vorzeichen** haben.
Der Quotientenwert ist 0, wenn der Dividend gleich 0 ist.
Die Division durch 0 ist nicht ausführbar.

Beispiele

a) $(+54):(+9)=+6$ **b)** $(-54):(-9)=+6$ **c)** $(+54):(-9)=-6$
d) $(-54):(+9)=-6$ **e)** $0:(-9)=0$ **f)** $(+12):(-1)=-12$

Aufgaben

1 Berechne.

a) $30:(-5)$ **b)** $(-56):(-7)$ **c)** $-84:12$ **d)** $(+72):(+8)$ **e)** $-52:(-13)$
f) $85:(-17)$ **g)** $-99:(+11)$ **h)** $0:(-13)$ **i)** $100:(-10)$ **j)** $(-144):(-12)$

2 Übertrage die Divisionstabelle in Bild 1 in dein Heft und fülle sie aus.

3 Wettrennen (vgl. Bild 2):
Rechne im Heft mit deinem Nachbarn um die Wette. Erfinde selbst ein solches Rennen.

4 Welche ganze Zahl vertritt die Variable x?

a) $x:(-4)=-5$ **b)** $(-63):x=+9$
c) $92:(-23)=x:2$ **d)** $x:3^2=-13$
e) $x:(-8)=72:(-9)$ **f)** $(-68):17=x\cdot(+4)$

:	+3	5	−6	−15
60				
−90				
270			−45	
−330				
−1050				

Bild 1

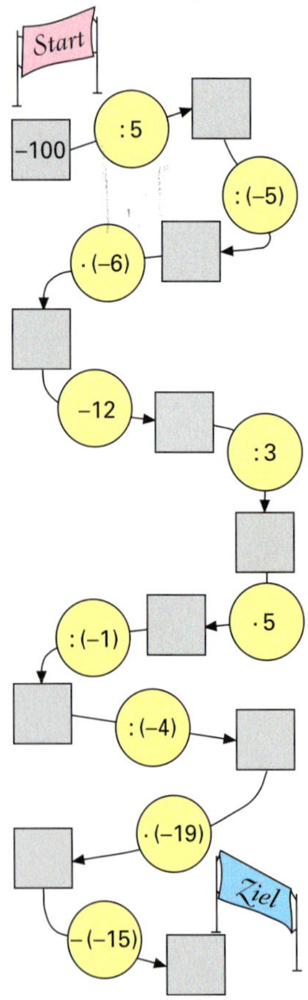

Bild 2

Aufgaben

5 Welche ganze Zahl vertritt die Variable?

a) $(-7) \cdot a = 56$ **b)** $(-12) \cdot y = -48$ **c)** $25 \cdot x = -100$ **d)** $(+9) \cdot z = 54$
e) $x \cdot (-14) = -70$ **f)** $a \cdot (+9) = -81$ **g)** $50 = (-10) \cdot y$ **h)** $z \cdot (-15) = 0$

6 Dividiere schriftlich und runde gegebenenfalls auf zwei Stellen nach dem Komma. Vergleiche die Beispiele am Rand.

a) $(-456) : (+12)$ [11] **b)** $(-714) : (-51)$ [5] **c)** $2461 : (-23)$ [8]
d) $(-1111) : (-101)$ [2] **e)** $5460 : (-420)$ [4] **f)** $(-98765) : -123$ [26]
g) $(+66912) : (+544)$ [6] **h)** $(-98721) : (-63)$ [19] **i)** $(-77777) : (-222)$ [16]
j) $6909453 : (-2001)$ [15] **k)** $40959 : (-123)$ [9] **l)** $(398424) : 758$ [21]

7 Berechne und beachte dabei die Klammerregeln und die Regel *Punkt vor Strich.*

a) $3 \cdot (-4) - 18 : (-9)$ [1] **b)** $(-88) : (-11) + 63 : (-7)$ [1]
c) $10 : (-1) - 48 : 8$ [7] **d)** $(-1) \cdot (-20) - (-51) : 3$ [10]
e) $(-65) : 13 + (-5) \cdot (-11)$ [5] **f)** $[7 - 13 \cdot (-3) - (-2) \cdot 21] : (-44)$ [2]
g) $[-486 + (-151)] : (-7)$ [10] **h)** $151 + 483 : (-7)$ [10]
i) $(-100 + 12) : (20 - 31)$ [8] **j)** $(-70 \cdot 8) : [-140 : (-4)]$ [7]
k) $15 \cdot (-75) + (-75) : 15$ [5] **l)** $46 + 2 \cdot [(-21 - 19) : 8 + 3 \cdot (-6)]$ [0]
m) $[20 \cdot (-3) - 12] : (-12) - 7^3 + 345$ [8] **n)** $[(-144) : (-12) + (-5) \cdot (-6)] : (-14)$ [3]
o) $[-90 + 135 : (-5) - (-5)] : (-7) + 6 \cdot (-7) - (-3) \cdot 6$ [8]
p) $[396 : (-9)] \cdot [15 + 4 \cdot (-4) \cdot (-2) + (-96) : 2] + 396 : (-9 + 15)$ [2]
q) $16 \cdot (-11) + 6 \cdot [(-273) : (-91) - 512 : 2^5] - (-2) \cdot 5^3$ [4]

8 Überprüfe die folgenden Rechnungen und korrigiere falsche Ergebnisse.

a) $\frac{-24 \cdot 3 + 22}{25 + 5 \cdot (-3)} = 5$ **b)** $\frac{-4 \cdot 5 \cdot 6 \cdot (-3)}{9 \cdot (-20) \cdot (-2)} = 0$ **c)** $\frac{[2^3 \cdot (-3) - 4 \cdot 5 + (-6) \cdot 7] \cdot 3}{-10 \cdot 10 + 5^2 \cdot (-2) + 3 \cdot 7} = 2$

9 Bilde zu folgenden Textaufgaben einen Term und berechne seinen Wert.

a) Dividiere die Differenz der Zahlen –12 und 21 durch die Zahl 11.
b) Dividiere die Zahl –555 durch die Summe der Zahlen 13 und –124.
c) Dividiere die Summe aus –45 und –54 durch das Produkt der Zahlen –11 und 3
d) Addiere zum Quotienten der Zahlen 147 und –7 das Produkt dieser Zahlen.
e) Subtrahiere das Produkt der Zahlen –8 und –5 von der Zahl 100 und dividiere das Ergebnis durch die Summe der Zahlen 15 und –45.

10 Schreibe zu folgenden Aufgaben einen entsprechenden Text.

a) $-5 + 3 \cdot (-4)$ **b)** $-15 : 3 - (-4)$ **c)** $10 \cdot (-13) - (-5) \cdot 6$
d) $(-9 - 24) : (-11)$ **e)** $225 : [25 + (-50)]$ **f)** $[-210 : 7] : [5 \cdot (-6)]$

Beispiele

$(+5225) : (-19) = ?$

$$5225 : 19 = 275$$
$$\begin{array}{r} -38 \\ \hline 142 \\ -133 \\ \hline 95 \\ -95 \\ \hline 0 \end{array}$$

$(+5225) : (-19) = -275$

$(-953) : (-31) = ?$

$$953 : 31 = 30{,}741\ldots$$
$$\begin{array}{r} -93 \\ \hline 230 \\ -217 \\ \hline 130 \\ -124 \\ \hline 60 \\ \ldots \end{array}$$

$(-953) : (-31) = 30{,}741\ldots$
gerundet: 30,74

Grafische Herleitung der Vorzeichenregeln

Die Vorzeichenregeln für die Multiplikation und Division ganzer Zahlen kann man auch mithilfe von Diagrammen herleiten.

Multiplikation: (+3) · (+2) = +6

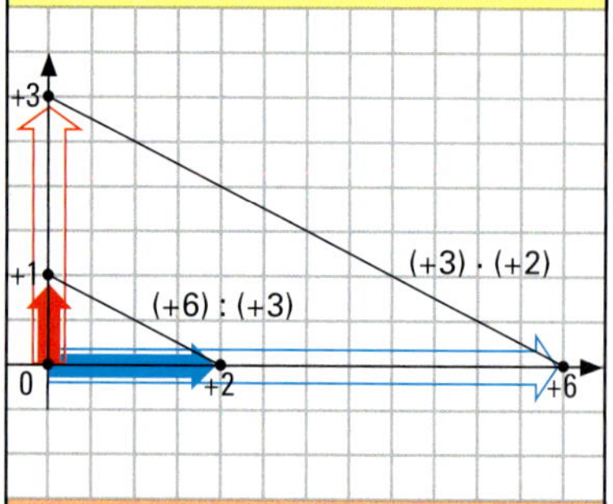

Division: (+6) : (+3) = +2

Multiplikation: (+3) · (–2) = –6

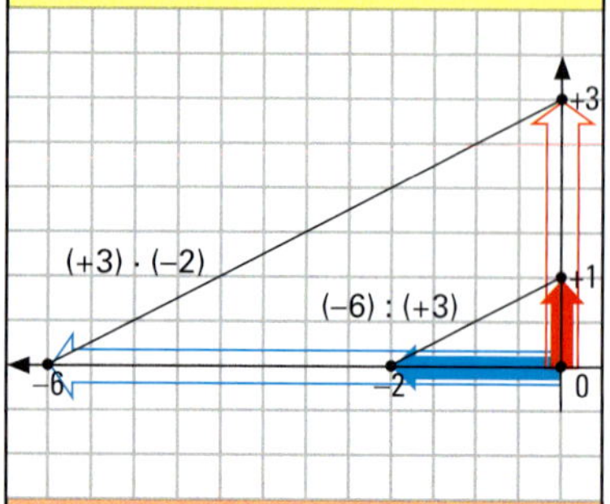

Division: (–6) : (+3) = –2

Multiplikation: (–2) · (+2) = –4

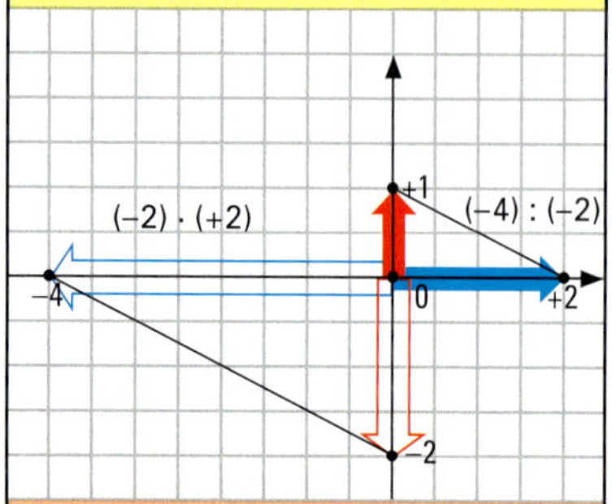

Division: (–4) : (–2) = +2

Multiplikation: (–2) · (–2) = +4

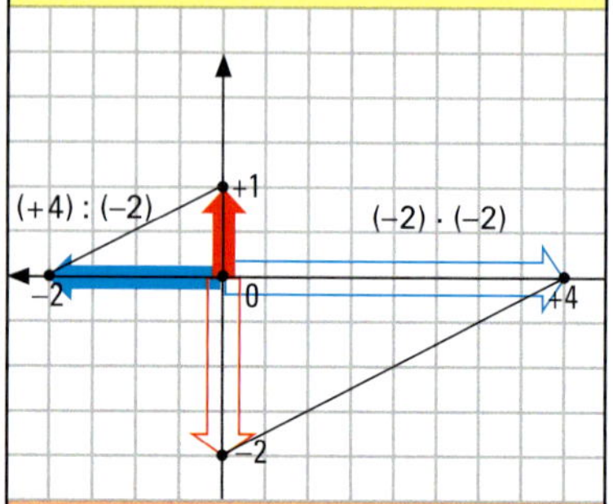

Division: (+4) : (–2) = –2

Multiplikation: 0 · (–3) = 0

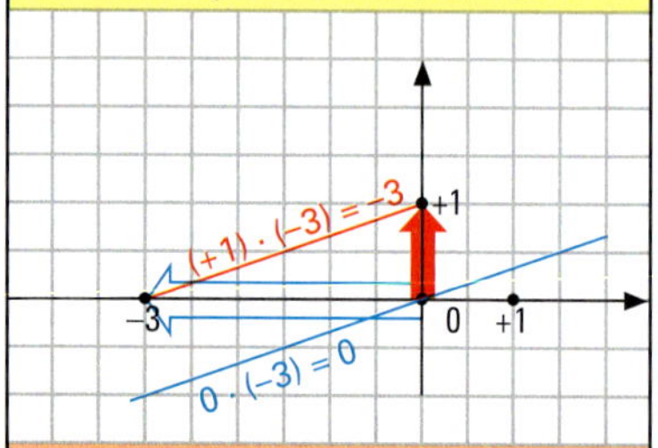

0 : (–3) = 0
Der Quotientenwert ist 0, wenn der Dividend 0 und der Divisor ungleich 0 ist.

Division: (–3) : 0 nicht definiert

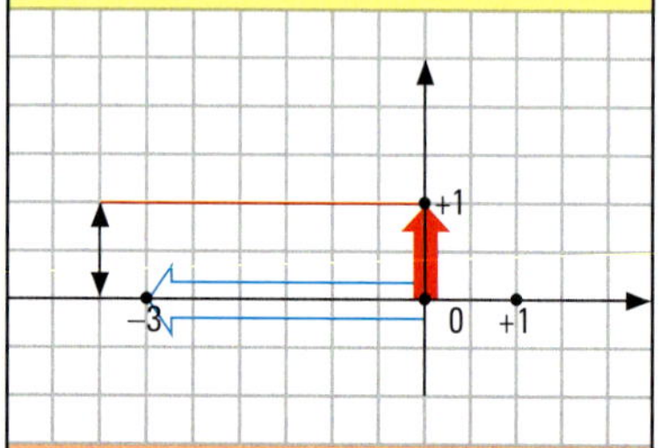

Zeichen wie (–3) : 0 sind nicht definiert. Durch null darf man nicht dividieren.

Den Diagrammen können wir entnehmen:

Multiplikation

+ mal + gibt +
– mal – gibt +
+ mal – gibt –
– mal + gibt –

Division

+ durch + gibt +
– durch – gibt +
+ durch – gibt –
– durch + gibt –

Gleiche Vorzeichen ergeben plus, ungleiche Vorzeichen ergeben minus.

- Stelle die nachfolgenden Multiplikations- bzw. Divisionsaufgaben zeichnerisch dar.

a) (–3) · (+2) **b)** (+4) · (–2) **c)** (–6) : (+2) **d)** (+12) : (–4) **e)** (–4) : (–2)

Zum Knobeln und Tüfteln

❶ Die in den folgenden Zuordnungen gesuchten Zeichen sollen wie in der jeweils darüber liegenden Zeile aus dem ersten Zeichen hervorgehen. Übertrage die Zuordnungen in dein Heft und ergänze die fehlenden Zeichen entsprechend.

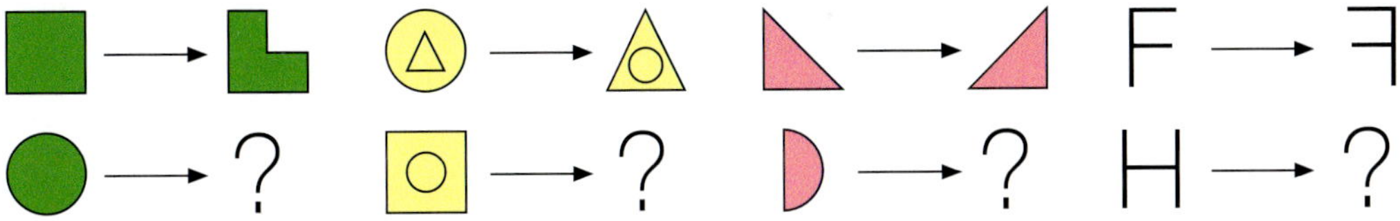

❷ Die folgenden sechs Gläser sind so aufgereiht, dass sich an drei halb volle Gläser drei leere anschließen. Wie kann man erreichen, dass jeweils auf ein halb volles ein leeres Glas folgt, wenn nur ein Glas bewegt werden darf?

❸ In der folgenden Figur liegen die Mittelpunkte von 10 der 11 farbigen Kreise mit einem Radius von 0,5 cm auf einem Kreis mit einem Radius von 2,5 cm. Auf jeder der 10 Mittelsehnen dieses Kreises, die Winkel von 36° einschließen, liegen die Mittelpunkte von drei farbigen Kreisen. Zeichne die Figur in dein Heft und trage dann in die 11 farbigen Kreise die Zahlen von 1 bis 11 ein, so dass die Summe der Zahlen in den drei jeweils zu einer Mittelsehne gehörenden Kreisen stets 18 ergibt.

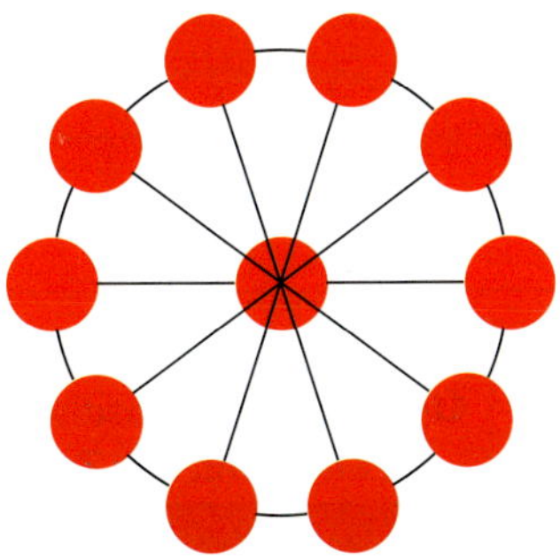

❹ Übertrage die folgende Figur zusammen mit den Teilungslinien dreimal auf ein Blatt kariertes Papier. Jede dieser drei Figuren soll nun jeweils entlang der Teilungslinien in gleich große, gleichförmige und somit deckungsgleiche Teilfiguren zerteilt werden, und zwar:
- die erste Figur in vier,
- die zweite Figur in drei,
- die dritte Figur in zwei deckungsgleiche Teilfiguren.

1.2 Zahlenbereichserweiterung auf $\mathbb{Q}$

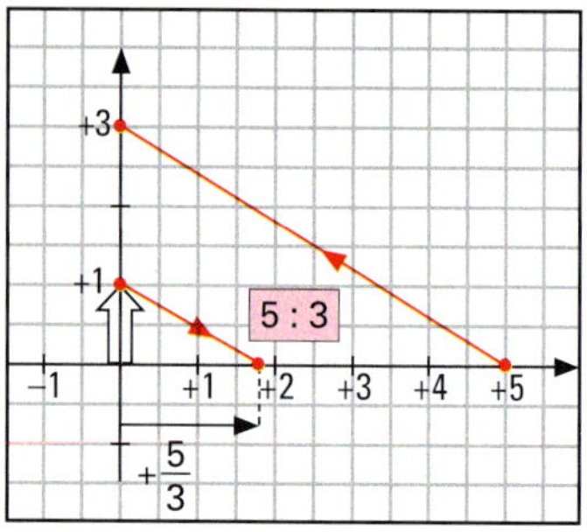

$+\frac{5}{3} = +\frac{10}{6} = +\frac{15}{9} = \dots$

Bild 1

Wie die Division 5 : 3 (Bild 1) lässt sich auch die Division 5 : (–3) in einem Divisionsdiagramm darstellen (Bild 2). Der Bildpunkt zu 5 : (–3) auf der Zahlengeraden und der zugehörige Zahlenpfeil gehören zum Bruch $-\frac{5}{3}$.

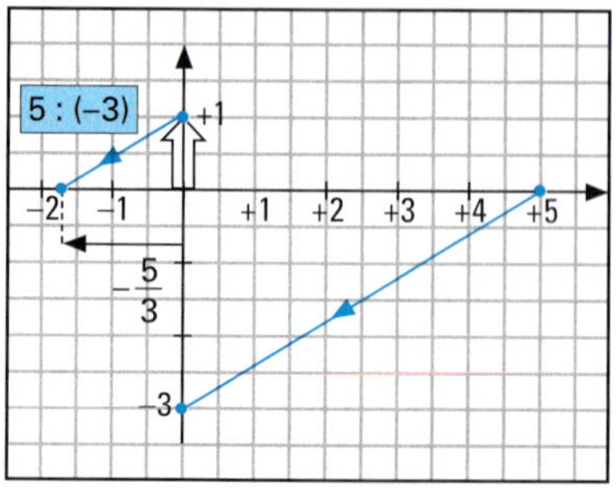

$-\frac{5}{3} = -\frac{10}{6} = -\frac{15}{9} = \dots$

Bild 2

Wie $+\frac{5}{3}, +\frac{10}{6}, +\frac{15}{9}, \dots$ haben auch die negativen Brüche $-\frac{5}{3}, -\frac{10}{6}, -\frac{15}{9}, \dots$ einen gemeinsamen Bildpunkt auf der Zahlengeraden.

$\frac{+a}{+b} = +\frac{a}{b}$

$\frac{-a}{-b} = +\frac{a}{b}$

$\frac{+a}{-b} = -\frac{a}{b}$

$\frac{-a}{+b} = -\frac{a}{b}$

Bild 3

Brüche wie $-\frac{5}{3}, -\frac{10}{6}, -\frac{15}{9}, \dots$ bezeichnen wir als **negative rationale Zahlen**. Die Menge aller negativen Brüche bildet die **Menge $\mathbb{Q}^-$ der negativen rationalen Zahlen**. Die Menge $\mathbb{Q}^+$ der positiven rationalen Zahlen und die Menge $\mathbb{Q}^-$ der negativen rationalen Zahlen bilden zusammen mit der Zahl 0 die Menge $\mathbb{Q}$ der rationalen Zahlen.

❶ Gib zu $-\frac{1}{4}$ ($-\frac{4}{7}$; $-\frac{5}{6}$) jeweils drei weitere wertgleiche Brüche an.

❷ Ersetze die Quotienten durch Brüche (vgl. Bild 3):
7 : 2; (–16) : (–3); 69 : (–13); (–4) : (+5); (+10) : (–1); (–12) : (+8)

Wir wissen, dass jeder Bruch in einen Dezimalbruch umgewandelt werden kann.

Beispiele $-\frac{7}{10} = -0{,}7$; $-\frac{15}{100} = -0{,}15$; $-2\frac{167}{1000} = -2{,}167$; $-\frac{15}{4} = -3{,}75$; $-\frac{1}{3} = -0{,}\overline{3}$

Daher gilt:

Alle Zahlen $\frac{a}{b}$ mit $a \in \mathbb{Z}$ und $b \in \mathbb{Z}\backslash\{0\}$ bilden die Menge $\mathbb{Q}$ der rationalen Zahlen (vgl. Bild 4).

Menge $\mathbb{Q}$ der rationalen Zahlen

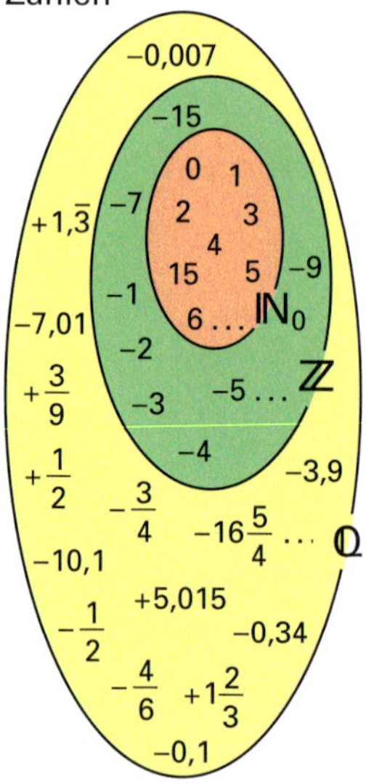

$\mathbb{N}_0 \subset \mathbb{Z} \subset \mathbb{Q}$

Bild 4

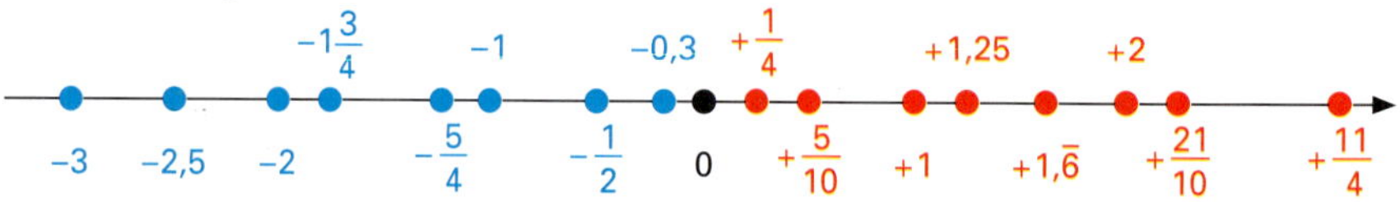

Teilmengen von $\mathbb{Q}$	
$\mathbb{N}_0$: Menge der natürlichen Zahlen mit der Zahl 0	$\mathbb{Q}_0^+$: Menge der positiven rationalen Zahlen mit der Zahl 0
$\mathbb{Z}$: Menge der ganzen Zahlen	$\mathbb{Q}_0^-$: Menge der negativen rationalen Zahlen mit der Zahl 0

Aufgaben

1 Gib für *a, b, c, d, e, f* die zugehörigen rationalen Zahlen an.

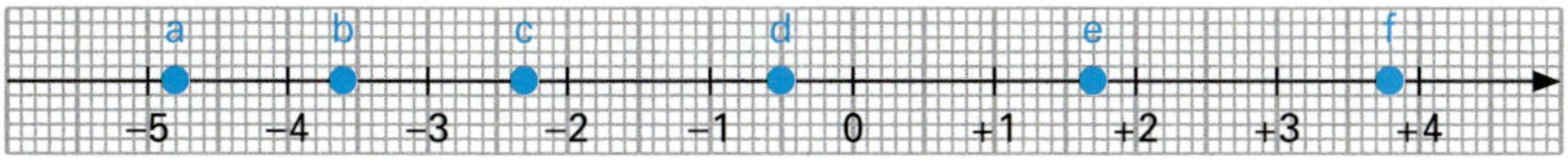

2 Zeichne in dein Heft (Querformat) eine Zahlengerade, wähle 5 cm als Einheitsstrecke und markiere darauf möglichst genau die Bildpunkte zu folgenden Zahlen:

$-1{,}3;\ -\frac{3}{4};\ +\frac{4}{5};\ -1\frac{1}{2};\ +1{,}85;\ -\frac{10}{5};\ -\frac{1}{3};\ \frac{0}{4};\ \frac{12}{8};\ -\frac{3}{15};\ +1{,}1; -0{,}05;\ -0{,}9; -0{,}4$

3 Welche rationalen Zahlen werden durch a, b, c, d, e, f vertreten?

a)

b)

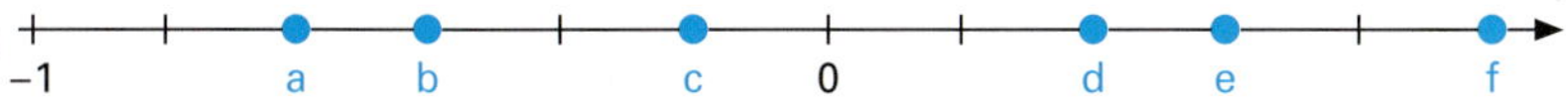

c)

4 Zu jeder Zahl $a \in \mathbb{Q}$ gibt es genau eine **Gegenzahl** $-a \in \mathbb{Q}$.
Die Bildpunkte von Zahl und Gegenzahl sind vom Bildpunkt zur Zahl 0 gleich weit entfernt (vgl. Bild 1). Zahl und Gegenzahl haben den gleichen absoluten Betrag.

Für Gegenzahlen gilt:
$|a| = |-a|$

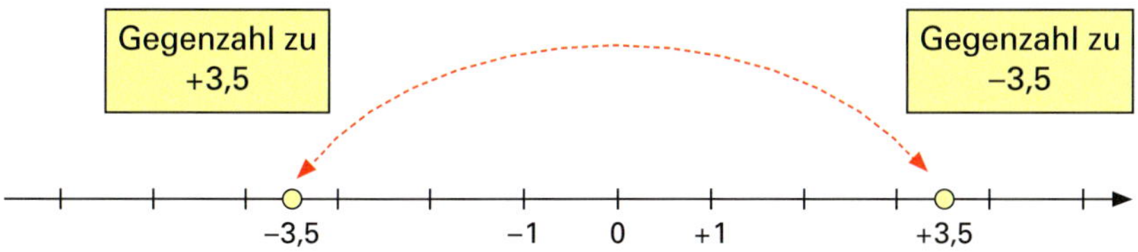

Bild 1

Beispiel

Die Gegenzahl zu $\frac{3}{7}$ ist die Zahl $-\frac{3}{7}$ und ebenso ist die Gegenzahl zu $-\frac{3}{7}$ die Zahl $+\frac{3}{7}$. Es gilt: $|+\frac{3}{7}| = |-\frac{3}{7}| = +\frac{3}{7}$.

Zeichne eine Zahlengerade, wähle 1 cm als Einheitsstrecke und trage dann die Bildpunkte der Zahlen 1,5; $-\frac{7}{2}$; 2,25; −4,5; 0 und −3 sowie ihrer Gegenzahlen ein und gib jeweils den absoluten Betrag der Zahlen an.

5 Übertrage die Tabelle in Bild 2 in dein Heft und fülle sie aus.

Zahl	Gegenzahl
9,3	
$-\frac{5}{6}$	
	−13,65
	1,753
−(−0,5)	
	$-(-(-4\frac{1}{2}))$
0	

Bild 2

6 Gib die Gegenzahlen an.

a) −5,3 **b)** $4\frac{1}{3}$ **c)** $+(-2,\overline{6})$ **d)** $-(+\frac{3}{4})$ **e)** −[−(−(−4,5))]

Größenvergleich

Von zwei Zahlen *a* und *b* ist diejenige größer, deren zugehöriger Bildpunkt auf der Zahlengeraden weiter rechts liegt (vgl. Bild 1).

Schreibweise:

$a < b$ oder $b > a$

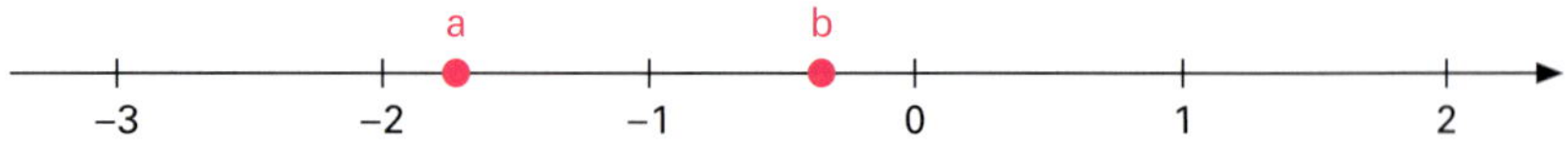

Bild 1

Bild 2

Beispiele

a) Der Bildpunkt zu −2,1 liegt weiter rechts als der zu −2,8. Es gilt also: $-2{,}8 < -2{,}1$ bzw. $-2{,}1 > -2{,}8$

b) $-\frac{3}{5} > -\frac{4}{5}$, weil $-3 > -4$ $\quad -\frac{11}{6} < -\frac{5}{6}$, weil $-11 < -5$

Von zwei gleichnamigen Brüchen ist derjenige größer, dessen Zähler größer ist.

c) Um zu unterscheiden, welche der beiden Zahlen $-\frac{3}{7}$ oder $-\frac{4}{9}$ größer ist, machen wir zuerst die Brüche gleichnamig:

$-\frac{3}{7} = -\frac{27}{63}$ und $-\frac{4}{9} = -\frac{28}{63}$; es gilt: $-\frac{28}{63} < -\frac{27}{63}$ und daher $-\frac{4}{9} < -\frac{3}{7}$.

Aufgaben

1 Setze das richtige Zeichen (<, =, >) ein.

a) $-\frac{3}{4} \square -\frac{7}{8}$ **b)** $\frac{5}{9} \square \frac{11}{21}$ **c)** $-3{,}5 \square -3{,}6$ **d)** $4\frac{7}{8} \square -4{,}78$

e) $-\frac{5}{12} \square -\frac{9}{16}$ **f)** $-1\frac{3}{5} \square -1\frac{13}{15}$ **g)** $0 \square -\frac{1}{20}$ **h)** $12\frac{1}{4} \square 12{,}22$

i) $-4\frac{3}{5} \square -4{,}06$ **j)** $-\frac{1}{3} \square -0{,}\overline{3}$ **k)** $-2\frac{1}{6} \square -2{,}17$ **l)** $-999{,}99 \square -999{,}999$

2 Ordne die Zahlen der Größe nach. Beginne mit der kleinsten Zahl.

a) $-4{,}5$; $-\frac{1}{2}$; $-2{,}5$; $-4\frac{4}{5}$; $0{,}5$; $-\frac{26}{5}$; 0; $\frac{5}{9}$; $-1{,}9$; $-0{,}2$; $-\frac{5}{2}$

b) $0{,}125$; $12{,}05$; $-1{,}25$; $-12{,}5$; $12{,}5$; $-12\frac{1}{5}$; -12; $1{,}25$

3 Notiere zu jeder Zahl die nächstkleinere und die nächstgrößere ganze Zahl.

a) $-9\frac{1}{9}$ **b)** $17{,}9$ **c)** $-0{,}001$ **d)** $-\frac{13}{4}$ **e)** $-23{,}99$ **f)** $-\frac{425}{55}$

4 Bestimme fünf Zahlen, die zwischen den beiden gegebenen Zahlen liegen.

a) $-\frac{1}{2}$; $-0{,}25$ **b)** $-\frac{1}{8}$; $-\frac{1}{7}$ **c)** $-\frac{3}{7}$; $-\frac{1}{2}$ **d)** $-0{,}3$; $-0{,}8$ **e)** $+\frac{1}{9}$; $+\frac{4}{15}$ **f)** $-\frac{17}{5}$; $-\frac{19}{9}$

1.3 Rechnen im Zahlenbereich $\mathbb{Q}$

Addition und Subtraktion rationaler Zahlen

Da man für alle rationalen Zahlen Bildpunkte und Zahlenpfeile auf der Zahlengeraden finden kann, gelten alle bisher bekannten Rechengesetze und Rechenregeln.

Beispiele

a) $(-9{,}7) + (-7{,}5) = -(9{,}7 + 7{,}5) = -17{,}2$

b) $(+6{,}8) + (+3{,}4) = +(6{,}8 + 3{,}4) = +10{,}2$

c) $(-14{,}3) + (+9{,}9) = -(14{,}3 - 9{,}9) = -4{,}4$

d) $(+8{,}3) + (-4{,}7) = +(8{,}3 - 4{,}7) = +3{,}6$

e) $(-8{,}3) - (+4{,}7) = (-8{,}3) + (-4{,}7) = -13{,}0$

f) $(-5{,}6) - (-2{,}9) = (-5{,}6) + (+2{,}9) = -2{,}7$

g) $\frac{3}{7} + \frac{10}{7} + \left(-\frac{2}{7}\right) = \frac{3 + 10 + (-2)}{7} = \frac{11}{7}$

h) $\left(\frac{-4}{3}\right) - \frac{3}{7} = \left(-\frac{28}{21}\right) - \frac{9}{21} = \frac{-28-9}{21} = -\frac{37}{21}$

Für $a, b, c, d \in \mathbb{Z}$ und $c, d \neq 0$ gilt:

$$\frac{a}{c} + \frac{b}{c} = \frac{a+b}{c}$$

$$\frac{a}{c} + \frac{b}{d} = \frac{a \cdot d + b \cdot c}{c \cdot d}$$

Bei gleichen Vorzeichen addieren wir die Beträge und geben dem Summenwert das gemeinsame Vorzeichen. Bei verschiedenen Vorzeichen subtrahieren wir den kleineren vom größeren Betrag und geben dem Differenzwert das Vorzeichen der Zahl mit dem größeren Betrag.
Anstatt eine rationale Zahl zu subtrahieren, addiert man ihre Gegenzahl.

Folgerung:

Jede Differenz kann in eine Summe verwandelt werden. Die Subtraktion ist somit als selbstständige Rechenart eigentlich überflüssig.

Subtraktionsregel

$a - (+b) = a + (-b)$
und
$a - (-b) = a + (+b)$

Beispiele

$(-2{,}75) - (+1{,}35) = (-2{,}75) + (-1{,}35) = -4{,}10$

$-\frac{5}{3} - \left(-\frac{1}{4}\right) = -\frac{5}{3} + \left(+\frac{1}{4}\right) = -\frac{20}{12} + \frac{3}{12} = \frac{-20+3}{12} = -\frac{17}{12}$

Für beliebige rationale Zahlen *a*, *b*, *c* gilt:

Kommutativgesetz	Assoziativgesetz
$a + b = b + a$	$a + (b + c) = (a + b) + c$
$a - b = -b + a$	$(a - b) - c = a + (-b - c)$
Summanden dürfen vertauscht werden.	Summanden dürfen beliebig zusammengefasst werden.

Beispiele

$\left(-\frac{1}{2}\right) + \frac{2}{3} = \frac{2}{3} + \left(-\frac{1}{2}\right) = -\frac{1}{6}$

$(-4{,}7) + (+3{,}2) = (+3{,}2) + (-4{,}7) = -1{,}5$

$\left[\left(-\frac{1}{2}\right) + \frac{2}{3}\right] + \frac{1}{3} = \left(-\frac{1}{2}\right) + \left[\frac{2}{3} + \frac{1}{3}\right] =$

$= \left(-\frac{1}{2}\right) + \frac{3}{3}$

$= \left(-\frac{1}{2}\right) + 1 = +\frac{1}{2}$

Wir verwenden auch in $\mathbb{Q}$ die Rechengesetze, um vorteilhaft rechnen zu können.

Beispiele

$-\frac{2}{7} + \frac{4}{5} + \left(-\frac{5}{7}\right) + \frac{1}{5} = \left[-\frac{2}{7} + \left(-\frac{5}{7}\right)\right] + \left[\frac{4}{5} + \frac{1}{5}\right] = -\frac{7}{7} + \frac{5}{5} = -1 + 1 = 0$

$-4{,}7 + 9{,}1 + (-5{,}3) = [-4{,}7 + (-5{,}3)] + 9{,}1 = -10 + 9{,}1 = -0{,}9$

Aufgaben

1 Berechne.

a) $(-19{,}6) + (-7{,}4)$ **b)** $(-35{,}3) + 23{,}4$ **c)** $47{,}11 + (-88{,}98)$
d) $-485{,}7 + (-14{,}07)$ **e)** $-94{,}3 + 127{,}62$ **f)** $-52{,}70 + 416{,}087$

g) $-\frac{5}{6} + \left(-\frac{1}{3}\right)$ **h)** $\left(+\frac{3}{4}\right) + \left(-\frac{3}{5}\right)$ **i)** $\frac{2}{3} + \left(-\frac{1}{2}\right)$

Erinnere dich:

$0{,}\overline{1} = \frac{1}{9}$

$0{,}\overline{2} = \frac{2}{9}$

$0{,}\overline{3} = \frac{3}{9} = \frac{1}{3}$

⋮

2 Schreibe zunächst als Summe und berechne dann.

a) $\frac{5}{13} - \left(-\frac{15}{26}\right)$ **b)** $-\frac{3}{7} - \left(+5\frac{4}{7}\right)$ **c)** $(-0{,}\overline{4}) - \left(-\frac{3}{4}\right)$ **d)** $-5{,}2 - 3\frac{4}{15}$

3 Berechne den Termwert in der Schreibweise mit Bruchstrichen.

Beispiel $-1\frac{1}{3} + 0{,}9 = -\frac{4}{3} + \frac{9}{10} = -\frac{40}{30} + \frac{27}{10} = \frac{-40+27}{30} = -\frac{13}{30}$

a) $7{,}5 + \left(-3\frac{1}{2}\right)$ **b)** $-22\frac{5}{6} + (-15{,}\overline{8})$ **c)** $14{,}44 - \left(+9\frac{7}{20}\right) - (-5{,}01)$

d) $-5\frac{1}{5} + (-4{,}75)$ **e)** $-25{,}125 + \left(-14\frac{1}{12}\right)$ **f)** $(-6{,}\overline{3}) - \left(+\frac{2}{3}\right) - \left(-\frac{1}{4}\right)$

4 Berechne die Werte folgender Terme.

a) $-\frac{1}{6} - \frac{5}{12} - \frac{7}{24}$ **b)** $\frac{1}{2} - \frac{1}{4} - \frac{2}{3}$ **c)** $-\frac{3}{2} - 2\frac{1}{4} + 3\frac{3}{4} - \frac{9}{8}$

d) $-\frac{2}{5} + 1\frac{1}{6} - \frac{4}{3} - \frac{7}{10}$ **e)** $-\frac{3}{5} - \left(-\frac{59}{60}\right) + \left(-\frac{5}{12}\right)$ **f)** $\frac{5}{6} + \frac{7}{18} - \frac{2}{3} - \frac{1}{9} - 1\frac{1}{4}$

5 Ersetze den Platzhalter □ durch $<$, $>$ oder =, so dass eine wahre Aussage entsteht.

a) $-12{,}7 + (+5{,}9)\ \square\ 0$ **b)** $-85{,}9 - (-93{,}3)\ \square\ [-(-7{,}3)]$ **c)** $0\ \square\ \left(-\frac{2}{3}\right) + 0{,}66$

d) $2\frac{1}{2} + (-3{,}5)\ \square\ -1$ **e)** $-17\frac{1}{4} + (+25{,}25)\ \square\ -8$ **f)** $-7\frac{3}{8} + (-3{,}375)\ \square\ -10\frac{3}{4}$

6 Berechne, indem du geschickt Teilsummen bildest (Summe der Plusglieder minus Summe der Minusglieder).

a) $(+22{,}74) + (-19{,}5) - (-8{,}8) - (+9{,}136) - (+5{,}26) + (-9{,}136)$

b) $-4{,}\overline{7} + 2\frac{7}{10} - 6\frac{2}{9} - 17\frac{1}{3} + 9{,}3 - 15{,}\overline{3}$

c) $-21{,}58 + 123{,}7 - 17{,}6 - 108{,}42 + 23{,}6 - 12{,}7 - 4{,}7$

7 Finde rationale Zahlen a und b, für die gilt:

a) $-|a| + 3{,}7 = 0$ **b)** $|-0{,}5 + b| = 1{,}2$ **c)** $-|a - 7{,}1| = -18{,}7$ **d)** $|a - b| = 1$

	Mittag	Mitternacht
Havanna	+28,3 °C	+23,6 °C
München	+3,4 °C	−5,8 °C
Moskau	−8,9 °C	−19,3 °C

Bild 1

8 Die Tabelle in Bild 1 zeigt die Mittagstemperaturen bzw. Mitternachtstemperaturen an verschiedenen Orten an einem Wintertag.

a) Wie groß ist der Unterschied der Mittagstemperaturen (Mitternachtstemperaturen) zwischen diesen Orten?

b) Berechne jeweils den Temperaturunterschied zwischen Mittag und Mitternacht.

Multiplikation und Division rationaler Zahlen

Beispiele

a) $-13{,}3 \cdot (-4) = +53{,}2$

b) $3{,}75 \cdot (-7{,}1) = -26{,}625$

c) $35{,}2 : (-6{,}4) = -5{,}5$

d) $77{,}6 : 8 = 9{,}7$

e) $\left(-\frac{4}{5}\right) \cdot \left(-\frac{10}{13}\right) = +\left(\frac{4}{5} \cdot \frac{10}{13}\right) = \frac{4 \cdot 10}{5 \cdot 13} = \frac{4 \cdot 2}{1 \cdot 13} = \frac{8}{13}$

f) $\left(+\frac{4}{15}\right) : \left(-\frac{8}{21}\right) = -\left(\frac{4}{15} : \frac{8}{21}\right) = -\left(\frac{4}{15} \cdot \frac{21}{8}\right) = -\frac{4 \cdot 21}{15 \cdot 8} = -\frac{7}{10}$

Für $a, b, c, d \in \mathbb{Z}$ und $b, c, d \neq 0$ gilt:

$$\frac{a}{c} \cdot \frac{b}{d} = \frac{a \cdot b}{c \cdot d}$$
$$\frac{a}{c} : \frac{b}{d} = \frac{a}{c} \cdot \frac{d}{b}$$

Bei gleichen Vorzeichen multiplizieren (dividieren) wir die Beträge und geben dem Produktwert (Quotientenwert) ein positives Vorzeichen. Bei verschiedenen Vorzeichen geben wir dem Produktwert (Quotientenwert) ein negatives Vorzeichen.

Kehrwert

❶ Bekanntlich wird durch einen Bruch dividiert, indem man mit seinem Kehrwert multipliziert. Der **Kehrwert** eines Bruches $\frac{a}{b} \neq 0$ ist $\frac{b}{a}$, und es gilt $\frac{a}{b} \cdot \frac{b}{a} = 1$. Zur Zahl 0 gibt es keinen Kehrwert.

Bilde den Kehrwert: $\frac{3}{5}$; $\frac{17}{8}$; $1\frac{5}{6}$; $-\frac{3}{2}$; $-\frac{18}{7}$; 5; −2; $-3\frac{1}{6}$; $-\frac{1}{8}$; 2^2; 10^3; $\left(\frac{1}{2}\right)^2$; 1,5; $-2{,}\overline{6}$

Die Division durch eine Zahl $a \neq 0$ ⟷ kann ersetzt werden durch ⟷ die Multiplikation mit dem Kehrwert $\frac{1}{a}$

Für beliebige rationale Zahlen *a*, *b*, *c* gilt:

Kommutativgesetz	Assoziativgesetz
$a \cdot b = b \cdot a$	$a \cdot (b \cdot c) = (a \cdot b) \cdot c$
Faktoren dürfen vertauscht werden.	Faktoren dürfen beliebig zusammengefasst werden.

Beispiele

$\left(-\frac{1}{2}\right) \cdot \frac{2}{3} = \frac{2}{3} \cdot \left(-\frac{1}{2}\right) = -\frac{2}{6} = -\frac{1}{3}$

$(-4{,}7) \cdot (+3{,}2) = (+3{,}2) \cdot (-4{,}7) = -15{,}04$

$\left[\left(-\frac{1}{2}\right) \cdot \left(-\frac{3}{4}\right)\right] \cdot (-4)$
$= \left(-\frac{1}{2}\right) \cdot \left[\left(-\frac{3}{4}\right) \cdot (-4)\right]$
$= \left(-\frac{1}{2}\right) \cdot (+3) = -\frac{3}{2}$

$(-5) \cdot (+3{,}25) \cdot (-2{,}4)$
$= (-5) \cdot (-2{,}4) \cdot (+3{,}25)$
$= (+12{,}0) \cdot (+3{,}25) = +39$

❷ Alexander behauptet: **a)** $a : b \neq b : a$ **b)** $a : (b : c) \neq (a : b) : c$
Zeige an mindestens je drei Beispielen, dass Alexanders Behauptungen richtig sind.

❸ Berechne im Kopf.

a) $0{,}5 \cdot (-0{,}4)$ **b)** $-5 \cdot \left(-\frac{2}{5}\right)$ **c)** $-24 \cdot 0{,}1$ **d)** $0 \cdot \left(-\frac{1}{7}\right)$ **e)** $+\frac{1}{3} \cdot \left(-\frac{1}{4}\right)$

f) $-\frac{4}{5} \cdot \left(+\frac{5}{4}\right)$ **g)** $-\frac{1}{2} : \left(-\frac{1}{4}\right)$ **h)** $-3 : 0{,}5$ **i)** $(-0{,}7) \cdot (-0{,}7)$ **j)** $0{,}1 \cdot (-0{,}1) \cdot 2\,400$

Aufgaben

1 Multipliziere aus.

a) $4{,}2 \cdot (-0{,}042)$ **b)** $(-4{,}5) \cdot (-1{,}25)$ **c)** $1{,}005 \cdot (-6{,}8)$
d) $-(-0{,}2) \cdot (-6) \cdot (-2{,}5)$ **e)** $0{,}4 \cdot 15 \cdot (-1{,}3) \cdot (-7)$ **f)** $27{,}4 \cdot (-38{,}5) \cdot (-0{,}5)$

2 Berechne den Wert der Terme.

$T_1(x) = -1{,}25 \cdot x$ und $T_2(x) = \frac{3}{4} : (-x)$ für $x \in \{-\frac{5}{2}; -2; -1\frac{1}{5}; 0{,}25; 3{,}5; 4\}$

$28{,}06 : (-2{,}3) = ?$

$280{,}6 : 23 = 12{,}2$
-23
50
-46
46
-46
0

$28{,}06 : (-2{,}3) = -12{,}2$

Bild 1

3 Dividiere schriftlich (vgl. Bild 1).

a) $-67{,}68 : 9{,}4$ **b)** $-23{,}095 : (-3{,}1)$ **c)** $86{,}92 : (+41)$ **d)** $0{,}75 : (-0{,}125)$
e) $-75 : 30$ **f)** $-0{,}125 : (-2{,}5)$ **g)** $216{,}9 : (-12)$ **h)** $-144{,}72 : 0{,}072$

4 Berechne.

a) $-\frac{3}{7} \cdot \left(-\frac{5}{9}\right)$ **b)** $-\frac{7}{8} \cdot \left(+\frac{12}{35}\right)$ **c)** $-\frac{7}{15} \cdot \left(+\frac{45}{49}\right)$ **d)** $-4\frac{1}{2} \cdot \left(+\frac{4}{5}\right)$

e) $5\frac{2}{3} \cdot \frac{9}{17}$ **f)** $-\frac{1}{2} \cdot \left(-\frac{4}{3}\right) \cdot \left(\frac{3}{8}\right)$ **g)** $-2 \cdot \frac{2}{19} \cdot \left(-\frac{57}{8}\right) \cdot \left(-\frac{2}{3}\right)$

h) $\frac{9}{5} \cdot \left(-\frac{8}{6}\right) \cdot \left(-\frac{6}{8}\right) \cdot \left(-\frac{5}{9}\right)$ **i)** $-\frac{3}{7} \cdot \left(-\frac{17}{96}\right) \cdot 0 \cdot 7^2$ **j)** $\frac{12}{13} \cdot \left(-\frac{13}{12}\right) \cdot (-12) \cdot \frac{1}{2^3}$

k) $-4\frac{1}{2} \cdot \left(-\frac{4}{9}\right) \cdot \frac{2}{5} \cdot (-1)$ **l)** $\frac{10^2}{3^2} \cdot \left(-\frac{18}{50}\right) \cdot \frac{1}{2^2} \cdot \frac{1}{5}$ **m)** $-12{,}5 \cdot 3\frac{3}{5}$

n) $-\frac{5}{12} \cdot 3{,}6$ **o)** $\left(-\frac{3}{4}\right) : \left(-\frac{6}{5}\right)$ **p)** $\left[\frac{5}{6} : \left(-\frac{4}{3}\right)\right] : (-0{,}75)$

q) $\left[-4{,}5 \cdot \left(\frac{-8}{9}\right)\right] \cdot [-15{,}84 : 35{,}2]$ **r)** $\left[-3\frac{3}{8} : 1{,}25\right] : 3^2$

5 Rechne möglichst geschickt.

a) $\left(-\frac{3}{7}\right) \cdot \left(-\frac{1}{5}\right) \cdot \left(-\frac{7}{3}\right)$ **b)** $\frac{7}{15} \cdot \left(-5\frac{2}{3}\right) \cdot \frac{1}{2} \cdot (-15)$ **c)** $5\frac{1}{2} \cdot \left(-\frac{5}{11}\right) \cdot (-0{,}75) \cdot (-8)$

d) $\left(\frac{5}{6}\right)^2 \cdot 0 \cdot \left(1\frac{1}{5}\right)^2$ **e)** $1{,}3 \cdot (-0{,}25) \cdot (-1{,}3) \cdot (-4)$ **f)** $(-3)^2 \cdot (0{,}1)^2 \cdot \left(\frac{1}{3}\right)^2 \cdot (-501)$

Doppelbruch

$$\frac{\frac{a}{b}}{\frac{c}{d}} = \frac{a}{b} : \frac{c}{d}$$

$a, b, c, d \in \mathbb{Z}$ und
$b, c, d \neq 0$

6 Berechne die folgenden Doppelbrüche.

a) $\frac{-\frac{5}{8}}{\frac{1}{2}}$ **b)** $\frac{-\frac{11}{23}}{-\frac{55}{46}}$ **c)** $\frac{+2\frac{8}{13}}{-\frac{17}{39}}$ **d)** $\frac{-\frac{5}{8}}{-\frac{3}{16}} \cdot \frac{3}{10}$ **e)** $\frac{+35}{-\frac{7}{5}}$ **f)** $\frac{\frac{10}{-3}}{-2{,}5}$ **g)** $\frac{-3\frac{1}{2}}{-21}$

7 Löse mit $\mathbb{Q}$ als Grundmenge. Gib die Lösungen, wenn möglich, als Bruch an.

a) $x \cdot \frac{3}{4} = -1\frac{1}{8}$ **b)** $1\frac{1}{4} \cdot y = -\frac{15}{8}$ **c)** $-0{,}8 \cdot x = -16$ **d)** $z \cdot 3{,}5 = -2\frac{1}{2}$ **e)** $-\frac{5}{9} \cdot y = 0{,}\overline{6}$

f) $s \cdot 37{,}5 = -5$ **g)** $x \cdot \left(-\frac{4}{7}\right) = -1$ **h)** $-5\frac{1}{2} \cdot y = 1{,}125$ **i)** $-0{,}5 \cdot x = 0$ **j)** $0 \cdot y = -0{,}5$

8 Welche der folgenden Behauptungen sind wahr, welche sind falsch? Begründe.

a) Wenn man eine rationale Zahl mit –1 multipliziert, erhält man ihre Gegenzahl.
b) Teilt man eine Zahl durch ihre Gegenzahl, erhält man –1.
c) Die Gegenzahl einer Zahl ist immer kleiner als die Zahl selbst.

Verbindung der Rechenarten

Wir wissen bereits, dass Punktrechnungen ($\cdot$ und :) vor Strichrechnungen (+ und –) ausgeführt werden. Potenzieren geht vor Multiplizieren. Terme in Klammern werden zuerst berechnet.

Potenz
vor
Punkt
vor
Strich!

Beispiele

$0{,}7 + 0{,}5^2 \cdot (-1{,}5)$
$= 0{,}7 + 0{,}25 \cdot (-1{,}5)$
$= 0{,}7 + (-0{,}375)$
$= 0{,}325$

$(0{,}7 + 0{,}5)^2 \cdot (-1{,}5)$
$= 1{,}2^2 \cdot (-1{,}5)$
$= 1{,}44 \cdot (-1{,}5)$
$= -2{,}16$

$0{,}7 + [0{,}5 \cdot (-1{,}5)]^2$
$= 0{,}7 + (-0{,}75)^2$
$= 0{,}7 + (+0{,}5625)$
$= 1{,}2625$

Für $a, b, c \in \mathbb{Q}$ gilt:

Distributivgesetz
$a \cdot (b + c) = a \cdot b + a \cdot c$ bzw. $(a + b) \cdot c = a \cdot c + b \cdot c$
Der Wert des Produkts aus einer Zahl und einer Summe ist gleich dem Wert der Summe aus den Produkten der Zahl mit jedem Summanden.
Es gilt auch:
$(a + b) : c = (a + b) \cdot \frac{1}{c} = a \cdot \frac{1}{c} + b \cdot \frac{1}{c} = \frac{a}{c} + \frac{b}{c} \quad (c \neq 0)$

Beispiele

a) $\left(-\frac{1}{2}\right) \cdot \left[\left(-\frac{2}{3}\right) + \frac{4}{5}\right] = \left(-\frac{1}{2}\right) \cdot \left[\left(-\frac{10}{15}\right) + \frac{12}{15}\right] = \left(-\frac{1}{2}\right) \cdot \left(+\frac{2}{15}\right) = -\frac{1 \cdot 2}{2 \cdot 15} = -\frac{1}{15}$

oder mithilfe des Distributivgesetzes:

ausmultiplizieren

$\left(-\frac{1}{2}\right) \cdot \left[\left(-\frac{2}{3}\right) + \frac{4}{5}\right] = \left(-\frac{1}{2}\right) \cdot \left(-\frac{2}{3}\right) + \left(-\frac{1}{2}\right) \cdot \frac{4}{5} = \frac{1}{3} + \left(-\frac{2}{5}\right) = \frac{5}{15} + \left(-\frac{6}{15}\right) = -\frac{1}{15}$

ausklammern

b) $(-6{,}5) \cdot 127{,}3 + (-6{,}5) \cdot (-27{,}3) = (-6{,}5) \cdot [127{,}3 + (-27{,}3)] = (-6{,}5) \cdot 100 = -650$

c) $[-34{,}1 + 20{,}35] : (-5{,}5) = -13{,}75 : (-5{,}5) = +2{,}5$

oder mithilfe des Distributivgesetzes:

$[-34{,}1 + 20{,}35] : (-5{,}5) = -34{,}1 : (-5{,}5) + 20{,}35 : (-5{,}5) = 6{,}2 + (-3{,}7) = +2{,}5$

d) $\left(-\frac{6}{7}\right) : \left[\frac{1}{2} + \left(-\frac{2}{3}\right)\right] = \left(-\frac{6}{7}\right) : \left[\frac{3}{6} + \left(-\frac{4}{6}\right)\right] = \left(-\frac{6}{7}\right) : \left(-\frac{1}{6}\right) = \left(-\frac{6}{7}\right) \cdot \left(-\frac{6}{1}\right) = +\frac{36}{7}$

Es gilt jedoch:

$\left(-\frac{6}{7}\right) : \frac{1}{2} + \left(-\frac{6}{7}\right) : \left(-\frac{2}{3}\right) = \left(-\frac{6}{7}\right) \cdot \frac{2}{1} + \left(-\frac{6}{7}\right) \cdot \left(-\frac{3}{2}\right) = -\frac{12}{7} + \left(+\frac{18}{14}\right) = -\frac{24}{14} + \left(+\frac{18}{14}\right) = -\frac{6}{14} = -\frac{3}{7}$

Somit also: $\left(-\frac{6}{7}\right) : \left[\frac{1}{2} + \left(-\frac{2}{3}\right)\right] \neq \left(-\frac{6}{7}\right) : \frac{1}{2} + \left(-\frac{6}{7}\right) : \left(-\frac{2}{3}\right)$

Beachte:

$c : (a + b) \neq c : a + c : b$

Aufgaben **1** Berechne.

a) $\frac{3}{8} \cdot \left(-\frac{2}{5}\right) + \frac{1}{10}$ b) $-\frac{5}{12} \cdot \left(-\frac{3}{7}\right) - \frac{5}{7}$ c) $\frac{1}{5} - \frac{1}{5} \cdot \frac{35}{8}$ d) $\frac{3}{8} - \frac{5}{6} \cdot \left(-\frac{1}{2}\right)$

e) $\frac{3}{8} : \left(-\frac{5}{16}\right) - 0{,}8$ f) $3 : \frac{1}{8} - \frac{145}{6}$ g) $\frac{3}{5} - \left(-\frac{12}{17}\right) : \left(-\frac{108}{153}\right)$ h) $-\frac{4}{7} \cdot \frac{5}{8} - \left(-\frac{3}{14}\right)$

i) $\left(\frac{3}{11} - \frac{7}{33}\right) \cdot \frac{33}{7} - \frac{2}{7}$ j) $\frac{4}{19} : \left(\frac{8}{19} - \frac{35}{76}\right) + 5\frac{1}{6}$ k) $\left(\frac{3}{8} - \frac{5}{4}\right) \cdot \left(\frac{11}{35} - \frac{23}{70}\right)$

l) $4\frac{3}{5} - \frac{7}{5} \cdot \frac{5}{14}$ m) $5\frac{3}{4} \cdot \left(-6\frac{1}{2}\right) - 7\frac{2}{13} \cdot \left(-\frac{65}{93}\right)$ n) $2\frac{3}{5} - \frac{1}{3} - \frac{1}{4} + 1{,}25 \cdot \left(-\frac{5}{3}\right)$

o) $\left[\frac{65}{25} - \left(-\frac{31}{5}\right)\right] \cdot \left(\frac{1}{6} + \frac{1}{9}\right) - \frac{57}{4}$ p) $\left(\frac{4}{5} \cdot \frac{6}{7}\right) : \left[\frac{3}{8} : \left(-\frac{35}{64}\right)\right] - 1$

q) $\left[-2 : \left(-0{,}5\right)\right] : 3 + \frac{3}{5} \cdot \left(-\frac{25}{9}\right)$ r) $\frac{5}{3} \cdot \frac{7}{4} \cdot \left(-\frac{9}{5}\right) - \left[\frac{1}{3} : \frac{5}{12}\right] : \left(-\frac{16}{115}\right)$

s) $\left\{\frac{3}{4} - \left[\frac{17}{36} : \frac{7}{6} - \frac{9}{14} \cdot \left(-\frac{1}{3}\right)\right]\right\} : \left(-2\frac{3}{7}\right)$ t) $\{[6{,}75 - 7{,}25 : (-58)] \cdot (-10)\} : (-1{,}25)$

u) $\dfrac{\left(\frac{4}{5} - \frac{9}{15}\right) \cdot \frac{5}{9} - \frac{1}{18}}{\frac{6}{5} + \frac{3}{8} : \frac{9}{16} - \frac{1}{4}} - \frac{10}{97}$ v) $\dfrac{2\frac{1}{4} - 5\frac{3}{8}}{\left(\frac{3}{4}\right)^2 + \frac{5}{16}}$ w) $\dfrac{\frac{1}{4} - \left[\frac{1}{2} \cdot \frac{16}{25} + \left(\frac{4}{5}\right)^2\right] \cdot \frac{5}{6}}{\left(\frac{7}{4} - 3\frac{1}{8}\right) : \left[\frac{9}{16} - \left(\frac{3}{2}\right)^3\right]}$

2.1 Berechne den Wert des Terms $(24 \cdot a \cdot b) : (3 \cdot a - 4 \cdot b)$ für:

a) $a = 2;\ b = -3$ b) $a = 0{,}75;\ b = 0{,}5$ c) $a = -\frac{1}{5};\ b = -\frac{9}{10}$

2.2 Berechne den Wert des Terms $\frac{3 \cdot x + y}{2 \cdot y} \cdot \frac{x + y}{x - y} \cdot \frac{x}{y}$ für:

a) $x = 2;\ y = -3$ b) $x = -3;\ y = 4$ c) $x = 4;\ y = -3$ d) $x = 6;\ y = -8$

3 Berechne auf zwei Arten:

Beispiel

$-2{,}5 \cdot [(-4{,}8) + (-1{,}2)] = -2{,}5 \cdot (-6{,}0) = +15$

oder $-2{,}5 \cdot [(-4{,}8) + (-1{,}2)] = -2{,}5 \cdot (-4{,}8) + (-2{,}5) \cdot (-1{,}2) = +12 + (+3) = +15$

a) $-0{,}5 \cdot (-0{,}4 + 3{,}2)$ b) $-\frac{10}{3} \cdot \left[\frac{5}{2} + \left(-\frac{2}{5}\right)\right]$ c) $\left[-\frac{1}{2} - \frac{1}{3}\right] \cdot \frac{6}{15}$ d) $[4{,}5 - 2{,}3] \cdot (-3{,}2)$

e) $-30 \cdot (-4{,}6 - 8{,}8)$ f) $(5{,}5 - 6{,}3 - 9{,}2) \cdot 1{,}75$ g) $\left[-8\frac{1}{4} - 1{,}2 + 0{,}45\right] \cdot \left(-\frac{3}{2}\right)$

4 Berechne durch Ausklammern.

Beispiel

$\left(-\frac{8}{7}\right) \cdot \frac{1}{2} + \left(-\frac{8}{7}\right) \cdot \left(-\frac{3}{4}\right) = \left(-\frac{8}{7}\right) \cdot \left[\frac{1}{2} + \left(-\frac{3}{4}\right)\right] = \left(-\frac{8}{7}\right) \cdot \left[\frac{2}{4} + \left(-\frac{3}{4}\right)\right] = \left(-\frac{8}{7}\right) \cdot \left(-\frac{1}{4}\right) = \frac{2}{7}$

a) $-\frac{3}{4} \cdot \left(-\frac{1}{3}\right) + \left(-\frac{1}{6}\right) \cdot \left(-\frac{3}{4}\right)$ b) $-6{,}25 \cdot 12{,}54 + (-6{,}25) \cdot 3{,}46$

c) $3\frac{5}{12} \cdot 0{,}75 - 0{,}75 \cdot \frac{17}{12}$ d) $15 \cdot \left(-5\frac{1}{3}\right) + \left(-\frac{2}{3}\right) \cdot 15 + 15$

e) $13{,}5 - 7{,}5 \cdot 13{,}5 + 13{,}5 \cdot 6{,}5$ f) $\left(-3\frac{1}{7}\right) : 1\frac{2}{3} + 1\frac{5}{7} : 1\frac{2}{3}$

Aufgaben

5 Überlege dir vorher den vorteilhafteren Rechenweg und berechne dann.

a) $\frac{5}{7} \cdot \left(\frac{3}{4} - \frac{1}{2}\right)$ **b)** $\left(2 - \frac{1}{4} \cdot \frac{3}{5}\right) \cdot 20$ **c)** $\left(-4\frac{3}{5} + \frac{8}{5}\right) \cdot \left(-\frac{1}{3}\right)$

d) $-\frac{6}{7} \cdot \left(\frac{1}{3} - \frac{1}{4}\right)$ **e)** $\left(2 - \frac{1}{3} : 2\right) : \left(-\frac{11}{5}\right)$ **f)** $\left(13\frac{1}{4}\right) : \left(-1\frac{3}{8}\right) + \left(-11\frac{1}{2}\right) : \left(-1\frac{3}{8}\right)$

g) $-17 : (-12{,}5) + 54{,}5 : (-12{,}5)$ **h)** $-12 \cdot \left[-0{,}25 + 5 \cdot \frac{1}{4}\right]$

6 Sind folgende Aussagen wahr oder falsch? Begründe deine Antworten und korrigiere fehlerhafte Aussagen.

a) $-3{,}5 \cdot 56 + (-3{,}5) \cdot 44 = (-3{,}5) \cdot [56 \cdot 44]$ **b)** $\left(-\frac{7}{2}\right) : \frac{1}{3} - 6\frac{1}{2} : \frac{1}{3} = -10 \cdot 3$

c) $-18{,}5 \cdot (-5{,}5) = (-1) \cdot (-15 - 3{,}5) \cdot (-5{,}5)$ **d)** $\left(\frac{5}{3} - 1\frac{1}{4}\right) - \frac{1}{6} = \frac{5}{3} + \left(1\frac{1}{4} - \frac{1}{6}\right)$

7 Schreibe den zugehörigen Term auf und berechne seinen Wert.

a) Addiere zum Produkt der Zahlen $5\frac{4}{7}$ und $\frac{2}{13}$ die Differenz aus $\frac{25}{8}$ und $4\frac{25}{28}$.

b) Dividiere $-\frac{19}{34}$ durch die Summe aus $-\frac{15}{34}$ und $-\frac{19}{102}$. Multipliziere dann das Ergebnis mit $-\frac{4}{19}$.

c) Dividiere das $\frac{3}{4}$fache der Summe aus $\frac{5}{12}$ und $-\frac{17}{24}$ und die Differenz aus der Zahl $\frac{1}{4}$ und deren Kehrwert.

8 Löse die folgenden Gleichungen bzw. Ungleichungen mit $\mathbb{G} = \mathbb{Q}$.

a) $0{,}5 \cdot x + 3{,}17 = 5{,}5$ **b)** $\frac{1}{3} \cdot y - 4{,}13 = -10{,}5$ **c)** $3{,}87 - 5 \cdot z = 6{,}37$

d) $3{,}42 \cdot x = 21{,}033$ **e)** $-3\frac{4}{5} \cdot y = 45\frac{3}{5}$ **f)** $z \cdot \left(-\frac{3}{2}\right) = -12\frac{3}{20}$

g) $10 \cdot x < 125$ **h)** $13 \cdot y \geqq 17{,}55$ **i)** $-8 \cdot z > 0{,}5 \cdot 60 \cdot (-0{,}9)$

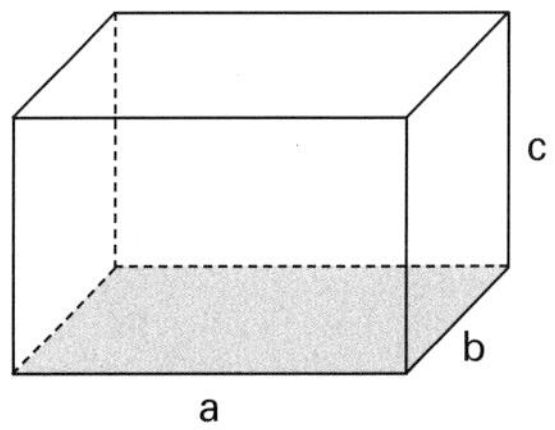

Bild 1

9 Berechne das Volumen und die Oberfläche eines Quaders (vgl. Bild 1).

a) $a = 6\frac{1}{2}\,cm$; $b = 7{,}0\,cm$; $c = 12{,}4\,cm$ **b)** $a = 1{,}3$ m; $b = 75$ cm; $c = 0{,}85$ dm

10 Von einem Rechteck ist der Flächeninhalt A und die Länge a einer Seite bekannt. Berechne die Länge b der anderen Seite.

a) $A = 2{,}5\,\text{m}^2$; $a = \frac{3}{4}$ m **b)** $A = 12\frac{3}{5}\,\text{dm}^2$; $a = 1\frac{6}{15}$ dm **c)** $A = 0{,}68\,\text{m}^2$; $a = 80$ cm

11 Gold ist ein schweres Metall: 1 cm^3 Gold wiegt 19,3 g.

a) Könntest du einen Würfel aus Gold mit der Kantenlänge 20,5 cm anheben?

b) Dominik hat seiner Freundin eine goldene Kette gekauft. Die Kette hat ein Volumen von $25\frac{1}{4}$ cm^3 und eine Masse von 345,6 g. Ist die Kette aus reinem Gold oder nur vergoldet?

Aufgaben

Hinweis:
1 € ≙ 1,95583 DM

12 Bei einer Sammelbestellung der Klasse 7a wurden für 468,35 € Taschenrechner zum Einzelpreis von 16,15 € eingekauft.

a) Wie viele Taschenrechner wurden geliefert? [11]

b) Bis zum Jahr 2002 war in Deutschland als Zahlungsmittel die D-Mark gültig. Wie viele DM hätte ein Taschenrechner gekostet? Runde auf zwei Stellen nach dem Komma. [18]

Bild 1

13 Klaus fährt mit seinem Auto, das im Durchschnitt 7,6 l Benzin auf 100 km verbraucht, täglich zur Arbeit. Die Entfernung seines Wohnortes zur Arbeitsstätte beträgt 22,5 km. Wie hoch sind seine jährlichen Benzinkosten bei 210 Arbeitstagen und einem Benzinpreis von 99,4 Cent pro Liter Benzin? [28]

14 Elke kauft 8 Tennisbälle zu je 2,15 € und einige Tennisbälle zu je 2,99 €. Insgesamt bezahlt sie 32,15 €. Wie viele Bälle kauft sie insgesamt ein?

15 In einigen Ländern wird nicht mit metrischen Längenmaßen gemessen.
Beispiel: Amerika: 1 Meile = 1,609344 km

a) Bei einer Radarkontrolle in München wurde ein Auto aus New York angehalten. Der Fahrer versicherte, dass sein Tacho 49,5 angezeigt hat. Wie hoch war seine Geschwindigkeit in km/h?

b) Was darf der Tacho bei einem Auto aus den USA bei folgenden Geschwindigkeitsbegrenzungen (vgl. Bild 1) auf Straßen in Deutschland anzeigen?

16 Frau Gans entnimmt ihrem Lohnzettel, dass sie bei einer wöchentlichen Arbeitszeit von 38,5 Stunden 442,75 € verdient.

a) Welchen Stundenlohn hat Frau Gans? [7]

b) Wie lange müsste sie für ein Auto, das 25 645 € kostet, arbeiten? [7]

17 Wie weit ein Gewitter von dir entfernt ist, kannst du herausfinden, indem du die Zeitspanne zwischen Blitz und Donner misst. Der Schall legt in der Luft in 1 Sekunde eine Strecke von $\frac{1}{3}$ km zurück. Gib die Entfernung des Gewitters an, wenn die Zeitspanne zwischen Blitz und Donner 0,5 s; 0,25 s; 2,75 s beträgt.

18 Die nachstehende Tabelle zeigt einen Ausschnitt aus einer Telefonrechnung.

Artikel oder Leistung	Menge	Nettoeinzelbetrag in €
Telefonanschluss	1	10,93
Cityverbindungen	345	0,0528
Inlandsauskunft	11	0,0533
Verbindungen zum Mobilfunknetz	53	0,2115
Regionalverbindungen Tag	125	0,1057
Verbindungen anderer Anbieter (Internet)	452	0,1483

a) Wie viel hat der Teilnehmer zu zahlen? Runde sinnvoll.

b) Wie hoch ist der Rechnungsbetrag, wenn für die Nutzung des Internet 250 Freieinheiten gewährt werden?

Wie aussagekräftig sind Diagramme?

1 Das nachfolgende Diagramm zeigt unter anderem, wie viele Kinder in den Familien der Schülerinnen und Schüler der Klasse 7 c leben.

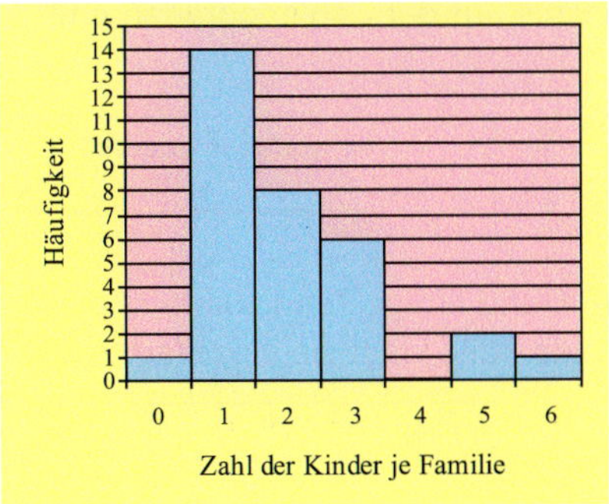

❶ Sabrina hat versehentlich den frisch verheirateten Mathematiklehrer in das Diagramm mit einbezogen. Hat er Kinder?

❷ Gib die Klassenstärke der Klasse 7 c an.

❸ Wie viele Kinder leben insgesamt in den Familien der Schülerinnen und Schüler?

❹ Ermittle die durchschnittliche Kinderzahl je Familie.

2 Bei einem Mathematiktest haben die Schülerinnen und Schüler der Klassen 7 a, 7 b und 7 c folgende Anzahl von Punkten erreicht: 7 a im Durchschnitt 54 Punkte, 7 b im Durchschnitt 44 Punkte und 7 c im Durchschnitt 42 Punkte. Welches der nachfolgenden Diagramme stellt den Klassenvergleich besser dar?

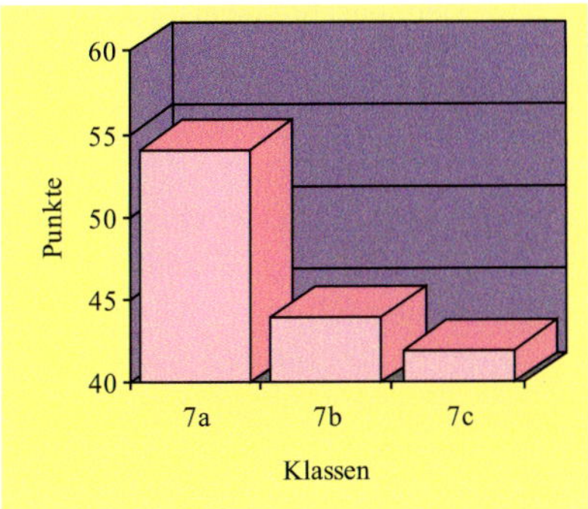

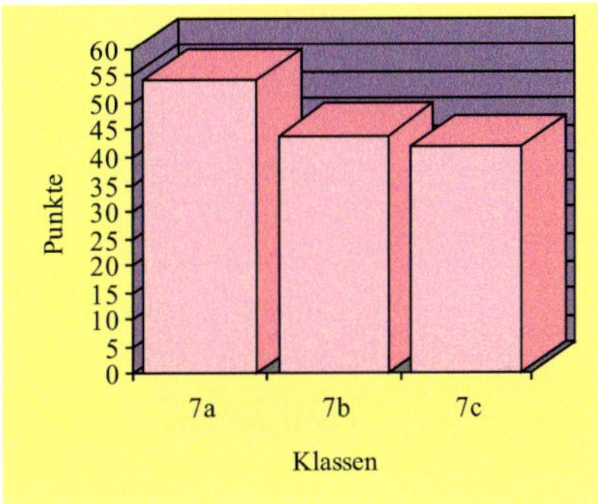

3 Im Wirtschaftsteil einer Zeitung wird berichtet, dass sich der Wert des Maschinenparks der Firma *Bau – AG* im Laufe der letzten 8 Jahre verdreifacht hat und jetzt 15 Millionen Euro ausmacht. Der Wertanstieg wird durch folgendes Diagramm veranschaulicht:

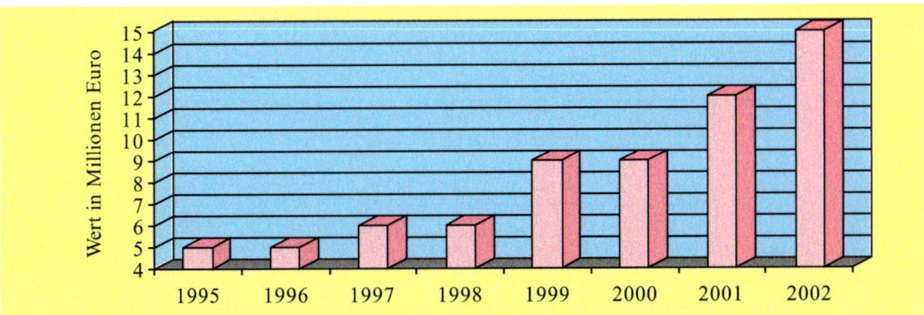

Was ist an dem Diagramm auszusetzen? Zeichne ein nach deiner Meinung besseres Diagramm in dein Heft.

Intervalle

intervallum (lateinisch): Zwischenraum

Wie wir bereits wissen, spricht man bei Bereichen auf der Zahlenhalbgeraden von **Intervallen**. Auch im Bereich der rationalen Zahlen unterscheiden wir zwischen offenen, halboffenen und abgeschlossenen Intervallen.
Die folgenden Bilder zeigen Intervalle auf der Zahlengeraden und Schreibweisen dafür.

abgeschlossenes Intervall

Intervallschreibweise: $[a; b]$
Mengenschreibweise: $\{x \mid a \leqq x \leqq b\}$

Bild 1

offenes Intervall

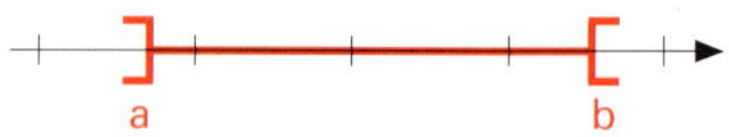

Intervallschreibweise: $]a; b[$
Mengenschreibweise: $\{x \mid a < x < b\}$

Bild 2

halboffenes Intervall

Intervallschreibweise: $[a; b[$
Mengenschreibweise: $\{x \mid a \leqq x < b\}$

Bild 3

halboffenes Intervall

Intervallschreibweise: $]a; b]$
Mengenschreibweise: $\{x \mid a < x \leqq b\}$

Bild 4

Anmerkung:
Auch in der Musik gibt es den Begriff des Intervalls. Dort versteht man unter einem Intervall den Abstand zwischen zwei Tönen (vgl. Bild 5). Die einzelnen Intervalle werden mit italienischen Namen bezeichnet.

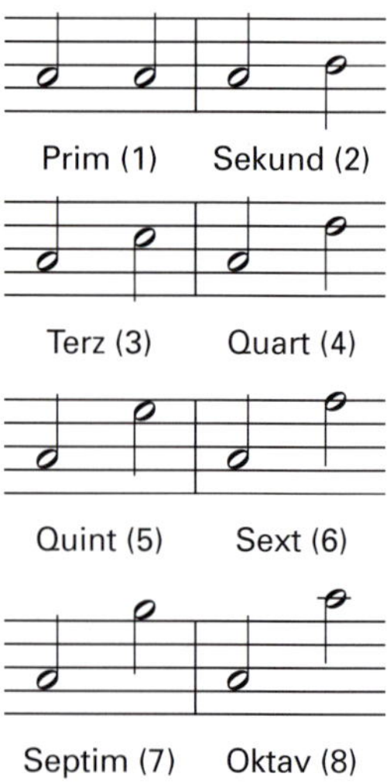

Bild 5

Aufgaben

1 Beschreibe die Intervalle mit Worten.

a) $[-2{,}7; 4{,}3[$ **b)** $\left]-\frac{4}{5}; 5\frac{1}{2}\right[$ **c)** $[0{,}3; 0{,}4]$ **d)** $]-10; 0]$

2 Gib die gezeichneten Intervalle jeweils in zwei verschiedenen Schreibweisen an.

a)
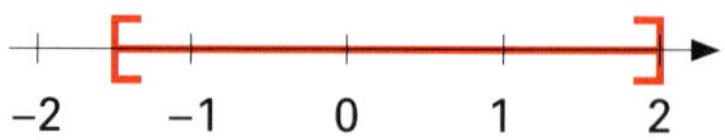

b)
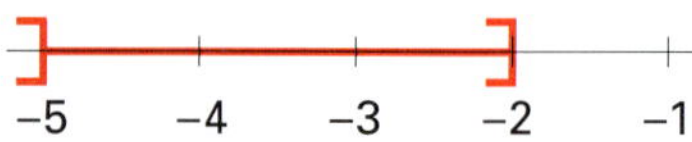

c)
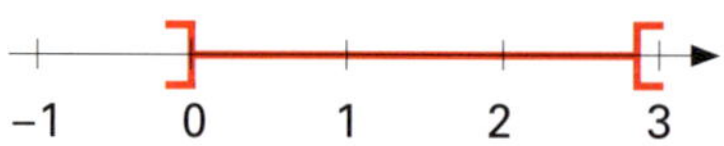

d)
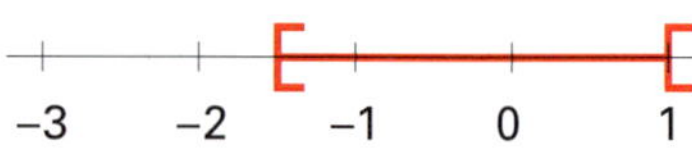

e)
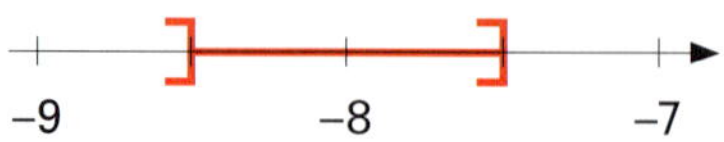

f)

Aufgaben

3 Zeichne die folgenden Intervalle auf der Zahlengeraden. Achte dabei auf die Grundmenge.

Beispiele

a) $]-3;2{,}5] = \{x \mid -3 < x \leqq 2{,}5\}$ mit $\mathbb{G} = \mathbb{Q}$

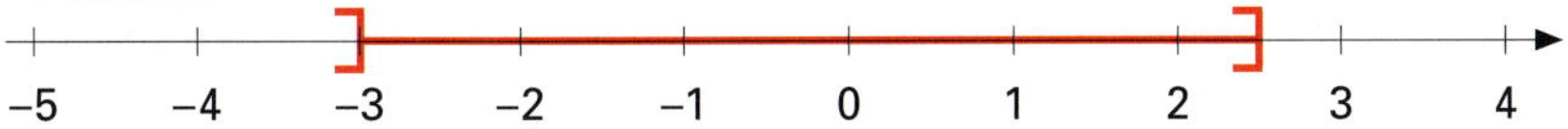

b) $]-3;2{,}5] = \{x \mid -3 < x \leqq 2{,}5\} = \{-2; -1; 0; 1; 2\}$ mit $\mathbb{G} = \mathbb{Z}$

a) $\{x \mid -3{,}5 \leqq x \leqq 2\};\ x \in \mathbb{Q}$

b) $\{x \mid -2{,}75 \leqq x < 3{,}2\};\ x \in \mathbb{Q}$

c) $]-1{,}5;3];\ \mathbb{G} = \mathbb{Q}$

d) $]-2;5];\ \mathbb{G} = \mathbb{Z}$

e) $\{x \mid x < 4{,}5\};\ x \in \mathbb{N}$

f) $[-5;-2[;\ \mathbb{G} = \mathbb{Z}$

g) $\{y \mid -3 < y \leqq 3\};\ y \in \mathbb{N}_0$

h) $\{z \mid -4 \leqq z < 2\frac{1}{2}\};\ z \in \mathbb{Z}$

i) $|x| \leqq 2{,}5;\ x \in \mathbb{Q}$

j) $|x| < 3;\ x \in \mathbb{Z}$

k) $\{y \mid -\frac{11}{2} < y < -\frac{3}{2}\};\ y \in \mathbb{Q}$

l) $[-3;-2];\ \mathbb{G} = \mathbb{Z}^-$

4 Stelle mithilfe von Intervallen dar. Gib auch die Grundmenge $\mathbb{G}$ an.

a) Alle rationalen Zahlen größer als –4,5 und kleiner als 3,8.

b) Alle ganzen Zahlen größer als –7 und höchstens 15.

c) Alle positiven rationalen Zahlen von –0,73 bis +9,4.

d) Alle rationalen Zahlen zwischen –1,5 und +2.

5 Stelle jeweils an der Zahlengeraden dar und gib, wenn möglich, als Intervall an.

a) $\{x \mid -3{,}5 < x \wedge 2{,}3 > x\};\ x \in \mathbb{Q}$

b) $\{y \mid y \geqq -1 \wedge y < 4{,}2\};\ y \in \mathbb{Z}$

c) $\{x \mid -1{,}5 < x < 4 \wedge 2{,}5 \leqq x \leqq 6{,}5\};\ x \in \mathbb{Q}$

d) $\{z \mid z \leqq -\frac{1}{2} \wedge z > 0\};\ z \in \mathbb{Q}$

6 Bestimme mithilfe der Zahlengeraden.

a) $[-4;1{,}5] \cap [-1;3\frac{3}{4}];\ \mathbb{G} = \mathbb{Q}$

b) $\{y \mid -5 < y \leqq 5{,}5\} \cap \{y \mid 0 \leqq y \leqq 7\};\ y \in \mathbb{N}$

c) $[-4;0[\cap \mathbb{Q}$

d) $]-2\frac{1}{2};3{,}5] \cap [0;\frac{7}{2}];\ \mathbb{G} = \mathbb{Q}$

e) $]2{,}5;4{,}2] \cup [3{,}1;5{,}5[;\ \mathbb{G} = \mathbb{Q}$

f) $[-\frac{7}{10};4{,}4] \cup]1;6\frac{1}{2}];\ \mathbb{G} = \mathbb{Z}$

g) $\{x \mid x \leqq 5\} \cup]1;7[;\ \mathbb{G} = \mathbb{N}_0$

h) $\{z \mid 1{,}5 \leqq z \leqq 4{,}5\} \cup \{z \mid 1 < z \leqq 3\};\ z \in \mathbb{Q}$

7 Schreibe mithilfe von Intervallen ($\mathbb{G} = \mathbb{Q}$).

a)

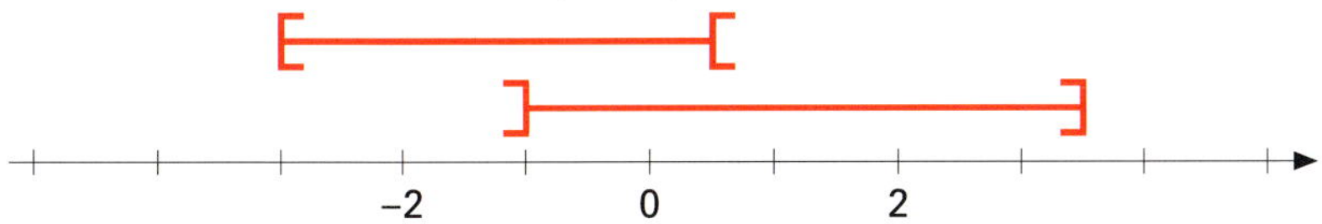

b)

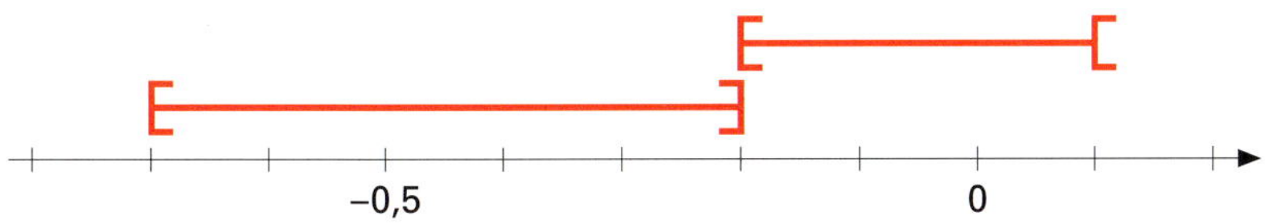

1.4 Potenzen und Potenzgesetze

Potenzen

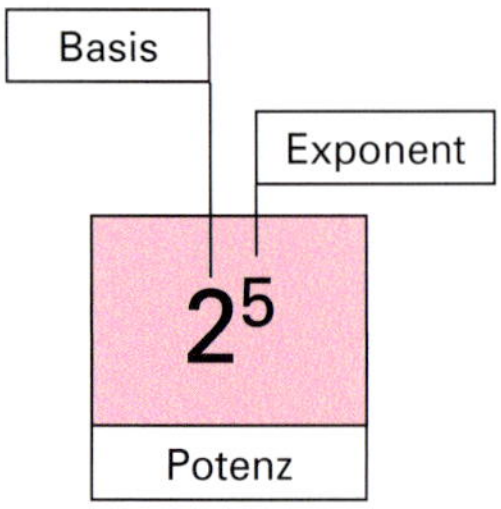

Wie wir schon wissen, können wir Produkte mit gleichen Faktoren als Potenzen schreiben. Dabei können auch rationale Zahlen Basis sein.

Beispiele

$\frac{2}{3} \cdot \frac{2}{3} \cdot \frac{2}{3} \cdot \frac{2}{3} = \left(\frac{2}{3}\right)^4$ $\quad 1{,}5 \cdot 1{,}5 \cdot 1{,}5 = 1{,}5^3$ $\quad (-2) \cdot (-2) \cdot (-2) = (-2)^3$

$1 \cdot 1 \cdot 1 \cdot 1 \cdot 1 = 1^5 = 1$ $\quad 0 \cdot 0 \cdot 0 \cdot 0 = 0^4 = 0$

Aufgaben

1 Schreibe die Produkte jeweils als Potenz und berechne den Wert der Potenz.

a) $3 \cdot 3 \cdot 3 \cdot 3$ **b)** $12 \cdot 12$ **c)** $1 \cdot 1 \cdot 1 \cdot 1 \cdot 1 \cdot 1$

d) $2{,}5 \cdot 2{,}5 \cdot 2{,}5$ **e)** $\left(\frac{3}{5}\right) \cdot \left(\frac{3}{5}\right) \cdot \left(\frac{3}{5}\right)$ **f)** $\left(\frac{1}{4}\right) \cdot \left(\frac{1}{4}\right) \cdot \left(\frac{1}{4}\right) \cdot \left(\frac{1}{4}\right)$

g) $\frac{5}{2} \cdot \frac{5}{2} \cdot \frac{5}{2} \cdot \frac{5}{2}$ **h)** $1{,}2 \cdot 1{,}2 \cdot 1{,}2$ **i)** $0{,}5 \cdot 0{,}5 \cdot 0{,}5$

2 Bestimme $x, y \in \mathbb{N}$.

a) $x^y = 9$ **b)** $y^x = 9$ **c)** $x^y = 256$ **d)** $2^x = 4^y$ **e)** $0{,}5^x = 0{,}25$

3 Ersetze □ durch =, > oder <.

a) $0{,}5^2$ □ $0{,}5$ **b)** $0{,}8^2$ □ $0{,}8$ **c)** 1^2 □ 1 **d)** $1{,}2^2$ □ $1{,}2$ **e)** $(-1)^2$ □ -1

4 Schreibe die folgenden Produkte mit negativer Basis jeweils als Potenz und berechne den Potenzwert.

a) $(-2) \cdot (-2)$ **b)** $(-2) \cdot (-2) \cdot (-2)$ **c)** $(-5) \cdot (-5) \cdot (-5)$ **d)** $(-5) \cdot (-5) \cdot (-5) \cdot (-5)$

5 Berechne jeweils den Potenzwert.

a) 3^4 **b)** 4^3 **c)** 0^3 **d)** $(-3)^5$ **e)** $(-7)^2$

f) 10^6 **g)** 1^7 **h)** $(-2)^5$ **i)** $\left(\frac{3}{7}\right)^3$ **j)** $\left(\frac{3}{6}\right)^5$

k) $\left(-\frac{2}{5}\right)^3$ **l)** $2{,}5^3$ **m)** $0{,}5^2$ **n)** $-1{,}4^2$ **o)** $(-1{,}4)^2$

6 Gib das Volumen eines Würfels mit 1 m Kantenlänge in der Einheit Kubikmillimeter an.

7 Berechne Umfang u und Flächeninhalt A eines Quadrates mit der Seitenlänge a.

a) $a = 9$ cm **b)** $a = 1{,}2$ cm **c)** $a = 18$ mm **d)** $a = 2{,}5$ m

8 Berechne den Flächeninhalt A eines Quadrates mit dem Umfang u.

a) $u = 8$ cm **b)** $u = 1{,}2$ m **c)** $u = 64$ mm **d)** $a = 2{,}8$ m

9 Versuche die Seitenlänge eines Quadrates mit dem Flächeninhalt A herauszufinden.

a) $A = 9\ \text{cm}^2$ **b)** $A = 225\ \text{cm}^2$ **c)** $A = 169\ \text{mm}^2$ **d)** $A = 0{,}25\ \text{m}^2$

Exponenten von Potenzen können auch ganze Zahlen sein.

Beispiel

Die Exponenten nehmen um 1 ab.

$$
\begin{aligned}
2^5 &= 2\cdot 2\cdot 2\cdot 2\cdot 2 &&= 32\\
2^4 &= 2\cdot 2\cdot 2\cdot 2 &&= 16\\
2^3 &= 2\cdot 2\cdot 2 &&= 8\\
2^2 &= 2\cdot 2 &&= 4\\
2^1 &= 2 &&= 2\\
2^0 &= 1 \quad \longleftarrow &&= 1\\
2^{-1} &= \frac{1}{2} &&= \frac{1}{2} = \frac{1}{2^1}\\
2^{-2} &= \frac{1}{2\cdot 2} &&= \frac{1}{4} = \frac{1}{2^2}\\
2^{-3} &= \frac{1}{2\cdot 2\cdot 2} &&= \frac{1}{8} = \frac{1}{2^3}\\
2^{-4} &= \frac{1}{2\cdot 2\cdot 2\cdot 2} &&= \frac{1}{16} = \frac{1}{2^4}\\
2^{-5} &= \frac{1}{2\cdot 2\cdot 2\cdot 2\cdot 2} &&= \frac{1}{32} = \frac{1}{2^5}
\end{aligned}
$$

Die Potenzen werden durch 2 dividiert.

Diese Reihe zeigt, dass es sinnvoll ist, der Potenz 2^0 den Wert 1 zuzuweisen.

Für alle $a \neq 0$ gilt: $a^0 = 1$, $a^{-1} = \frac{1}{a}$ und $a^{-n} = \frac{1}{a^n}$ mit $n \in \mathbb{N}$

Potenzen mit dem Exponenten 0	5^0	4^0	3^0	2^0	1^0	0^0	Hier würde man $0^0 = 1$ erhalten.
Potenzwerte	1	1	1	1	1	?	
Potenzen mit der Basis 0	0^5	0^4	0^3	0^2	0^1	0^0	Hier würde man $0^0 = 0$ erhalten.
Potenzwerte	0	0	0	0	0	?	

0^0 ist nicht eindeutig festgelegt. 0^0 ist nicht definiert.

Aufgaben

1 Schreibe als Potenz mit negativem Exponenten.

a) $\frac{1}{2^3}$ **b)** $\frac{1}{1000}$ **c)** $\frac{1}{16}$ **d)** $\left(\frac{1}{3}\right)^2$ **e)** $\frac{1}{27}$

2 Schreibe als Bruch und berechne den Wert.

a) 3^{-4} **b)** $2\cdot 5^{-2}$ **c)** 10^{-4} **d)** $5\cdot 5^{-3}$ **e)** $2^3\cdot 3^{-2}$ **f)** 3^{-4}
g) 1^{-12} **h)** $0{,}125^{-2}$ **i)** 6^0 **j)** -2^{-3} **k)** 2^{-3} **l)** $(-2)^{-4}$

3 Bestimme *x*.

a) $1\text{ mm} = 10^x\text{ m}$ **b)** $1\text{ mm}^2 = 10^x\text{ m}^2$ **c)** $1\text{ mm}^3 = 10^x\text{ m}^3$

Potenzgesetze

Beispiel $5^3 \cdot 5^4 = \underbrace{\underbrace{5 \cdot 5 \cdot 5}_{\text{3 Faktoren}} \cdot \underbrace{5 \cdot 5 \cdot 5 \cdot 5}_{\text{4 Faktoren}}}_{3+4=7 \text{ Faktoren}} = 5^7$

Für $a \in \mathbb{Q}$ und k, $m \in \mathbb{Z}$ gilt: $a^k \cdot a^m = a^{k+m}$

Potenzen mit gleicher Basis werden multipliziert, indem man ihre Exponenten addiert.

❶ Schreibe als Potenz der Form a^b.

a) $2^3 \cdot 2^4$ **b)** $2^3 \cdot 2^{-4}$ **c)** $1{,}5^2 \cdot 1{,}5$ **d)** $\left(\frac{1}{2}\right)^2 \cdot \left(\frac{1}{2}\right)^3$ **e)** $\left(\frac{1}{3}\right)^3 \cdot 3^2$

Beispiel

$5^3 \cdot 2^3 = 5 \cdot 5 \cdot 5 \cdot 2 \cdot 2 \cdot 2 = 5 \cdot 2 \cdot 5 \cdot 2 \cdot 5 \cdot 2 = \underbrace{(5 \cdot 2) \cdot (5 \cdot 2) \cdot (5 \cdot 2)}_{\text{3 Faktoren}} = (5 \cdot 2)^3$

Für $a, b \in \mathbb{Q}$ und $k \in \mathbb{Z}$ gilt: $a^k \cdot b^k = (a \cdot b)^k$

Potenzen mit gleichen Exponenten werden multipliziert, indem man das Produkt der Basen mit dem gleichen Exponenten potenziert.

❷ Berechne $3^{-2} \cdot 2^{-2}$, $(3 \cdot 2)^{-2}$

❸ Zerlege 1 000 000 in zwei Faktoren, von denen keiner eine Null als Ziffer enthält.

Beispiel

$(-1)^2 = (-1) \cdot (-1) = +1 = 1^2$

$(-1)^5 = (-1) \cdot (-1) \cdot (-1) \cdot (-1) \cdot (-1) = -1 = -1^5$

$\underbrace{(-1) \cdot (-1)}_{+1}$, $\underbrace{(-1) \cdot (-1) \cdot (-1)}_{-1}$, $\underbrace{(-1) \cdot (-1) \cdot (-1) \cdot (-1)}_{+1}$, $\underbrace{(-1) \cdot (-1) \cdot (-1) \cdot (-1) \cdot (-1)}_{-1}$

$(-3)^2 = (-1 \cdot 3)^2 = (-1)^2 \cdot 3^2 = 1 \cdot 3^2 = 3^2$ $(-3)^7 = (-1 \cdot 3)^7 = (-1)^7 \cdot 3^7 = -1 \cdot 3^7 = -3^7$

n gerade: $(-a)^n = a^n$
n ungerade: $(-a)^n = -a^n$

Für gerade Zahlen $n \in \mathbb{N}$ gilt: $(-a)^n = a^n$.
Für ungerade Zahlen $n \in \mathbb{N}$ gilt: $(-a)^n = -a^n$.

❹ Bestimme zuerst das Vorzeichen und berechne dann. $(-3)^5$; -4^3; $(-5)^3$; $(-2)^{10}$

Beispiel

$$\begin{aligned}(2^3)^4 &= (2^3) \cdot (2^3) \cdot (2^3) \cdot (2^3)\\ &= (2 \cdot 2 \cdot 2) \cdot (2 \cdot 2 \cdot 2) \cdot (2 \cdot 2 \cdot 2) \cdot (2 \cdot 2 \cdot 2)\\ &= \underbrace{2 \cdot 2 \cdot 2 \cdot 2 \cdot 2 \cdot 2 \cdot 2 \cdot 2 \cdot 2 \cdot 2 \cdot 2 \cdot 2}_{4 \cdot 3 = 12 \text{ Faktoren}}\\ &= 2^{4 \cdot 3} = 2^{3 \cdot 4} = 2^{12}\end{aligned}$$

Für $a \in \mathbb{Q}$ und k, $m \in \mathbb{N}$ gilt: $(a^k)^m = a^{km}$

Eine Potenz wird potenziert, indem man die Exponenten miteinander multipliziert.

❺ Berechne: $(10^2)^3$, $10^{(2^3)}$, 10^{2^3}, 3^{2^3}, 3^{3^2}

Aufgaben

4 Schreibe als Potenz in der Form a^b.

a) $7 \cdot 7^3$ **b)** $3 \cdot 9^2$ **c)** $2^3 \cdot 2^3$ **d)** $100 \cdot 10^3$ **e)** $3^2 \cdot (3^3)^2 \cdot 3$
f) $(3^4)^2$ **g)** $2^3 \cdot 2^{-1}$ **h)** $3^2 \cdot 3^{-5}$ **i)** $7^5 \cdot 7^{-4}$ **j)** $2^{10} \cdot 2^{-2}$

5 Schreibe als Potenz mit möglichst kleiner Basis.

a) 100^3 **b)** 16 **c)** 8^2 **d)** 9^4 **e)** 32^5 **f)** 25^2
g) $2{,}25^2$ **h)** $1{,}44^3$ **i)** 4^n mit $n \in \mathbb{N}$ **j)** 9^{2n} mit $n \in \mathbb{N}$

6 Schreibe eine möglichst große Zahl aus zwei Ziffern.

7 Wievielmal ist $2^{2^{2^2}}$ größer als $((2^2)^2)^2$

8 Setze $x = 2$, $y = 3$ und $z = 4$ und berechne.

a) $5 \cdot x^2$ **b)** $3 \cdot y^x$ **c)** $(x \cdot y)^z$ **d)** $(x + y)^z$ **e)** x^{y^z}

f) z^{y^x} **g)** $\left(\frac{x}{y}\right)^z$ **h)** $(1{,}5x)^y$ **i)** $\left(\frac{x+y}{x-y}\right)^z$ **j)** $\left(\frac{x}{y} \cdot \frac{y}{x}\right)^z$

9 Ermittle x und y jeweils durch Umformen des Linksterms.

a) $3\,000 = 3 \cdot 10^x$ **b)** $5^3 \cdot 5^2 = 5^x$ **c)** $4^3 \cdot 4^2 = x^y$
d) $2^5 \cdot 3^5 = x$ **e)** $(9^3 \cdot 4^2)^2 = 3^x \cdot 2^y$ **f)** $(4^3 + 2^3)^3 = 2^x \cdot 6^y$
g) $2^3 \cdot 3^2 = 2 \cdot x^y$ **h)** $-7^3 = x^y$ **i)** $6{,}25^3 \cdot 2{,}5 = 2{,}5^x$

10 Berechne den Termwert.

a) $2^3 + 2^3$ **b)** $3^5 - 3^2$ **c)** $\frac{2^3 - 2^2}{2^2}$ **d)** $(2^3 - 2)^2$ **e)** $(2^2 \cdot 3^2 \cdot 2^3)^2$

11 Gib das Doppelte (Vierfache) von 2^{15} als Potenz mit der Basis 2 an.

12 Gib das Zehnfache (Hundertfache) von 10^{12} als Potenz mit der Basis 10 an.

13 Gib die Hälfte von $0{,}5^3$ als Potenz mit der Basis 0,5 an.

14 Berechne 33^2, 333^2 sowie $3\,333^2$ und gib dann ohne Rechnung das Ergebnis von $33\,333\,333^2$ an.

15 Ordne nach der Größe.

Beispiel 2^{12}; 3^9; 5^6

$2^{12} = (2^4)^3 = 16^3$
$3^9 = (3^3)^3 = 27^3$ $\quad 16^3 < 25^3 < 27^3$ also: $2^{12} < 5^6 < 3^9$
$5^6 = (5^2)^3 = 25^3$

a) 2^{24}; 3^8; 5^{12} **b)** 5^{40}; 7^{30}; 8^{20} **c)** 2^{40}; 4^{20}; 8^{15}

Beispiel

$$4^3 : 4^5 = \frac{4^3}{4^5} = \frac{4 \cdot 4 \cdot 4}{4 \cdot 4 \cdot 4 \cdot 4 \cdot 4} = \frac{1}{4 \cdot 4} = \frac{1}{4^2} = 4^{-2} = 4^{3-5}$$

Für $a \in \mathbb{Q}\backslash\{0\}$ und $k, m \in \mathbb{N}$ gilt:

$a^k : a^m = a^{k-m}$

$\frac{a^k}{a^m} = a^{k-m}$

Potenzen mit gleicher Basis werden dividiert, indem man die Exponenten subtrahiert.

❶ Berechne: **a)** $4^4 : 4^7$ **b)** $(-3)^3 : (-3)^2$ **c)** $\frac{2^5}{2^8}$ **d)** $1{,}8^7 : 1{,}8^5$

Beispiel

$$5^3 : 4^3 = \frac{5^3}{4^3} = \frac{5 \cdot 5 \cdot 5}{4 \cdot 4 \cdot 4} = \frac{5}{4} \cdot \frac{5}{4} \cdot \frac{5}{4} = \left(\frac{5}{4}\right)^3 = (5 : 4)^3$$

Für $a \in \mathbb{Q}$, $b \in \mathbb{Q}\backslash\{0\}$ und $k \in \mathbb{N}$ gilt:

$a^k : b^k = (a : b)^k$

$\frac{a^k}{b^k} = \left(\frac{a}{b}\right)^k$

Potenzen mit gleichen Exponenten werden dividiert, indem man den Quotienten der Basen mit dem gleichen Exponenten potenziert.

❷ Berechne: **a)** $4^2 : 7^2$ **b)** $(-3)^3 : 6^3$ **c)** $\frac{2^3}{3^3}$ **d)** $1{,}8^5 : 0{,}9^5$

Aufgaben

1 Berechne den Termwert.

a) $\frac{2^4}{6^4}$ **b)** $\frac{2^5}{4^5}$ **c)** $\frac{7^4}{7^3}$ **d)** $125 : 5^2$ **e)** $85^{-3} : 17^{-3}$

f) $\frac{(-1{,}35)^3}{(-1{,}35)^2}$ **g)** $\left(\frac{5}{3}\right)^{-2} \cdot \left(\frac{5}{3}\right)^4$ **h)** $\left(\frac{1}{2}\right)^{-3} : 2^3$ **i)** $\frac{2^3}{2^{-4}} : 64$ **j)** $0{,}75^4 : 0{,}25^4$

k) $3{,}5^0 : 3{,}5^{-1}$ **l)** $\frac{2^3 \cdot 3^4}{(2 \cdot 3)^4}$ **m)** $\frac{2^2 + 2^3}{2^2 \cdot 2^3}$ **n)** $\frac{0{,}5^2 \cdot 2^{-2}}{2^{-4}}$ **o)** $\frac{3^{-2} \cdot 3^4}{9 \cdot 7^2}$

2 Schreibe als Potenz mit der Basis *a*.

a) $0{,}125$; $a = 0{,}5$ **b)** $0{,}125$; $a = 2$ **c)** $\frac{5}{6}$; $a = \frac{6}{5}$ **d)** $\frac{-27}{64}$; $a = -\frac{4}{3}$

e) $7^{15} : 7^{18}$; $a = 7$ **f)** $\left(\frac{4}{9}\right)^3 : \left(\frac{2}{3}\right)^3$; $a = \frac{2}{3}$ **g)** $0{,}0016$; $a = 5$ **h)** $-0{,}03125$; $a = -2$

3 Ermittle *x* und *y* jeweils durch Umformen des Linksterms.

a) $\left(\frac{2}{3}\right)^3 \cdot \left(\frac{2}{3}\right)^5 = \frac{256}{3^x}$ **b)** $0{,}5^2 \cdot \left(\frac{1}{2}\right)^3 = x$ **c)** $\left(\frac{1}{27}\right)^2 = x^6$

d) $\left(\frac{1}{2}\right)^3 : 2^4 = 2^x$ **e)** $\left(\frac{3}{2}\right)^4 : 9^2 = 2^x$ **f)** $5^{-3} : \left(\frac{2}{5}\right)^3 = x^{-3}$

4 Ein Atom nimmt den Raum ein, der dem Volumen eines Würfels mit einer Kantenlänge von 25 Milliardstel Meter entspricht. Wie viele Atome füllen einen Würfel mit der Kantenlänge 1 mm?

Aufgaben

5 Schreibe die folgenden großen Zahlen wie im Beispiel.

Beispiel Entfernung Erde – Sonne: 149 500 000 km = $1{,}495 \cdot 10^8$ km

Entfernung Erde – Sonne: 149 500 000 km = $1{,}495 \cdot 10^8$ km

a) Entfernung Erde – Mond: 384 000 km
b) Entfernung Sonne – Venus: 107 400 000 km
c) Entfernung Sonne – Mars: 227 950 000 km
d) Entfernung Sonne – Jupiter: 778 300 000 km

6 Runde die Zahlen vor der Zehnerpotenz in Aufgabe 5 auf eine Nachkommastelle und beantworte dann folgende Fragen:
a) Wievielmal ist der Jupiter weiter von der Sonne entfernt als die Venus?
b) Wievielmal ist der Jupiter weiter von der Sonne entfernt als die Erde?
c) Wievielmal ist der Jupiter weiter von der Sonne entfernt als der Mars?

7 Schreibe die folgenden kleinen Zahlen wie im Beispiel:

Beispiel

Durchmesser eines Wasserstoffatoms: 0,000000107 mm = $1{,}07 \cdot 10^{-7}$ mm
a) Durchmesser eines Haares: 0,00005 m
b) Durchmesser eines Wassermoleküls: 0,000000026 m
c) Dicke einer Schicht Blattgold: 0,00000015 m

Zehnerpotenzen mit negativen Exponenten:

$10^{-1} = \frac{1}{10^1} = 0{,}1$

$10^{-2} = \frac{1}{10^2} = 0{,}01$

$10^{-3} = \frac{1}{10^3} = 0{,}001$

$10^{-4} = \frac{1}{10^4} = 0{,}000\,1$

$10^{-5} = \frac{1}{10^5} = 0{,}000\,01$

$10^{-6} = \frac{1}{10^6} = 0{,}000\,001$

8 In wie viele Quadrate mit der Seitenlänge 5 cm kannst du ein Quadrat mit der Seitenlänge 30 cm zerschneiden? [9]

9 Berechne die Oberfläche *O* und das Volumen *V* eines Würfels mit der Seitenlänge *a*.
a) $a = 9$ cm [18; 18] **b)** $a = 1{,}2$ cm [18; 18] **c)** $a = 18$ mm [18; 18] **d)** $a = 2{,}5$ m [15; 19]

10 In wie viele Würfel mit der Seitenlänge 1 cm kannst du einen Würfel mit der Seitenlänge 10 cm zerschneiden?

11 Um 7 Uhr früh entdeckt Frau Huber einen Mord. Sie teilt ihre Entdeckung in den nächsten 20 Minuten fünf Personen mit. Jede dieser fünf Personen gibt die Nachricht in den folgenden 20 Minuten wieder an fünf Personen weiter, von denen jede anschließend innerhalb von 20 Minuten weitere fünf Personen informiert, die noch nichts davon gehört haben, usw. Um wie viel Uhr ungefähr wären, wenn das so möglich wäre, alle ca. 6 300 Millionen Menschen auf der Erde über den Mord informiert?
Lösungshinweis: Um 8 Uhr wissen es $1 + 5^1 + 5^2 + 5^3$ Menschen.

12 Wie lang muss ein Papierstreifen sein, damit du auf ihn die Zahl 10^{10^9} schreiben kannst, wenn du für 13 Ziffern 5 cm Platz brauchst. Schätze zuerst und rechne dann.

13 Franz hat einen E-Mail-Virus geschrieben. Dieser funktioniert so: Erhältst du von Franz eine E-Mail, so lautet sie „Franz ist der Größte!“. Der Virus sucht in deinem Adressenverzeichnis 10 Adressen und schickt die Mail an diese 10 Adressaten.
Franz schickt an 10 Freunde diesen Virus und freut sich: 1 + 10 + 100 + 1 000 + 10 000 + ... bald wissen es über eine Million Internetnutzer.

Aufgaben

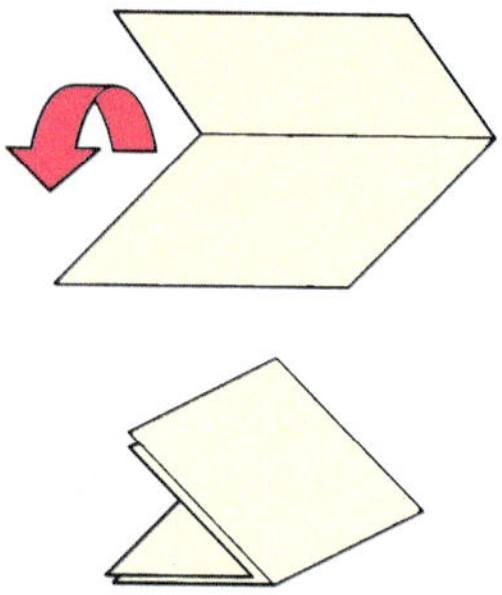

14 Ein Blatt Tonpapier ist etwa 0,9 mm dick. Wenn du es dreimal hintereinander faltest, so liegen acht Schichten übereinander und der Stapel ist 7,2 mm dick.

Anzahl der Faltungen	Anzahl der Schichten	Höhe des Stapels in mm
1	$2 = 2^1$	$2 \cdot 0{,}9 = 1{,}8$
2	$4 = 2^2$	$4 \cdot 0{,}9 = 3{,}6$
3	$8 = 2^3$	$8 \cdot 0{,}9 = 7{,}2$

14.1 Übertrage die Tabelle in dein Heft und setze sie fort bis du bestätigen kannst, dass der Stapel nach zehnmaligem Falten bereits 92,16 cm hoch ist.

14.2 Schätze nun, wie oft du falten musst, bis der Stapel größer ist als du.

14.3 Wenn du nun die Näherung nimmst, zehnmal falten gibt 1 m, kannst du schnell abschätzen, wie oft du falten müsstest, bis der Stapel den Eiffelturm (ohne Antenne 307 m) überragt.

14.4 Lass nun deine Freunde schätzen, wie oft man falten müsste, damit der Stapel bis zum Mond (384 000 km) reicht, und erkläre ihnen dann, dass weniger als vierzigmal falten genügt.

15 Hier ist der Anfang des Spielplans für ein Tennisturnier. Welche Anzahl an Spielern ist am Beginn eines Turniers möglich? Wie viele Spiele hat das Turnier jeweils? Übertrage die Tabelle in dein Heft und erstelle einen Turnierplan für 128 Spieler.

Anzahl der Spieler	Anzahl der Spiele
$2 = 2^1$	$1 = 2^0$
$4 = 2^2$	$1 + 2 = 2^0 + 2^1$
...	...

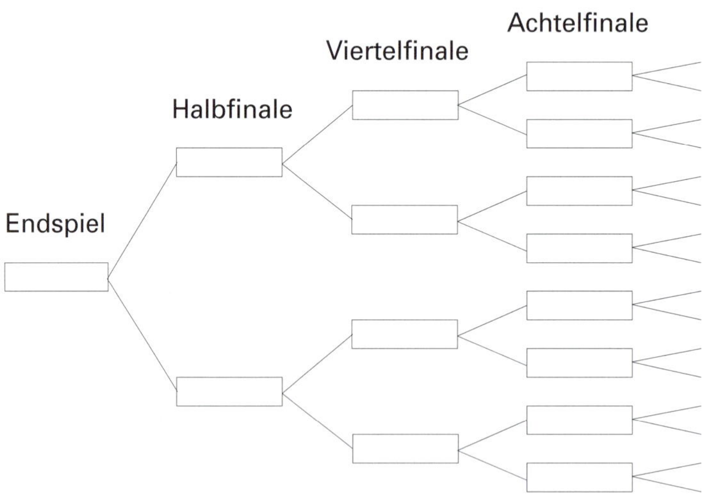

Zum Knobeln und Tüfteln

1.
Gerda sagt zu Lisa, dass sie 78 cm mehr als die Hälfte ihrer Körpergröße misst. Wie groß ist Gerda?

2.
Jutta ist nach 1950 geboren. Sie sagt von sich, dass sie im Jahr x^2 genau x Jahre alt sein wird. Wie alt ist sie jetzt?

3.
Die Summe $1 + 3 + 5 + 7 + 9 + \cdots + 244\,327$ besteht aus n aufeinander folgenden ungeraden Zahlen.

a) Ermittle die Anzahl n der Summanden.
Hinweis:
Den 3. Summanden 5 erhält man z. B. als $2 \cdot 3 - 1 = 5$, den 4. Summanden 7 als $2 \cdot 4 - 1 = 7$ usw.

b) Bilde den Mittelwert aller n Summanden.
Hinweis:
Berechne zunächst den Mittelwert der ersten zwei Summanden, dann der ersten drei Summanden und hierauf den Mittelwert der ersten vier Summanden, und überlege.

4.
Addiert man zur dreistelligen Zahl 2A3 die Zahl 326, so erhält man die dreistellige Zahl 5B9.
Die Zahl 5B9 ist durch 9 teilbar. Für welche Ziffern stehen A und B?

5.
Gibt es natürliche Zahlen x und y, für die gilt:

a) $\frac{3}{2} \cdot \frac{4}{3} \cdot \frac{5}{4} \cdot \frac{6}{5} \cdot \ldots \cdot \frac{x}{y} = 12$

b) $\frac{2}{3} \cdot \frac{3}{4} \cdot \frac{4}{5} \cdot \frac{5}{6} \cdot \ldots \cdot \frac{y}{x} = 16$

6.
Wo wohnt Tante Berta?
Von der Postleitzahl ihres Wohnortes in Bayern weiß man Folgendes:
- Die 7 steht neben der 3, aber nicht neben der 2.
- Die 6 steht zwischen der 3 und der 2.
- Die 9 steht nicht neben der 7.

7.
Hans behauptet, dass 2^{42} mm³ Wasser mehr als 3^{28} mm³ Wasser sind.
- Kannst du das widerlegen, ohne die Potenzwerte zu berechnen?
- Passen beide Wassermengen zusammen in ein Becken von 100 m Länge, 100 m Breite und 3 m Tiefe? Zeige dazu, dass $2^{42}\,\text{mm}^3 + 3^{28}\,\text{mm}^3 < 2{,}9282 \cdot 10^{13}\,\text{mm}^3$ gilt.
  Hinweis: $2^{10} = 1\,024 < 1\,100$ und
  $3^7 = 2\,187 < 2\,200$

1.5 Erweiterung des Gitternetzes zum Koordinatensystem

Erweitern wir die Zahlenhalbgeraden des Gitternetzes zu Zahlengeraden, so erhalten wir ein Koordinatensystem, in das wir Punkte mit rationalen Zahlen als Koordinaten eintragen können. Umgekehrt können wir zu Punkten des Koordinatensystems Zahlenpaare als Koordinaten ermitteln.

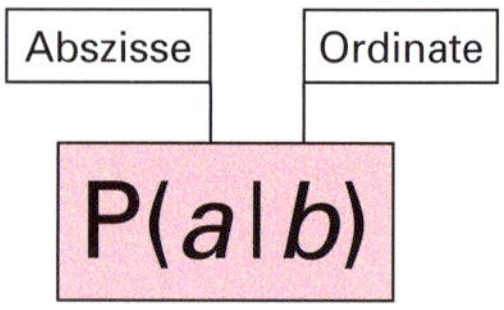

Die um die rationalen Zahlen erweiterte Rechtswertachse bezeichnen wir als ***x*-Achse**, die erweiterte Hochwertachse als ***y*-Achse**.

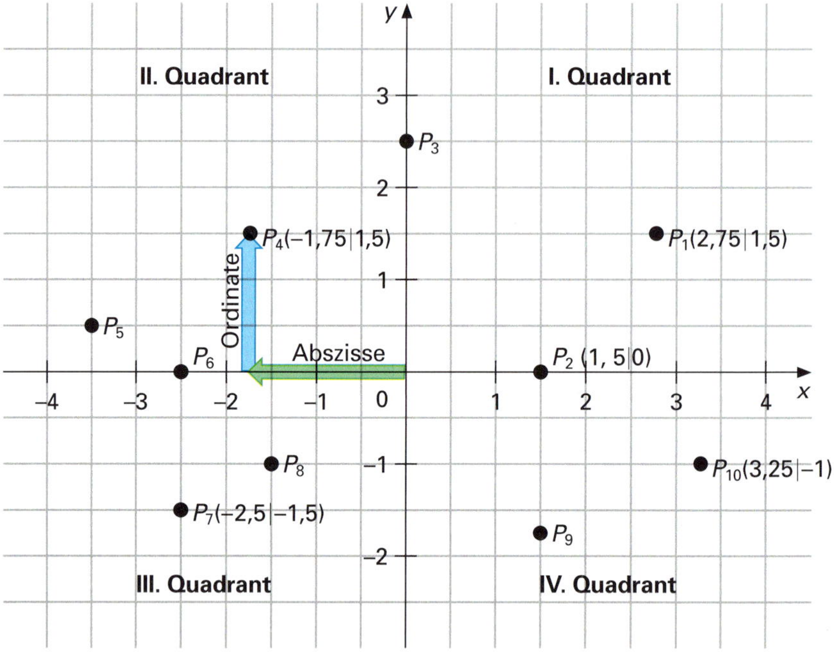

Bild 1

- Gib die fehlenden Koordinaten der Punkte P_3, P_5, P_6, P_8 und P_9 in Bild 1 an.

Das Koordinatensystem teilt die Zeichenebene in vier Teilebenen. Diese heißen **Quadranten** und werden wie in Bild 1 gezeigt durchnummeriert.

Jedes Koordinatensystem mit aufeinander senkrecht stehenden Achsen nennt man zu Ehren von René Descartes ein kartesisches Koordinatensystem.

René Descartes

René Descartes führte Koordinaten ein. Damit war es erstmals möglich, die Lage von Punkten durch Zahlenpaare zu bestimmen. Auf diese Weise gelang es Geometrie und Algebra zu verbinden.

René Descartes (lateinische Form: Renatus Cartesius) wurde am 31. März 1596 in La Haye, Touraine, geboren und starb am 11. Februar 1650 in Stockholm. Er war Mathematiker, Naturwissenschaftler und Philosoph.

Aufgaben

1 Zeichne die Punkte aus a) und b) in das gleiche Koordinatensystem und verbinde sie jeweils der Reihe nach geradlinig. Was stellen die Graphen dar?

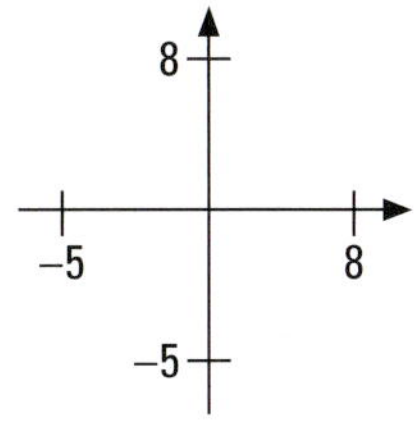

a) $Q_1(1{,}5|7{,}5)$, $Q_2(1|6{,}2)$, $Q_3(1|4{,}75)$, $Q_4(1{,}8|3{,}2)$, $Q_5(3|2{,}2)$, $Q_6(2{,}5|1{,}3)$, $Q_7(1{,}2|2{,}5)$, $Q_4(1{,}8|3{,}2)$

b) $P_1(6|6{,}3)$, $P_2(7{,}5|4{,}5)$, $P_3(6{,}5|3)$, $P_4(5{,}6|0)$, $P_5(3|-2{,}8)$, $P_6(1{,}5|-3)$, $P_7(-0{,}75|-0{,}25)$, $P_8(-1{,}5|2{,}5)$, $P_9(-2{,}5|3{,}5)$, $P_{10}(-4|3{,}5)$, $P_{11}(-3{,}2|-2{,}3)$, $P_{12}(-2{,}6|-3{,}2)$, $P_{13}(-2{,}8|-4{,}4)$, $P_{14}(-4|-4)$, $P_{11}(-3{,}2|-2{,}3)$

2 Zeichne das Dreieck *ABC* mit $A(1{,}5|0)$, $B(5{,}5|-1{,}5)$ und $C(3|3{,}5)$ in ein Koordinatensystem. Führe die folgenden Abbildungen durch und gib jeweils die Koordinaten der Bildpunkte der Dreieckseckpunkte an.

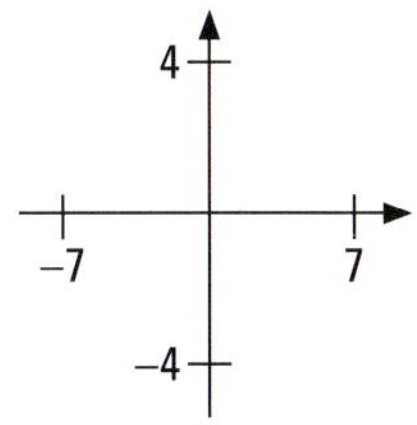

a) Spiegle das Dreieck *ABC* an der *y*-Achse.
b) Spiegle das Dreieck *ABC* an der *x*-Achse.

3 Zeichne jeweils in ein Koordinatensystem mit 1 cm als Längeneinheit auf jeder Zahlengeraden das durch die Koordinaten der Eckpunkte gegebene Vieleck und gib den Flächeninhalt an.

a) Viereck *ABCD* mit $A(-2|-1)$, $B(2|-1)$, $C(2|1)$ und $D(-2|-1)$.
b) Dreieck *PQR* mit $P(-2|0)$, $Q(2|0)$, $R(-2|3)$.
c) Viereck *EFGH* mit $E(-1|-4)$, $F(1|0)$, $G(-1|4)$ und $H(-3|0)$.
d) Viereck *STUV* mit $S(-3|4)$, $T(-3|-4)$, $U(1|-2)$ und $V(1|2)$.

4 Ein Pferd aus einem Schachspiel hat sich in ein Koordinatensystem verirrt. Wie beim Schachspiel kann es sich mit einem Sprung zunächst zwei Einheiten parallel zu einer Koordinatenachse und dann eine Einheit parallel zur anderen Koordinatenachse bewegen.

a) Welche Punkte kann es von folgenden Startpunkten $O(0|0)$, $A(-2|-1)$ und $B(1{,}5|-1{,}5)$ aus mit einem Sprung erreichen?
b) Welche Punkte kann es vom Ursprung aus mit zwei Sprüngen erreichen?

5 Zeichne die Punkte $A(2{,}5|-1)$, $B(3{,}5|2)$ und $C(-2|1{,}5)$ in ein Koordinatensystem. Ergänze das Dreieck *ABC* zu einem Parallelogramm *ABCD* und gib die Koordinaten von *D* an.

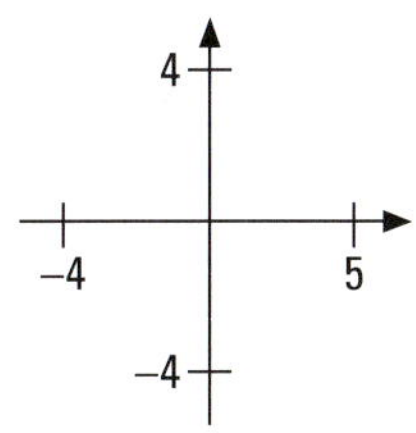

6.1 Zeichne den Kreis $k(M(2|1);\ r = 4\,\text{cm})$ in ein Koordinatensystem. Platzbedarf: $-3 < x < 7$ und $-4 < y < 6$.

6.2 Gib die Koordinaten der Schnittpunkte der Kreislinie mit den Achsen des Koordinatensystems auf eine Dezimalstelle genau an.

6.3 Zeichne mit Hilfe des Kreises ein regelmäßiges Sechseck *ABCDEF*. Markiere dazu der Reihe nach Punkte auf der Kreislinie, die $r = 4$ cm voneinander entfernt sind. Beginne im Punkt $A(2|-3)$. Gib die Koordinaten der Punkte *B*, *C*, *D*, *E* und *F* an.

7 Zeichne die Gerade *AB* in ein Koordinatensystem. Gib die Koordinaten von weiteren drei Punkten auf *AB* an. Kannst du auch die Koordinaten von Punkten auf *AB* angeben, die du nicht gezeichnet hast?

a) $A(-1|-2)$ und $B(2{,}5|5)$ **b)** $A(-1|0)$ und $B(3{,}5|4{,}5)$

2 Gleichungen und Ungleichungen

2.1 Terme und Wertetabellen

Beispiel

Wir betrachten die Terme $T_1(x) = 2 - 1{,}2 \cdot x$ und $T_2(x) = 1 + 0{,}2 \cdot (5 - 6x)$ bezüglich der Menge $\mathbb{Z}$ der ganzen Zahlen als Grundmenge $\mathbb{G}$. Zunächst erstellen wir jeweils eine **numerische Wertetabelle** und eine **grafische Wertetabelle** für ganze Zahlen aus dem Intervall [−2; 4].

Numerische Wertetabellen für $T_1(x)$ und $T_2(x)$:

$x \in \mathbb{Z}$	−2	−1	0	1	2	3	4
Termwerte zu $T_1(x) = 2 - 1{,}2 \cdot x$	4,4	3,2	2	0,8	−0,4	−1,6	−2,8

$x \in \mathbb{Z}$	−2	−1	0	1	2	3	4
Termwerte zu $T_2(x) = 1 + 0{,}2 \cdot (5 - 6 \cdot x)$	4,4	3,2	2	0,8	−0,4	−1,6	−2,8

Grafische Wertetabellen $T_1(x)$ und $T_2(x)$:

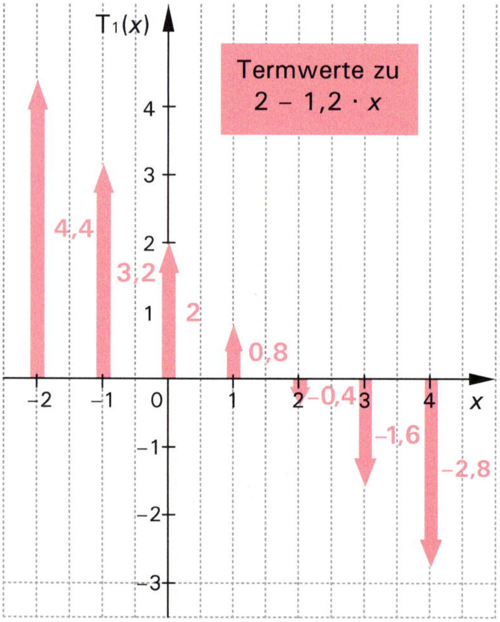

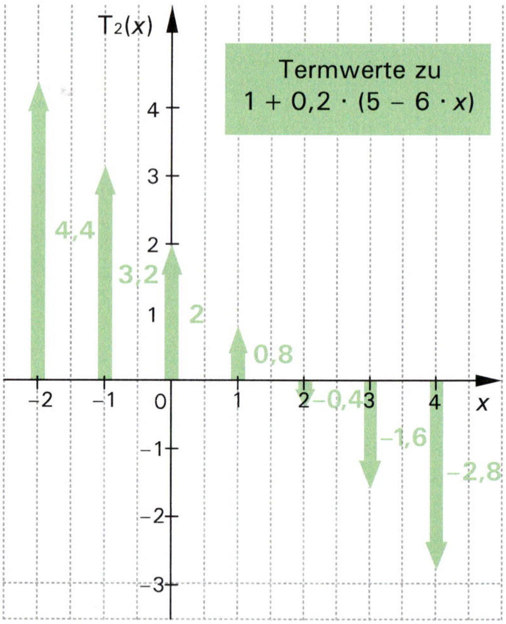

äquivalente Terme

Die numerischen sowie die grafischen Wertetabellen der beiden Terme $T_1(x)$ und $T_2(x)$ stimmen überein. Die Terme $T_1(x)$ und $T_2(x)$ sind also bezüglich des ganzzahligen Intervalls [−2; 4] **äquivalent**.

Mithilfe von Termumformungen, d. h. durch die Anwendung von Rechengesetzen, zeigen wir die Äquivalenz der Terme $T_1(x)$ und $T_2(x)$ auch bezüglich der Menge $\mathbb{Q}$ der rationalen Zahlen.

$T_2(x) = 1 + 0{,}2 \cdot (5 - 6 \cdot x)$

Distributivgesetz

$= 1 + 0{,}2 \cdot 5 - 0{,}2 \cdot 6 \cdot x$

Vereinfachen

$= 1 + 1 \quad - 1{,}2 \cdot x$

Zusammenfassen

$= 2 - 1{,}2 \cdot x$

$= T_1(x)$

Distributivgesetz:
$a \cdot (b + c) = a \cdot b + a \cdot c$

Wir erkennen:
Die Terme $T_1(x)$ und $T_2(x)$ sind bezüglich $\mathbb{Q}$ als Grundmenge äquivalent.
Es gilt also $T_1(x) = T_2(x)$ bzw. $2 - 1{,}2 \cdot x = 1 + 0{,}2 \cdot (5 - 6 \cdot x)$.

Aufgaben

1 Erstelle jeweils eine numerische und eine grafische Wertetabelle zu $T(x)$ für $x \in [0; 10]$ und $x \in \mathbb{N}_0$.

a) $5 - x$ **b)** $5 - 0{,}5x$ **c)** $2{,}5 - 0{,}5x$ **d)** $0{,}4x - 3$
e) $4 - 0{,}1x^2$ **f)** $|x| - 3$ **g)** $|x - 3|$ **h)** $0{,}5 \cdot |3x - 10|$

2 Stelle numerische Wertetabellen mit $x \in [-4; 4]$ und $x \in \mathbb{Z}$ auf.

a) $4x - 4$ **b)** $11 - 3x$ **c)** $12 - 3x^2$ **d)** $x\,(x - 3)$
e) $(x + 3)(x - 3)$ **f)** $1{,}5x - 2{,}5$ **g)** $1{,}2 + 0{,}8x$ **h)** $x^2 - x$
i) $x^3 - x^2$ **j)** $|x - 1|$ **k)** $x - |x|$ **l)** $x^2 - |x|$

3 Fertige jeweils eine numerische Wertetabelle für $x \in [-1; 1]$ an. Wähle dazu die Schrittweite $\Delta x = 0{,}2$.

Schrittweite Δx

Sprechweise:
„Schrittweite Delta x“

a) $2 - 3x$ **b)** $1{,}5 - 0{,}5x$ **c)** $1{,}5x - 0{,}5$ **d)** $8x + 2{,}4$
e) $10x^2$ **f)** $5(x + 1)^2$ **g)** $(x + 1)(x - 1)$ **h)** $100x^3$

4 Erstelle jeweils eine Wertetabelle für $x \in [-5; +5]$ und $x \in \mathbb{Z}$. Bestimme gegebenenfalls zuerst die Definitionsmenge.

a) $\frac{420}{x}$ **b)** $\frac{72}{x^2}$ **c)** $\frac{3}{x - 1}$ **d)** $x^{-1} + x$
e) $x^{-1} - x^{-2}$ **f)** $(x - 0{,}5)^2$ **g)** $(x + 0{,}5)^{-1}$ **h)** $(2 - x)^{-2}$
i) $\frac{1 + x}{1 - x}$ **j)** $\frac{x}{10 - x^2}$ **k)** $\frac{x + 3}{(x - 3)^2}$ **l)** $\frac{x^2 - 4}{(x + 2)(x - 2)}$

5 Das ganzzahlige Intervall $[-3; +3]$ ist die Grundmenge $\mathbb{G}$ für die gegebenen Terme. Überprüfe mithilfe numerischer Wertetabellen, welche der Terme bezüglich $\mathbb{G}$ äquivalent sind.

$T_1(x) = x^2 - (x - 1)^2$; $T_2(x) = x^3 - x^2$; $T_3(x) = 24x + 36$; $T_4(x) = 2x - 1$

Aufgaben

6 Überprüfe die Äquivalenz der gegebenen Terme anhand einer numerischen Wertetabelle.

a) $T_1(x) = 4{,}4x + 12$ und $T_2(x) = 4 \cdot (3 + 1{,}1x)$ für $x \in [-4; 2]$ und $x \in \mathbb{Z}$
b) $T_1(y) = 5{,}5y - 5$ und $T_2(y) = 0{,}5(10 - 11y)$ für $y \in [-2; 4]$ und $y \in \mathbb{Z}$
c) $T_1(z) = z + 2{,}4 \cdot (3 - z)$ und $T_2(z) = 7{,}2 - 1{,}4z$ für $z \in [0; 8]$ und $z \in \mathbb{N}_0$
d) $T_1(x) = 4{,}8x + 2 - x$ und $T_2(x) = (1{,}9x + 1) \cdot 2$ für $x \in [-5; 1]$ und $x \in \mathbb{Z}$
e) $T_1(y) = 2y \cdot 3y^2$ und $T_2(y) = 5y^3$ für $y \in [-2; 4]$ und $y \in \mathbb{Z}$
f) $T_1(z) = 0{,}5z$ und $T_2(z) = (2z)^{-1} \cdot z^2$ für $z \in [-5; 5]$ und $z \in \mathbb{Z}$
g) $T_1(x) = x^2 - 2{,}25$ und $T_2(x) = (x - 1{,}5)^2$ für $x \in [-3; 3]$ und $x \in \mathbb{Z}$
h) $T_1(y) = y^2 + 2{,}56$ und $T_2(y) = (y + 1{,}6)^2$ für $y \in [-2; 2]$ und $y \in \mathbb{Z}$
i) $T_1(z) = z^2 + 1{,}2 \cdot (1{,}2 + 2z)$ und $T_2(z) = (z + 1{,}2)^2$ für $z \in [-3; 3]$ und $z \in \mathbb{Z}$
j) $T_1(x) = x \cdot |2 - x|$ und $T_2(x) = |2x - x^2|$ für $x \in [-2; 5]$ und $x \in \mathbb{Z}$
k) $T_1(y) = y^2$ und $T_2(y) = y \cdot |y|$ für $y \in [-4; 4]$ und $y \in \mathbb{Z}$
l) $T_1(z) = z^3$ und $T_2(z) = z^2 \cdot |z|$ für $z \in [-3; 3]$ und $z \in \mathbb{Z}$

7.0 Viele Krankheiten breiten sich durch Ansteckung aus. Für eine bestimmte Krankheit gibt der Term $0{,}002 \cdot (12 \cdot t^2 - t^3)$ für $t \in [0; 12]$ und $t \in \mathbb{N}_0$ den Prozentsatz der erkrankten Bevölkerung nach t Tagen an.
7.1 Bestätige durch Rechnung, dass nach drei Tagen 16,2 % der Bevölkerung erkrankt sind.
7.2 Berechne den Prozentsatz der erkrankten Personen für $t = 0$ und für $t = 12$. Welche Bedeutung haben die Ergebnisse?
7.3 Erstelle zum Term $0{,}002 \cdot (12 \cdot t^2 - t^3)$ eine numerische Wertetabelle für $t \in [0; 12]$ und $t \in \mathbb{N}_0$.
7.4 Fertige mithilfe der numerischen eine grafische Wertetabelle an. Wähle auf der Termwertachse 1 cm für 10 %.
7.5 Entnimm den Wertetabellen, nach wie viel Tagen der Anteil der erkrankten Personen am höchsten ist.

8.0 Baut man aus gleichen Kugeln Pyramiden mit quadratischer Grundfläche, so erhält man die Gesamtanzahl der Kugeln, indem man die Anzahl der Kugeln jeder Schicht berechnet und diese Ergebnisse addiert.

8.1 Berechne die Gesamtanzahl der Kugeln für eine quadratische Pyramide mit vier Schichten und für eine Pyramide mit fünf Schichten.
8.2 Mithilfe des Terms $\frac{s \cdot (s + 1) \cdot (2s + 1)}{6}$ lässt sich die gesamte Zahl der Kugeln schneller berechnen. Die Variable s steht dabei für die Anzahl der Schichten.
8.3 Fertige zum Term $\frac{s \cdot (s + 1) \cdot (2s + 1)}{6}$ eine numerische Wertetabelle für $s \in [0; 12]$ und $s \in \mathbb{N}$ an.
8.4 Berechne die Anzahl der Kugeln für eine Pyramide mit 20 Schichten und für eine Pyramide mit 40 Schichten.
[Teilergebnis: 2 870]
8.5 Wie viele Schichten besitzt eine quadratische Kugelpyramide aus 4 900 Kugeln?

Aufgaben

9.1 Fertige zu jedem der Säulen- und Balkendiagramme eine numerische Wertetabelle an.

9.2 Ermittle mithilfe der numerischen Wertetabellen Terme zu den einzelnen Diagrammen.

9.3 Welche Diagramme gehören zu äquivalenten Termen?

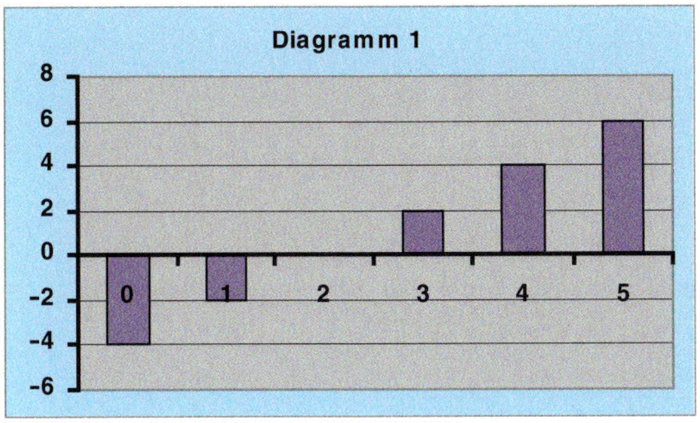

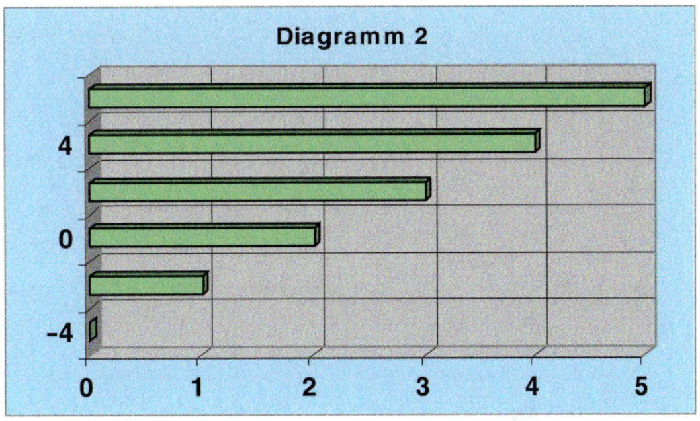

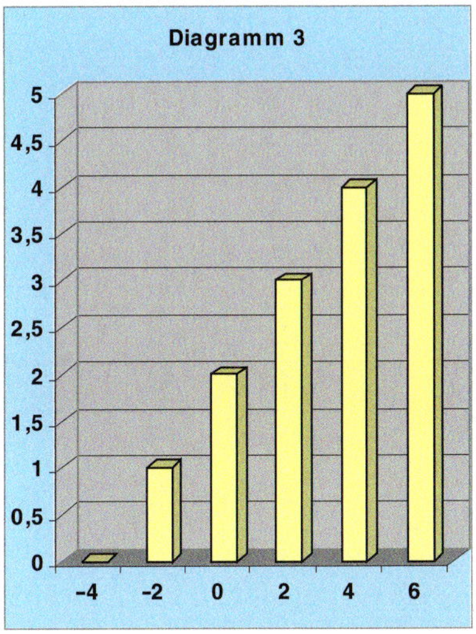

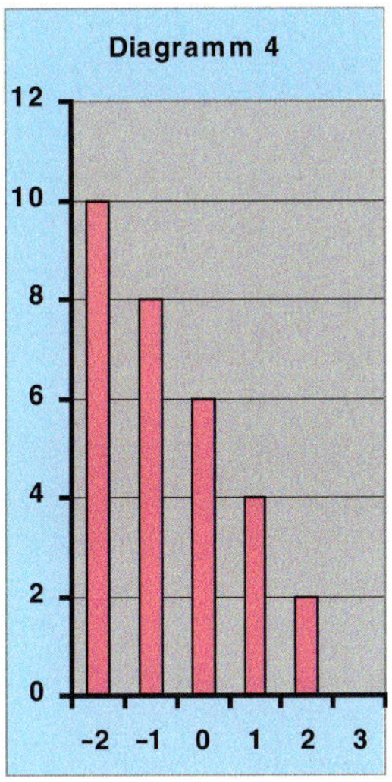

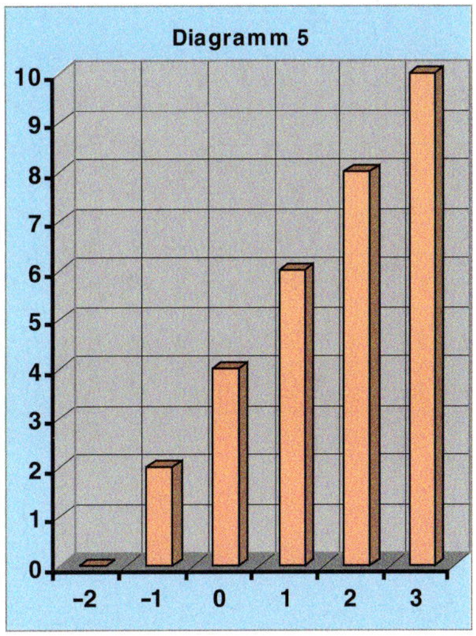

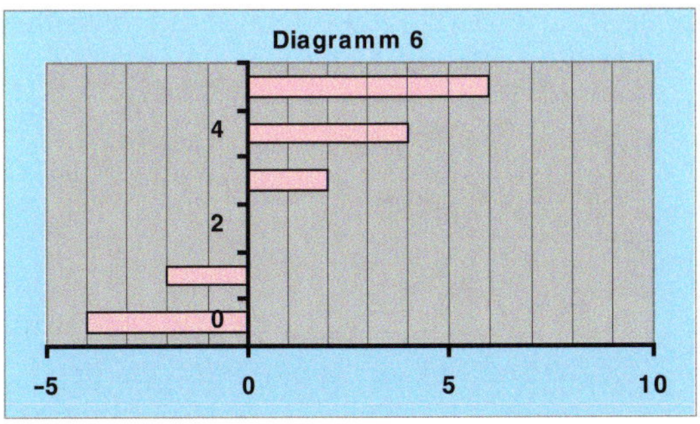

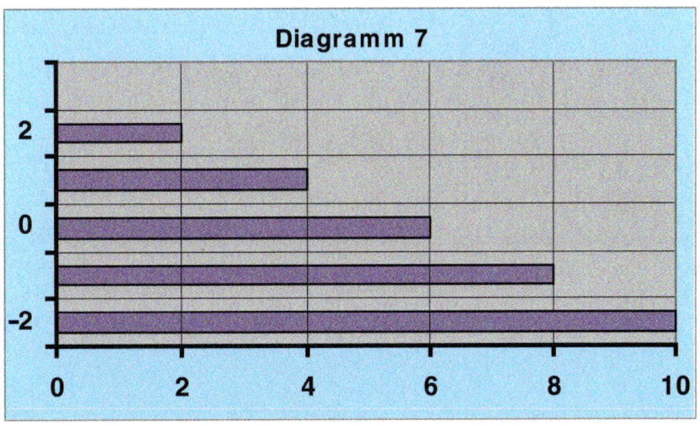

2.2 Einfache Termumformungen

1. Beispiel

Wir vergleichen die Terme $5x$ und $5 + x$ und $2 + 3x$ und $2x + 3$ sowie $2x + 3x$ mithilfe von Wertetabellen. Ein Tabellenkalkulationsprogramm hilft dabei.

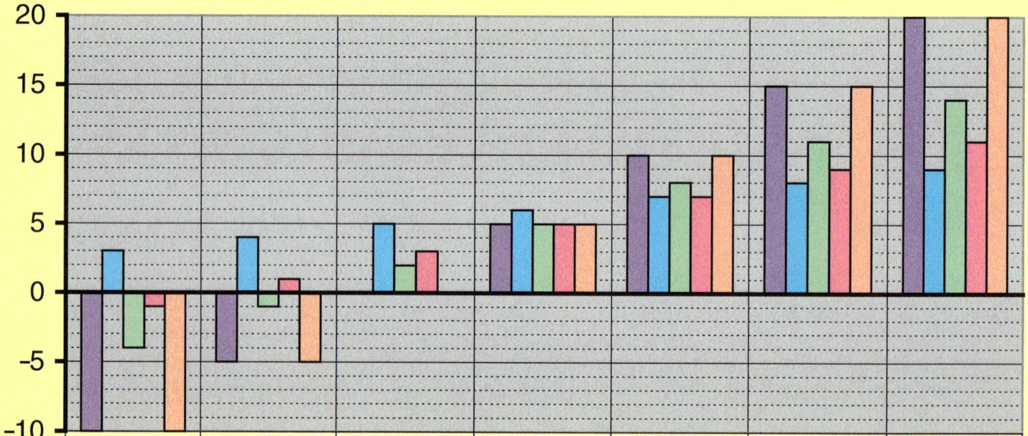

	-2	-1	0	1	2	3	4
5x	-10	-5	0	5	10	15	20
5+x	3	4	5	6	7	8	9
2+3x	-4	-1	2	5	8	11	14
2x+3	-1	1	3	5	7	9	11
2x+3x	-10	-5	0	5	10	15	20

- Warum sind die Terme $5x$ und $5 + x$ und $2 + 3x$ sowie $2x + 3$ bezüglich der Grundmenge $\mathbb{G} = \mathbb{Q}$ nicht äquivalent?

Das Diagramm legt die Vermutung nahe, dass die Terme $5x$ und $2x + 3x$ bezüglich der Menge $\mathbb{Q}$ der rationalen Zahlen als Grundmenge $\mathbb{G}$ äquivalent sind. Wir zeigen die Äquivalenz der Terme $5x$ und $2x + 3x$ durch Termumformung, d. h. durch Anwendung bekannter Rechengesetze.

Distributivgesetz:
$a \cdot c + b \cdot c = (a + b) \cdot c$

$2x + 3x = 2 \cdot x + 3 \cdot x$

Distributivgesetz

$= (2 + 3) \cdot x$

Vereinfachen

$= 5 \cdot x$

Der Malpunkt kann weggelassen werden.

$= 5x$

Anhand von Flächeninhalten kannst du die Richtigkeit der Termumformung zeichnerisch veranschaulichen.

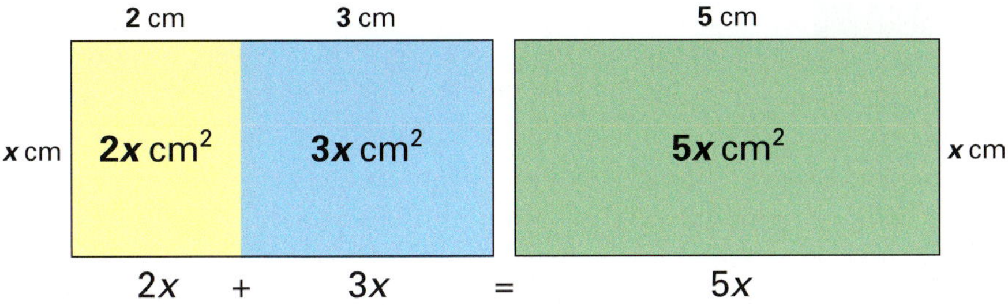

❶ Vereinfache die folgenden Terme:
$7a + 12a$; $6b - 2b$; $4c + 6c + 5c$; $5x + 7x - 9x$; $12y - 4y - 3y$; $8z - 13z$

2. Beispiel

Wir zeigen durch Termumformungen auf zwei verschiedene Arten die Äquivalenz der Terme $\frac{1}{2} \cdot (2x \cdot 6)$ und $6x$.

1. Möglichkeit: $\frac{1}{2} \cdot (2x \cdot 6) = \frac{1}{2} \cdot (2 \cdot x \cdot 6) = \left(\frac{1}{2} \cdot 2\right) \cdot x \cdot 6 = 1 \cdot x \cdot 6 = 6x$

2. Möglichkeit: $\frac{1}{2} \cdot (2x \cdot 6) = 2x \cdot \frac{1}{2} \cdot 6 = 2x \cdot \left(\frac{1}{2} \cdot 6\right) = 2x \cdot 3 = 6x$

❷ Gib zu den Termumformungen jeweils die verwendeten Rechengesetze an.

Zeichnerische Veranschaulichung:

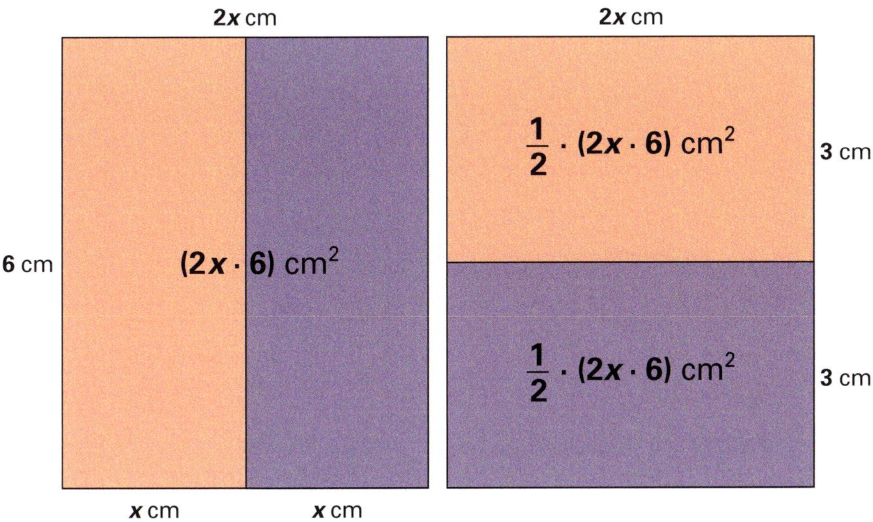

❸ Vereinfache die folgenden Terme:
$\frac{1}{2} \cdot (8 \cdot 8x)$; $\frac{1}{2} \cdot (4 \cdot 8y)$; $\frac{1}{2} \cdot (12z \cdot 6 \cdot 12)$; $\frac{1}{3} \cdot (3a \cdot 12)$; $\frac{1}{3} \cdot (6 \cdot 9b)$; $\frac{1}{4} \cdot (8 \cdot 12c \cdot 4)$

Aufgaben

1 Vereinfache den Term ($\mathbb{G} = \mathbb{Q}$) und überprüfe anschließend dein Ergebnis jeweils mit einer Stichprobenbelegung für $x = 2{,}5$ und $x = -5$.

Beispiel $T(x) = 9 \cdot x - 3 \cdot x$; $T(x) = (9 - 3) \cdot x$; $T(x) = 6 \cdot x$

Probe für $x = 2{,}5$: $T(2{,}5) = 9 \cdot 2{,}5 - 3 \cdot 2{,}5 = 15$ $T(2{,}5) = 6 \cdot (2{,}5) = 15$
Probe mit $x = -5$: $T(-5) = 9 \cdot (-5) - 3 \cdot (-5) = -30$ $T(-5) = 6 \cdot (-5) = -30$

a) $7x + 4x$ **b)** $7x - 4x$ **c)** $4x - 7x$ **d)** $4x + 7x$
e) $8x + 5x + x$ **f)** $8x - 5x - x$ **g)** $-8x - 5x - x$ **h)** $-5x - 8x - x$
i) $-8x - 5x + x$ **j)** $-8x + 5x + x$ **k)** $8x + 5x - x$ **l)** $8x + x - 5x$

2 Vereinfache den Term. Überprüfe dein Ergebnis jeweils mit 12,5 als Stichprobenbelegung ($\mathbb{G} = \mathbb{Q}$).

a) $3a + 11a$ **b)** $17b - 9b$ **c)** $14c + c + 3c$ **d)** $4d - 2d + 8d$
e) $12x - 3x + 2$ **f)** $14 - 3y + 8y$ **g)** $9z - 8 + 2z$ **h)** $-3x - 2 + 12x$
i) $0{,}75x - 1{,}2x + 0{,}25x$ **j)** $-0{,}35y + 0{,}12y - 1{,}4y$ **k)** $1{,}125z - 0{,}25z + 1{,}5z$
l) $\frac{1}{2}a + \frac{1}{4}a - \frac{1}{8}a + \frac{1}{16}a$ **m)** $\frac{2}{3}b - \frac{5}{6}b + b - \frac{5}{18}b$ **n)** $\frac{1}{5}c - 0{,}5c + \frac{1}{2}c - 0{,}2c$

3 Fasse die Terme zusammen. Führe jeweils eine Stichprobenbelegung durch.

Wenn nichts anderes angegeben ist, gilt: $\mathbb{G} = \mathbb{Q}$.

a) $2 \cdot 4x$ **b)** $\frac{1}{2} \cdot (6y \cdot 8)$ **c)** $2b \cdot 5 \cdot \frac{1}{2}$ **d)** $\frac{1}{4} \cdot (16 \cdot 8a)$
e) $4 \cdot 12z \cdot 3$ **f)** $4 \cdot a^2 \cdot a$ **g)** $3b \cdot b^3 \cdot 4$ **h)** $2x^2 \cdot 3x^3$
i) $4y \cdot 3y^4$ **j)** $0{,}5x^2 \cdot 0{,}25x^4$ **k)** $0{,}5y^2 \cdot 0{,}4y^5$ **l)** $(-2a^2) \cdot (-3a^3)$
m) $\frac{1}{4} \cdot 1{,}5z^4 \cdot 0{,}2z$ **n)** $\left(-\frac{1}{2}b^3\right) \cdot (0{,}2b^4)$ **o)** $\frac{1}{3}x^3 \cdot \frac{1}{2}x \cdot (-3x^2) \cdot (-2x)$

Beispiel Beim Term $T(a) = 9a^2 : 6a$ handelt es sich um einen Quotienten. Zunächst schreiben wir ihn als Bruch.

$T(a) = 9a^2 : 6a$ $T(a) = \frac{9a^2}{6a}$

In der Menge $\mathbb{Q}$ der rationalen Zahlen ist $\frac{9a^2}{6a}$ und damit auch $9a^2 : 6a$ für $6a = 0$ bzw. $a = 0$ kein Term, da die Division durch 0 nicht definiert ist. Für $\frac{9a^2}{6a}$ und $9a^2 : 6a$ erhalten wir demnach $\mathbb{D} = \mathbb{Q} \setminus \{0\}$ als Definitionsmenge $\mathbb{D}$. Der Term $\frac{9a^2}{6a}$ lässt sich in $\mathbb{D}$ vereinfachen, indem wir ihn kürzen.

$$\frac{9a^2}{6a} = \frac{3 \cdot 3 \cdot a \cdot a}{2 \cdot 3 \cdot a} = \frac{3}{2}a = 1{,}5a$$

$\mathbb{D} = \mathbb{Q} \setminus \{0\}$
sprich:
$\mathbb{D}$ ist $\mathbb{Q}$ ohne die Menge mit dem Element null.
kurz:
$\mathbb{D}$ ist $\mathbb{Q}$ ohne null.

4 Vereinfache und gib, wenn nötig, eine Definitionsmenge für $\mathbb{G} = \mathbb{Q}$ an.

a) $x^{-2} \cdot x^5 \cdot 3x^{-3}$ **b)** $3a^3 : 2a$ **c)** $8y^4 \cdot 3y^2 : 2y^3$ **d)** $4b^2 \cdot 3b^3 \cdot b^{-1}$
e) $\frac{1}{2}z^4 \cdot \frac{1}{3}z^3 \cdot \frac{1}{2}z$ **f)** $0{,}5c^5 \cdot 2{,}4c^{-2} \cdot c^{-3}$ **g)** $12x^3 : 3x^2 \cdot 2x$ **h)** $12x^3 : (3x^2 \cdot 2x)$
i) $6y^4 : (1{,}2y^3 \cdot 2y)$ **j)** $6y^4 \cdot 1{,}2y^{-3} \cdot 2y^{-1}$ **k)** $64z^4 \cdot 4^{-4} \cdot z^{-4}$ **l)** $64z^4 \cdot (4z)^{-4}$
m) $64z^4 : (4z)^{-4}$ **n)** $18a^3 \cdot (3a)^{-2}$ **o)** $18b^3 : (2b)^{-3}$ **p)** $18c^3 : (3c)^{-2}$

2.3 Gleichungen

Beispiel Wir lösen die Gleichung $25x + 18 = 12$ ($\mathbb{G} = \mathbb{Q}$) mithilfe eines Tabellenkalkulationsprogrammes.

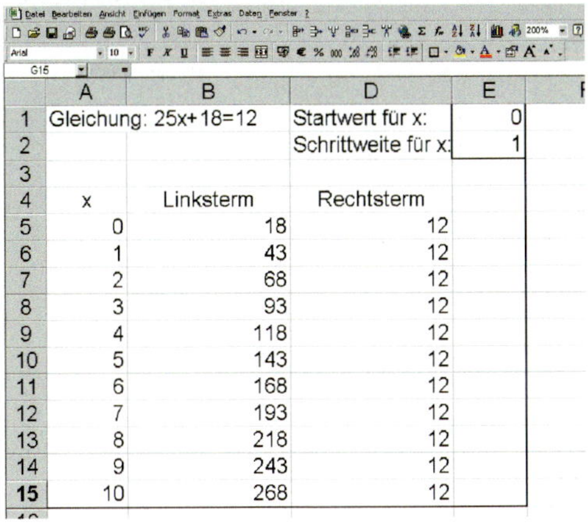

	A	B	D	E
1	Gleichung: 25x+18=12		Startwert für x:	0
2			Schrittweite für x:	1
3				
4	x	Linksterm	Rechtsterm	
5	0	18	12	
6	1	43	12	
7	2	68	12	
8	3	93	12	
9	4	118	12	
10	5	143	12	
11	6	168	12	
12	7	193	12	
13	8	218	12	
14	9	243	12	
15	10	268	12	

Bild 1

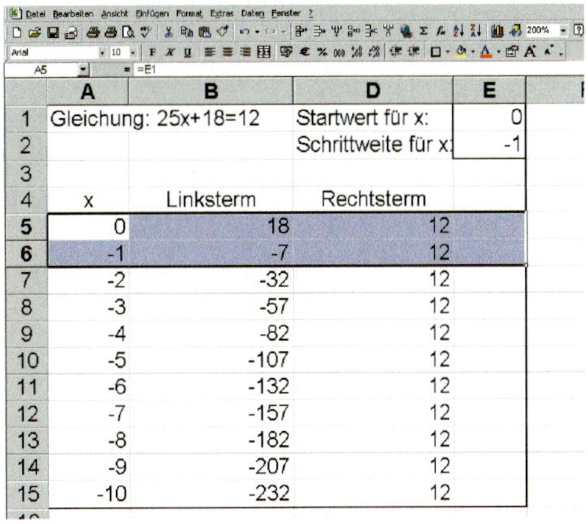

A5 =E1

	A	B	D	E
1	Gleichung: 25x+18=12		Startwert für x:	0
2			Schrittweite für x:	-1
3				
4	x	Linksterm	Rechtsterm	
5	0	18	12	
6	-1	-7	12	
7	-2	-32	12	
8	-3	-57	12	
9	-4	-82	12	
10	-5	-107	12	
11	-6	-132	12	
12	-7	-157	12	
13	-8	-182	12	
14	-9	-207	12	
15	-10	-232	12	

Bild 2

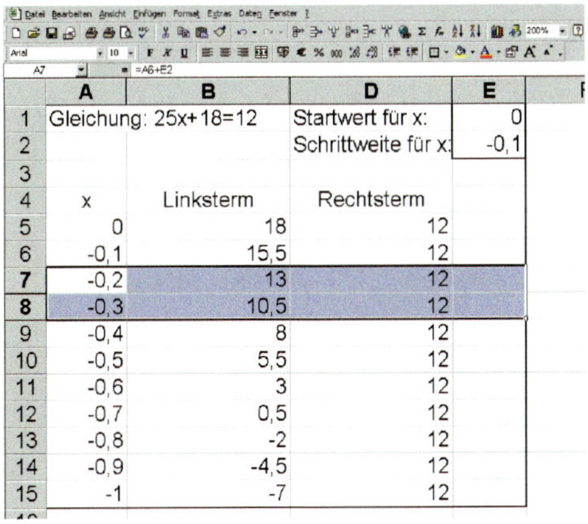

A7 =A6+E2

	A	B	D	E
1	Gleichung: 25x+18=12		Startwert für x:	0
2			Schrittweite für x:	-0,1
3				
4	x	Linksterm	Rechtsterm	
5	0	18	12	
6	-0,1	15,5	12	
7	-0,2	13	12	
8	-0,3	10,5	12	
9	-0,4	8	12	
10	-0,5	5,5	12	
11	-0,6	3	12	
12	-0,7	0,5	12	
13	-0,8	-2	12	
14	-0,9	-4,5	12	
15	-1	-7	12	

Bild 3

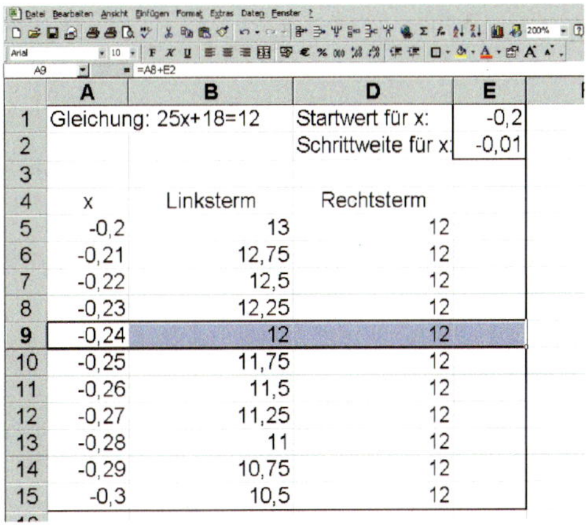

A9 =A8+E2

	A	B	D	E
1	Gleichung: 25x+18=12		Startwert für x:	-0,2
2			Schrittweite für x:	-0,01
3				
4	x	Linksterm	Rechtsterm	
5	-0,2	13	12	
6	-0,21	12,75	12	
7	-0,22	12,5	12	
8	-0,23	12,25	12	
9	-0,24	12	12	
10	-0,25	11,75	12	
11	-0,26	11,5	12	
12	-0,27	11,25	12	
13	-0,28	11	12	
14	-0,29	10,75	12	
15	-0,3	10,5	12	

Bild 4

- Beschreibe die Vorgehensweise in Bild 1 bis Bild 4. Die markierten Zellen helfen dir dabei.

Wie wir wissen, geht die Lösung durch Äquivalenzumformung meist schneller:

$25x + 18 = 12 \quad \mathbb{G} = \mathbb{Q}$

$25x + 18 = 12 \quad | -18$ Subtraktion von 18 auf beiden Seiten

$\Leftrightarrow 25x = 12 - 18$

$\Leftrightarrow 25x = -6 \quad | :25$ Division durch 25 auf beiden Seiten

Äquivalenzumformung

$\Leftrightarrow x = (-6) : 25$

$\Leftrightarrow x = -0{,}24$

$\mathbb{L} = \{-0{,}24\}$

Für Äquivalenzumformungen bei Gleichungen gilt:

> Die Lösungsmenge einer Gleichung ändert sich nicht, wenn man
> - auf beiden Seiten die gleiche Zahl addiert oder subtrahiert,
> - beide Seiten mit der gleichen von null verschiedenen Zahl multipliziert oder
> - beide Seiten durch die gleiche von null verschiedene Zahl dividiert.
>
> Eine derartige Umformung heißt Äquivalenzumformung.
> Gleichungen, die bezüglich der gleichen Grundmenge die gleiche Lösungsmenge besitzen, heißen äquivalent.

Aufgaben

1 Löse durch Äquivalenzumformung ($\mathbb{G} = \mathbb{Q}$).

a) $x + 5 = 8$ **b)** $x + 6 = 17$ **c)** $x + 2{,}75 = 8{,}25$ **d)** $x + 2{,}4 = 9{,}4$
e) $x + 5 = 2$ **f)** $x - 5 = 14$ **g)** $x - 7 = -4$ **h)** $x + 3 = 2$
i) $x + 6 = -6$ **j)** $x - 1{,}25 = -1{,}75$ **k)** $x - 2{,}55 = 4{,}32$ **l)** $x + 1{,}23 = -1{,}67$

2 Löse mit $\mathbb{Q}$ als Grundmenge.

a) $2x = 14$ **b)** $4x = 20$ **c)** $-3x = 21$ **d)** $-5x = 55$ **e)** $-4x = -36$
f) $6x = \frac{1}{2}$ **g)** $3x = -4$ **h)** $7x = -\frac{1}{7}$ **i)** $\frac{2}{3}x = \frac{8}{21}$ **j)** $-\frac{4}{5}x = \frac{3}{4}$
k) $-\frac{7}{5}x = -\frac{7}{4}$ **l)** $\frac{4}{7}x = -\frac{5}{7}$ **m)** $\frac{2}{3}x = -\frac{3}{4}$ **n)** $-\frac{2}{15}x = \frac{3}{5}$ **o)** $\frac{5}{8}x = -3$

Zur Probe setzt man das Lösungselement ein und überzeugt sich, dass eine wahre Aussage entsteht.

3 Löse mit $\mathbb{Q}$ als Grundmenge und führe eine Probe durch.

a) $-3x + 4 = 16$ **b)** $4 - 3x = 16$ **c)** $8 - 5x = 20$ **d)** $-20x = 1{,}8$
e) $-2x + 6 = 18$ **f)** $7 - 6x = 160$ **g)** $8{,}25 - 5x = 2{,}5$ **h)** $-2{,}4x - 4{,}5 = 1{,}5$
i) $-2{,}2x + 2 = 13$ **j)** $5 - 3{,}3x = 16$ **k)** $9 - 5{,}5x = 20$ **l)** $-2{,}6x - 1{,}88 = -5$

4 Löse mit $\mathbb{Q}$ als Grundmenge.

a) $3x + 3 = 3$ **b)** $8x - 8 = 8$ **c)** $8x + 8 = 8$ **d)** $8x = 8$
e) $-8x = 8$ **f)** $-8x + 8 = 8$ **g)** $8x = 0$ **h)** $8x = 1$
i) $-8x - 8 = 8$ **j)** $-8x + 8 = 0$ **k)** $-8x - 8 = 0$ **l)** $-8x + 8 = 1$
m) $-8x - 8 = 1$ **n)** $8x + 8 = 0$ **o)** $8x - 8 = 0$ **p)** $8x + 8 = 1$

5 Löse durch Äquivalenzumformung und führe eine Probe durch ($\mathbb{G} = \mathbb{Q}$).

a) $x + 3 = 15$ **b)** $x - 4 = \frac{3}{17}$ **c)** $2x - \frac{5}{12} = -\frac{1}{24}$ **d)** $3x - 21 = 14$
e) $25x + 3 = \frac{11}{12}$ **f)** $\frac{3}{4}x - 3 = -\frac{11}{4}$ **g)** $\frac{2}{3}x - \frac{1}{3} = -\frac{5}{27}$ **h)** $\frac{2}{5}x + 21 = \frac{1}{5}$
i) $\frac{3}{4}x + \frac{3}{5} = \frac{5}{4}$ **j)** $\frac{3}{4}x + \frac{1}{4} = \frac{3}{4}$ **k)** $\frac{1}{4}x - \frac{5}{4} = -\frac{7}{4}$ **l)** $\frac{1}{4}x - 4\frac{1}{2} = \frac{3}{8}$

6 Löse durch Äquivalenzumformung ($\mathbb{G} = \mathbb{Q}$).

a) $\frac{1}{2}x + 4 = 5{,}25$ [7] **b)** $\frac{5}{8}x + 0{,}75 = \frac{7}{12}$ [10] **c)** $-\frac{5}{6}x - 7{,}25 = \frac{1}{6}$ [18]
d) $-\frac{19}{4}x - \frac{19}{8} = -19{,}25$ **e)** $\frac{7}{6} - \frac{1}{6}x = 7{,}5$ [11] **f)** $\frac{9}{4} - \frac{4}{3}x = -0{,}15$ [9]
g) $1{,}6x + 2{,}32 = 8$ [13] **h)** $0{,}2x - 14{,}2 = -28{,}4$ **i)** $0{,}04x + 8{,}54 = 10$ [14]

Aufgaben

7 Löse durch Äquivalenzumformung ($\mathbb{G} = \mathbb{Q}$).

a) $x : 5 = 8$ **b)** $x : 6 = 0{,}25$ **c)** $x : 2{,}5 = 15$ [15] **d)** $x : 2{,}4 = 12$
e) $x : 5 - 3 = 2$ **f)** $x : 5 + 2 = 12$ **g)** $x : 1{,}5 - 5 = 1$ [9] **h)** $x : 2 + 2{,}5 = -3{,}5$
i) $x : 0{,}5 = 4$ **j)** $x : 0{,}25 = -1{,}75$ **k)** $x : 0{,}3 = 4{,}2$ [9] **l)** $x : 0{,}2 = 10$

8 Löse mit $\mathbb{Q}$ als Grundmenge.

a) $\frac{x}{3} = 14$ [6] **b)** $\frac{x}{4} = 20$ **c)** $\frac{x}{8} + 3 = 5$ **d)** $\frac{x}{3} - 5 = 13$ [9]
e) $\frac{x}{5} - 4 = -1{,}5$ **f)** $\frac{x}{12} - 3 = \frac{1}{2}$ **g)** $\frac{x}{2} - 0{,}5 = 0{,}25$ **h)** $\frac{x}{8} + 7 = 9$ [7]
i) $\frac{x}{5} - 1{,}5 = \frac{1}{2}$ **j)** $\frac{x}{4} + \frac{3}{8} = \frac{3}{4}$ **k)** $\frac{x}{5} - \frac{1}{2} = -\frac{7}{4}$ **l)** $\frac{x}{8} + \frac{1}{4} = -\frac{1}{8}$ [3]

9 Vereinfache zunächst den Linksterm bzw. Rechtsterm und löse dann mit $\mathbb{Q}$ als Grundmenge.

a) $2x - 3 + 5x = 8$ **b)** $y + 12 - 6y = 19$ **c)** $1{,}2z + 2{,}7 - 0{,}8z = 4{,}2$
d) $2x = 9{,}4 - 2{,}8$ **e)** $8{,}5 - 3 = 12x + 8x$ **f)** $5 \cdot (x - 4) = 14$
g) $y^3 \cdot y^{-2} - 7 = 14$ **h)** $2{,}6 - y^{-1} \cdot y^2 = 2 - 4{,}1$ **i)** $3y^{-2} \cdot 4y^3 + 6 = -6$
j) $5z^{-4} \cdot 4z^5 - 1{,}2 = -1{,}5$ **k)** $z - 2{,}5z = -0{,}6 : 1{,}2$ **l)** $2{,}5z^3 \cdot 1{,}2z^{-2} = 4{,}5 : 1{,}5$

10 Löse durch Äquivalenzumformungen. Die Grundmenge ist $\mathbb{Q}$.

a) $\mathbb{L} = \{x \mid 8x - 5 = 27\}$ **b)** $\mathbb{L} = \{x \mid 8x - 5 = 25\}$
c) $\mathbb{L} = \left\{x \,\middle|\, -\frac{7}{5}x = \left(-\frac{7}{5}\right)^2\right\}$ **d)** $\mathbb{L} = \left\{y \,\middle|\, -\frac{3}{4}y = \frac{4}{3}\right\}$
e) $\mathbb{L} = \left\{z \,\middle|\, -\frac{z}{7} - \left(-\frac{1}{2}\right)^3 = \frac{12}{7} + \frac{1}{8}\right\}$ [3] **f)** $\mathbb{L} = \{a \mid (-5{,}2)^2 \cdot a = 27{,}04\}$

Zahl	Quadratzahl
4	16
5	25
6	36
7	49
8	64

11 Stelle zunächst eine Gleichung auf und gib eine passende Grundmenge an. Versuche sodann die Gleichung durch Äquivalenzumformungen zu lösen.

a) Die Summe aus einer rationalen Zahl und der Zahl –2,14 ergibt 4,46. Wie heißt die gesuchte Zahl?
b) Welche Zahl ist um 3,8 kleiner als der Quotient der Zahlen 18 und –9?
c) Das Produkt aus einer Zahl und $-\frac{3}{4}$ ist um 5 größer als die Differenz aus 80,5 und der Quadratzahl zu 7,5. Wie heißt die gesuchte Zahl?
d) Subtrahiert man vom Produkt aus einer Zahl und 15 den Quotienten aus 35 und –7, so erhält man 50. Wie heißt die Zahl?
e) Ein Quader mit quadratischer Grundfläche hat ein Volumen von 420,5 cm^3 und eine Höhe von 8 cm. Wie lang ist eine Kante der Grundfläche?
f) Ein Quader hat ein Volumen von 167,58 dm^3. Die Länge einer Grundkante beträgt 4,2 dm, seine Höhe ist 9,5 dm. Hat der Quader eine quadratische Grundfläche?

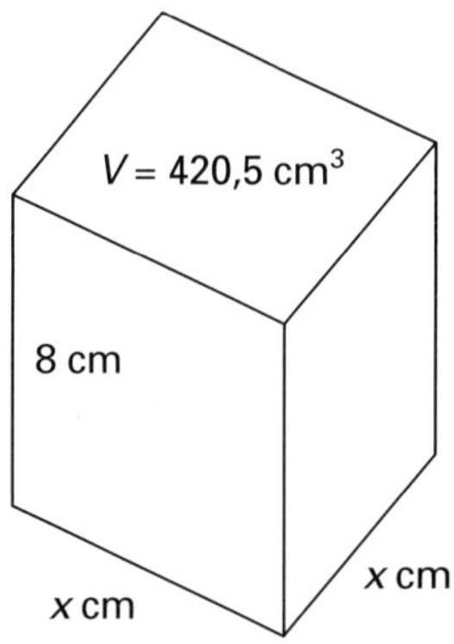

12 Ermittle die Lösungsmenge durch Äquivalenzumformungen ($\mathbb{G} = \mathbb{Q}$).

a) $5 \cdot (5 + x) = 95$ [5] **b)** $3 \cdot (4 - x) = 368 : 8 - 1$ **c)** $7 \cdot x + 7 \cdot 3 = -168 : 3$
d) $-5 \cdot (7 - x) = 15$ [1] **e)** $9 \cdot 4 - 9 \cdot y = 432 : 4$ **f)** $(4 + z) \cdot 4 = 128$ [10]

2.4 Ungleichungen

Beispiel

Wir lösen die Ungleichung $5 \cdot x - 3 \leqq 1$ mit $\mathbb{G} = \mathbb{Q}$ durch äquivalentes Umformen. Mithilfe eines Tabellenkalkulationsprogramms überprüfen wir, ob die Lösungsmenge für die entstehenden Ungleichungen unverändert bleibt.

Ungleichung	Äquivalenzumformung	Lösungsmenge
$\mathbf{5 \cdot x - 3 \leqq 1}$	$\mid +3$	$\mathbb{L} = \{x \mid x \leqq 0{,}8\}$
$\Leftrightarrow \quad 5 \cdot x \leqq 1 + 3$		
$\Leftrightarrow \quad \mathbf{5 \cdot x \leqq 4}$	$\mid :5$	$\mathbb{L} = \{x \mid x \leqq 0{,}8\}$
$\Leftrightarrow \quad x \leqq 4 : 5$		
$\Leftrightarrow \quad \mathbf{x \leqq 0{,}8}$		$\mathbb{L} = \{x \mid x \leqq 0{,}8\}$

	A	B	C	D
1	Ungleichung	$5 \cdot x - 3 \leqq 1$	$5 \cdot x \leqq 4$	$x \leqq 0{,}8$
2	x	5x-3	5x	x
3	-0,2	-4	-1	-0,2
4	-0,1	-3,5	-0,5	-0,1
5	0	-3	0	0
6	0,1	-2,5	0,5	0,1
7	0,2	-2	1	0,2
8	0,3	-1,5	1,5	0,3
9	0,4	-1	2	0,4
10	0,5	-0,5	2,5	0,5
11	0,6	0	3	0,6
12	0,7	0,5	3,5	0,7
13	0,8	1	4	0,8
14	0,9	1,5	4,5	0,9
15	1	2	5	1
16	1,1	2,5	5,5	1,1

Tabelle1 / Tabelle2 / Tabelle3

❶ Welche Werte erhält man im Linksterm der drei Ungleichungen jeweils für die Belegungen $x = -2$ und $x = 2$?

❷ Löse die Ungleichung $(-5) \cdot x \geqq -15$ mit $\mathbb{G} = \mathbb{Q}$ durch Äquivalenzumformungen und überprüfe deine Lösungsmenge für die Belegungen $x = 2$ und $x = 3$.

Beispiel

Die Ungleichung $(-3) \cdot x < 12$ mit $\mathbb{G} = \mathbb{Q}$ dividieren wir durch -3 bzw. multiplizieren wir mit $-\frac{1}{3}$:

Ungleichung	Äquivalenzumformung	Lösungsmenge
$(-3) \cdot x < 12$	$\mid :(-3)$ oder $\cdot\left(-\frac{1}{3}\right)$	$\mathbb{L} = \{x \mid x > -4\}$
$\Leftrightarrow \quad x > 12 : (-3)$		
$\Leftrightarrow \quad x > -4$		$\mathbb{L} = \{x \mid x > -4\}$

- Überzeuge dich durch Stichprobenbelegungen, dass die Ungleichungen $(-3) \cdot x < 12$ und $x > -4$ mit $\mathbb{G} = \mathbb{Q}$ dieselbe Lösungsmenge besitzen.

Die zu $(-3) \cdot x < 12$ äquivalente Ungleichung $x > -4$ erhält man, wenn man nach der Division durch -3 bzw. nach der Multiplikation mit $-\frac{1}{3}$ das Zeichen $<$ durch $>$ ersetzt.

Für Äquivalenzumformungen bei Ungleichungen gilt:

Die Lösungsmenge einer Ungleichung ändert sich nicht, wenn man
- auf beiden Seiten die gleiche Zahl addiert oder subtrahiert,
- beide Seiten mit der gleichen positiven Zahl multipliziert,
- beide Seiten durch die gleiche positive Zahl dividiert,
- beide Seiten mit der gleichen negativen Zahl multipliziert und das Ungleichheitszeichen umkehrt (Inversionsgesetz) oder
- beide Seiten durch die gleiche negative Zahl dividiert und das Ungleichheitszeichen umkehrt (Inversionsgesetz).

Beachte das Inversionsgesetz bei Ungleichungen!

Aufgaben

1 Löse durch Äquivalenzumformung mit $\mathbb{Q}$ als Grundmenge. Überprüfe dein Ergebnis mit einer Stichprobe.

a) $x + 11 < 14$ **b)** $x + 18 > 0$ **c)** $x - 4 \leqq 4$ **d)** $x + 8 > -3$

e) $x + 9 \leqq 5$ **f)** $x - 1{,}2 < -1{,}7$ **g)** $x - 3{,}05 > 3{,}5$ **h)** $y + 1{,}11 < -1{,}14$

i) $x + \frac{2}{3} \leqq 5$ **j)** $x - \frac{3}{5} \geqq -\frac{3}{4}$ **k)** $x + \frac{5}{3} > \frac{2}{3}$ **l)** $x - \frac{5}{3} < \frac{1}{3}$

m) $x + \frac{5}{12} \leqq 1{,}2$ **n)** $x - \frac{3}{8} \geqq -2{,}25$ **o)** $x - 0{,}55 > \frac{4}{5}$ **p)** $x + 2{,}4 < \frac{1}{5}$

2 Löse durch Äquivalenzumformung ($\mathbb{G} = \mathbb{Q}$).

a) $4x < 10$ **b)** $5x < -12$ **c)** $-3x > 12$ **d)** $-4x > -8$

e) $-1{,}25x < -4{,}5$ **f)** $-y < 1{,}5$ **g)** $-z > -1{,}8$ **h)** $-4x < 7$

i) $-\frac{1}{2}y < 0$ **j)** $\frac{1}{2}z > 0$ **k)** $\frac{3}{5}x \geqq -\frac{3}{4}$ **l)** $-\frac{3}{5}x \geqq -2$

m) $-\frac{1}{2}x > 1{,}75$ **n)** $-0{,}5x > -0{,}5$ **o)** $0{,}5x > -0{,}5$ **p)** $-\frac{7}{5}x \leqq -\frac{5}{28}$

Aufgaben

3 Löse die Ungleichung durch Äquivalenzumformungen mit $\mathbb{Q}$ als Grundmenge.

a) $3x + 7 < -14$ **b)** $-4x + 5 < -15$ **c)** $-x + 4 > -8$ **d)** $-x - 3 > 6$

e) $-2x - 2{,}2 < -2{,}8$ **f)** $-x - 1{,}4 > -2$ **g)** $-1{,}4 - x > -2$ **h)** $2{,}5 - x < -5{,}5$

i) $-x - \frac{1}{9} < \frac{2}{3}$ **j)** $-x - \frac{2}{9} > \frac{1}{3}$ **k)** $-\frac{4}{5}x - \frac{1}{4} < \frac{1}{12}$ **l)** $-\frac{8}{5}x - \frac{1}{12} > -\frac{1}{2}$

m) $-\frac{3}{5}x - 2{,}4 < -2$ **n)** $-\frac{3}{5}x + 1{,}4 > 1$ **o)** $-\frac{3}{5}x - 2 > \frac{1}{4}$ **p)** $-\frac{3}{4}x - 2 < \frac{1}{4}$

4 Überprüfe, ob es sich um äquivalente Ungleichungen handelt ($\mathbb{G} = \mathbb{Q}$).

a) $-3x - 2 > 7$ und $x < 3$ **b)** $4x < -20$ und $-x + 2 < -3$

c) $-\frac{3}{5}x > \frac{1}{4}$ und $0{,}6x - 0{,}25 < 0$ **d)** $\frac{1}{3}(x - 2) > -\frac{4}{3}$ und $-2x < 4$

e) $-5(x + 1) > -5$ und $x + 1 > -1$ **f)** $-6 - 21x < -0{,}75$ und $x > 0{,}25$

5 Ermittle die Lösungsmenge durch Äquivalenzumformungen ($\mathbb{G} = \mathbb{Q}$).

a) $-\frac{1}{2}x < \frac{4}{3}$ **b)** $-1{,}5x > 4{,}5$ **c)** $x \cdot \frac{2}{3} < -9$

d) $y \cdot \left(-\frac{2}{3}\right) > 9$ **e)** $y : 1{,}5 > -4{,}5$ **f)** $y : (-1{,}5) > -4{,}5$

g) $z \cdot (-0{,}5) > 2$ **h)** $z \cdot (-0{,}5) < 0{,}5$ **i)** $z \cdot (-0{,}5) + 0{,}5 < 0{,}5$

j) $-\frac{6}{5}x - 0{,}5 < 0{,}75$ **k)** $x : \left(-\frac{6}{5}\right) - \frac{1}{4} < 0{,}75$ **l)** $x : (-1{,}2) + \frac{1}{4} < 0{,}75$

6 Addiert man zu einer Zahl $\frac{7}{5}$ und multipliziert man diese Summe mit 5, so erhält man mindestens $\frac{23}{4}$. Welche Zahlen erfüllen diese Bedingung?

7 Vergrößert man rationale Zahlen um 35, so erhält man mehr als 18.

8 Verkleinert man das Dreifache von Zahlen um 2, so erhält man mehr als –5.

9 Multipliziert man eine Zahl mit –2,5, so erhält man weniger als 1,5.

10 Multipliziert man rationale Zahlen mit $-\frac{4}{3}$, so erhält man höchstens $-\frac{2}{5}$.

11 Teilt man rationale Zahlen durch –0,25 und subtrahiert dann 4, so erhält man nur negative rationale Zahlen.

12 Welche ganzen Zahlen haben die Eigenschaft, dass das jeweilige Produkt aus ihnen und der Zahl $-\frac{1}{12}$ größer als $-\frac{1}{12}$ ist?

13 Gibt es ganze Zahlen mit der Eigenschaft, dass das jeweilige Produkt aus ihnen und der Zahl $-\frac{5}{12}$ größer als $-\frac{1}{12}$ ist?

14 Löse jeweils durch Äquivalenzumformungen ($\mathbb{G} = \mathbb{Q}$).

a) $\mathbb{L} = \{a \mid -1{,}1a - 0{,}11 < 1{,}1\}$ **b)** $\mathbb{L} = \{b \mid 1{,}1b + 0{,}11 < 1{,}1\}$

c) $\mathbb{L} = \{c \mid -0{,}11c + 1{,}1 > -0{,}11\}$ **d)** $\mathbb{L} = \{d \mid -11d - 1{,}1 > -0{,}11\}$

e) $\mathbb{L} = \{e \mid 11e + 11 > -11\}$ **f)** $\mathbb{L} = \{f \mid -11f - 11 > -11\}$

Aufgaben

15.1 Ermittle die natürlichen Zahlen, für die gilt: Subtrahiert man 22 vom Fünffachen der Zahlen, so ist der Wert der Differenz stets kleiner als –2.

15.2 Es gibt negative ganze Zahlen, für die Folgendes gilt: Addiert man 11 zum Vierfachen der Zahlen, so ist der Wert der Summe stets größer als –2. Ermittle diese Zahlen.

16.1 Der Wert der Summe von vier aufeinander folgenden geraden Zahlen ist kleiner als 112. Ermittle die größte der möglichen Zahlen. [3]

16.2 Der Wert der Summe von drei aufeinander folgenden ungeraden negativen Zahlen ist größer als –63. Ermittle die kleinste der möglichen Zahlen. [3]

17 Der Umfang eines Rechtecks ist kleiner als 52 cm. Was gilt für die Länge des Rechtecks, wenn die Breite um 6 cm kürzer als die Länge ist?

18 Julia soll vom Wohnort der Eltern in die nahe gelegene Stadt fahren und Mehl und ein Kilogramm Bananen kaufen. Ihre Mutter gibt ihr 10 € mit. Wie viele 1-kg-Packungen Mehl zu 0,9 € kann Julia kaufen, wenn die Bananen 2,10 € kosten und sie für die Busfahrt insgesamt 2,20 € bezahlen muss? Wie viel Geld bleibt noch übrig? [Teilergebnis: 30 Cent]

19 Herr Müller wiegt 20 kg mehr als seine Frau. Beide wiegen zusammen weniger als 150 kg. Was kann man über das Körpergewicht von Frau Müller aussagen?

20 Herr Bauer und Frau Ebner wollen sich an einem Unternehmen mit einer Kapitaleinlage von zusammen mindestens 15 000 € beteiligen. Wie viel muss Herr Bauer mindestens aufbringen, wenn der Anteil von Frau Ebner um 1600 € höher ist? [13]

21 Die Fotoabteilung eines großen Kaufhauses bietet Digitalkameras zu 119 € und 349 € an. Bei der Ermittlung der Verkaufspreise wurde mit einer Gesamteinnahme von mindestens 15 000 € kalkuliert. Wie viele Kameras von jedem Typ müssen insgesamt mindestens verkauft werden, wenn man davon ausgeht, dass vom Kameratyp, der 119 € kostet, insgesamt 26 Kameras mehr verkauft werden, als vom Kameratyp, der 349 € kostet?

22 Ein Schreibwarenhändler führt Füllfederhalter der Marke A für 5 € und der Marke B für 7 €. Klaus und Patrizia können ein Telefonat des Händlers mithören, in dem er erzählt, dass er bisher durch den Verkauf von Füllern mindestens 256 € eingenommen hat und welche der beiden Marken von seinen Kunden bevorzugt wurde. Während Klaus versteht, dass von der Marke A acht Füller mehr als von der Marke B verkauft wurden, meint Patrizia gehört zu haben, dass es von der Marke A achtmal so viele waren. Wie viele verkaufte Füller von jeder Marke errechnen Klaus und Patrizia?
[Teilergebnis: mindestens 6 Füller der Marke B]

23 Ein Apotheker möchte 150 cm^3 einer 20%igen wässrigen Glyzerinlösung mit Wasser weiter verdünnen, sodass der Anteil des Glyzerins höchstens 15 % beträgt. Wie viel Wasser muss er mindestens hinzugeben? [5]

2.5 Sachaufgaben

Anders Celsius

René de Réaumur

Beispiel

Umrechnung von Temperaturen:

Die Variablen *x*, *y* und *z* in der nachfolgenden Tabelle stehen für die Zahlenwerte einer Temperatur in den Einheiten Grad Celsius (°C), Grad Réaumur (°R) und Grad Fahrenheit (°F).

	°Celsius	°Réaumur	°Fahrenheit
°Celsius	x	$0{,}8x$	$1{,}8x + 32$
°Réaumur	$1{,}25y$	y	$2{,}25y + 32$
°Fahrenheit	$\frac{5}{9}(z - 32)$	$\frac{4}{9}(z - 32)$	z

Die Einheit Grad Celsius ist nach dem schwedischen Physiker und Astronomen Anders Celsius (1701–1744) benannt und wird fast weltweit für die Messung von Temperaturen verwendet. Grad Réaumur ist eine nicht mehr gebräuchliche Temperatureinheit, die vor der Celsiusskala in Deutschland amtlich eingeführt war. Sie ist nach dem französischen Physiker und Zoologen René Ferchault de Réaumur (1683–1757) benannt. Die Verwendung der Einheit Grad Fahrenheit ist noch in den USA und in Großbritannien üblich. Sie ist nach dem deutsch-englischen Physiker Gabriel Daniel Fahrenheit (1686–1736) benannt.

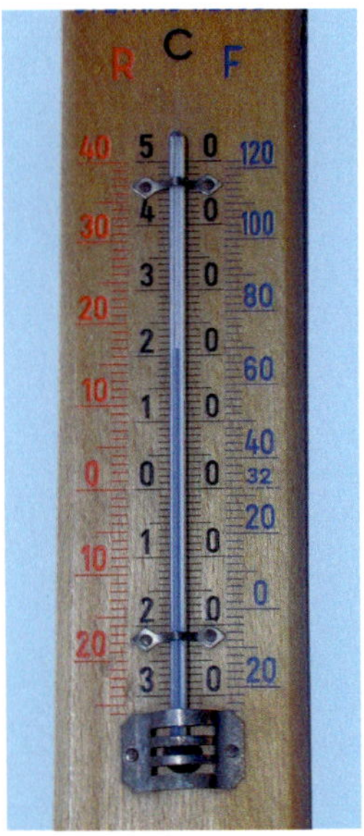

❶ Gib den Eispunkt und den Siedepunkt von Wasser in der Einheit Grad Celsius an. Berechne sodann mithilfe der Tabelle das Intervall, in dem Wasser flüssig ist, in den Einheiten Grad Réaumur und Grad Fahrenheit.

❷ Zeichne in einem geeigneten Maßstab drei Skalen für die drei verschiedenen Einheiten, damit du Umrechnungen grafisch lösen kannst.

❸ Welche Umrechnung erhält man mit der Lösung folgender Gleichung:
$-40 = 1{,}25 \cdot y$; $\mathbb{G} = \mathbb{Q}$.
Entnimm der Tabelle eine einfachere Gleichung für dieselbe Aufgabe.

❹ Löse die folgende Gleichung:
$\frac{5}{9}(z - 32) = 50$; $\mathbb{G} = \mathbb{Q}$.
Welche Temperaturumrechnung hast du damit durchgeführt?

❺ Berechne zunächst nur mithilfe der letzten Tabellenspalte die Temperatur 14 °F in den Einheiten Grad Celsius und Grad Réaumur. Überprüfe deine Ergebnisse sodann unter Verwendung der gesamten Tabelle.

Aufgaben

1 Die Klasse 7b plant einen Schulausflug. Die Kosten für den Bus betragen 256 €. Wie viel muss jeder der 26 Schüler noch bezahlen, wenn sich schon 32,40 € in der Klassenkasse befinden? [14]

2 Die Klasse 7a hat 24 Schüler. Davon haben in einer Stegreifaufgabe ein Drittel die Note 1, die Hälfte hat die Note 2 und ein Achtel hat die Note 3. Wie viele der Schüler haben die Note 4, wenn es keine 5 und keine 6 gab? [1]

3 Die drei Geschwister Anton, Maria und Xaver wurden jeweils im Abstand von zwei Jahren geboren. Jedes der Kinder bekommt monatlich so viel Taschengeld, wie seinem Lebensalter entspricht. Zusammen bekommen sie 42 €. Wie alt sind die Kinder? [3;5;7]

4 In einer Familie wiegt die Mutter doppelt so viel wie die Tochter und der Vater wiegt so viel wie Mutter und Tochter zusammen. Stellen sich die drei gemeinsam auf eine Waage, so zeigt diese 156 kg an. Wie schwer ist der Vater? [15]

5 Ein Lkw hat eine Zuladung von 3 t. Wie viele Kisten von je 135 kg darf der Fahrer höchstens zuladen? [4]

6 Auf einem Sattelschlepper liegen bereits 90 Stahlrohre zu je 82 kg. Wie viele Rohre mit 140 kg dürfen höchstens noch zugeladen werden, wenn die maximale Last 28,5 t beträgt? [6]

7 Aus einem 72 cm langen Draht wird ein Quadrat gebogen. Wie lang sind seine Seiten? [9]

8 Karl biegt aus einem 72 cm langen Draht ein Rechteck, das doppelt so lang wie breit ist. Welche Seitenlängen hat es? [3;6]

9 Wie lang ist ein Rechteck mit der Fläche 186 cm^2 und der Breite 12 cm? [11]

10 Wie breit ist ein Rechteck mit dem Umfang 58 cm und der Länge 17 cm? [3]

11 In einem gleichschenkligen Dreieck mit dem Umfang 16 cm ist ein Schenkel eineinhalbmal so lang wie die Basis. Zeichne das Dreieck.

12 Wenn Evi um 7:30 Uhr mit ihrem Fahrrad mit einer Durchschnittsgeschwindigkeit von 15 $\frac{km}{h}$ zur Schule fährt, kommt sie 15 Minuten zu früh dort an. Läuft sie mit 5 $\frac{km}{h}$, so kommt sie 15 Minuten zu spät. Wie lang ist Evis Schulweg? [15]

13 Von einem quadratischen Grundstück wird auf einer Seite ein 2 m breiter Streifen für einen Gehweg weggenommen. Dadurch verringert sich die Fläche des Grundstücks um 85 m^2. Welche Maße hatte das ursprüngliche Grundstück? [11]

14 Bei einer Flurbereinigung soll ein quadratisches Grundstück mit der Seitenlänge 126 m mit einem flächengleichen, rechteckigen Grundstück mit der Breite 84 m getauscht werden. Wie lang ist dieses Grundstück? [18]

15 Von einer 650 g schweren Wurst werden 30 gleich dicke Scheiben abgeschnitten. Wie schwer ist jede Scheibe, wenn noch 200 g Wurst übrig bleiben? [6]

Aufgaben

16 Herr Meier hat für seine drei Söhne Fritz, Franz und Michael 102 € Taschengeld eingeplant. Er verteilt das Taschengeld im Verhältnis des Lebensalters seiner Söhne. Fritz ist 8 Jahre, Franz 11 Jahre und Michael 15 Jahre alt.

a) Wie viel Taschengeld erhält jeder? [6;6;9]

b) Wie viel erhält Fritz zwei Jahre später? [12]

17 An Fritzchens Geburtstag sagt sein Vater: „Jetzt bin ich dreimal so alt wie du." Darauf sagt Fritz: „Musst nicht traurig sein, an deinem 60. Geburtstag bist du nur noch doppelt so alt wie ich!" Wie alt ist Fritz jetzt? [6]

18 Eine Pumpe braucht zum Füllen eines Öltanks 12 Minuten, eine andere fördert die doppelte Menge in gleicher Zeit. Wie lange brauchen beide zusammen? [4]

19 Ein Bauer hat achtmal so viel Rinder wie Schweine und zweieinhalbmal so viel Hühner wie Rinder. Insgesamt sind es 348 Tiere. Wie viele Schweine hat er? [3]

20 Ein Schwimmbecken ist 8 m lang, 5 m breit und 1,7 m tief. Das Becken soll bis 10 cm unter den Rand gefüllt werden. Die vorhandene Pumpe braucht dafür 4 Stunden. Um wie viele Minuten verkürzt sich der Füllvorgang, wenn eine zweite Pumpe, die 4 Kubikmeter in einer Stunde schafft, zugeschaltet wird? [12]

Wasserfix

Rechnung	
1 Anfahrt	34,70 €
3 Stunden	●,50 €
Summe:	132,20 €

Bild 1

21 Ein Installateur schickt die Rechnung in Bild 1. Leider ist sie nicht mehr vollständig lesbar.

22 Herr Bayer will seinen Hausflur mit quadratischen Teppichfliesen mit 30 cm Seitenlänge fugenlos belegen. Wie viele braucht er mindestens, wenn der Flur eine Fläche von 6,8 m^2 hat

23 Herr Huber tankt sein Auto mit Superbenzin voll und kauft für seine Frau noch schnell ein Sonderangebot Rosen zu 3,95 € an der Tankstelle. Er bezahlt 67,65 €. Zu Hause angekommen, will er die Anzahl der getankten Liter in sein Fahrtenbuch eintragen. Er kann sich jedoch nur noch an das Schild „Super 0,98 €" erinnern. [11]

24 Ein Aufzug hat die maximale Zuladung von 450 kg. Wie viele Schüler deiner Klasse dürfen zusammen einsteigen?

ALLGEMEINE ZEITUNG

5.000 l Diesel aus Tanklastzug ausgelaufen.
Sinsheim. Bei einem Unfall sind auf der Autobahn Mannheim – Heilbronn rund 5.000 l Diesel aus einem Tanklastzug ausgelaufen. Aus bisher unbekannter Ursache war ein Kühlzug in der Nähe von Sinsheim auf den Tanklastzug aufgefahren.

Bild 2

25 „Damit hätte ich eintausendmal zur Arbeit und wieder zurückfahren können!", ärgert sich Herr Meier beim Lesen der Zeitungsnotiz in Bild 2. Herr Meier lobt sein Auto stets: „Nur 6,4 Liter auf 100 Kilometer!".

26 Frau Meier meint beim Lesen der Meldung in Bild 2: „Das hätte für drei Winter zum Heizen gereicht. Dabei hätte noch ein besonders kalter Winter dabei sein können, in dem wir 1,5-mal so viel wie in einem normal kalten Winter verbrauchen."

27 Für die Betonlieferung an eine Großbaustelle sind 5 Mischfahrzeuge mit je 12 Fahrten eingeplant. Wegen eines Defekts kann einer jedoch nur 4 Fahrten durchführen. Wie oft müssen die anderen Fahrzeuge fahren? [5]

Aufgaben

28.0 Tina nimmt an einem Einstellungstest teil. Für die Beantwortung von 60 Fragen beträgt die Arbeitszeit $2\frac{2}{3}$ Stunden. Zu Beginn des Tests werden die Teilnehmer darauf hingewiesen, dass es günstig ist, für die Beantwortung einer der letzten 20 Fragen die doppelte Zeit wie für die Beantwortung einer der ersten 40 Fragen einzuplanen.

28.1 Wie viele Minuten darf Tina zur Beantwortung der letzten 20 Fragen brauchen? [8]

28.2 Wie viele Minuten bleiben Tina für die Beantwortung einer der ersten 40 Fragen übrig, wenn sie für die Beantwortung einer der letzten 20 Fragen statt der doppelten die dreifache Zeit verwenden will? [7]

29 Marion hat von Montag bis Samstag an jedem Tag um 10 Uhr die Außentemperatur gemessen und für die ganze Woche als Durchschnittstemperatur 5,5 °C ermittelt. Als sie ein paar Tage später ein Diagramm zeichnen will, kann sie ihre Aufzeichnungen mit den Messwerten vom Donnerstag und Freitag nicht mehr finden. Sie kann sich nur noch daran erinnern, dass die Temperatur am Freitag um ein Fünftel höher war als am Donnerstag. Das nachfolgende Bild zeigt das unvollständige Diagramm.

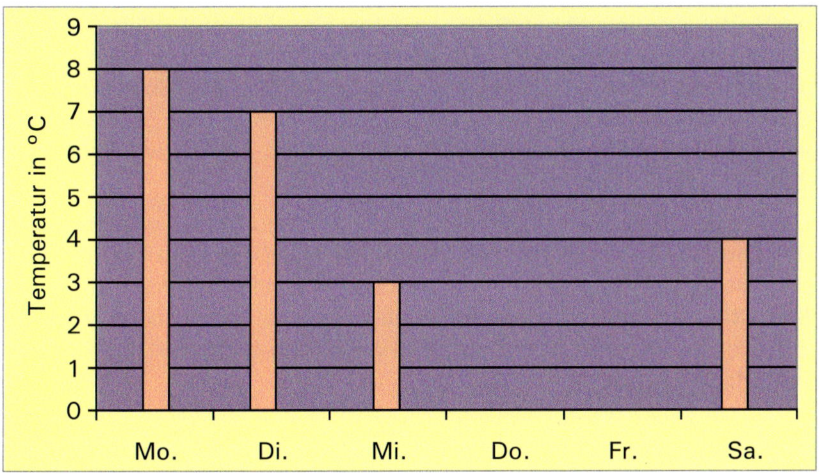

Bild 1

Entnimm dem Diagramm in Bild 1 die am Montag, Dienstag, Mittwoch und Samstag gemessenen Temperaturen und berechne damit die fehlenden Temperaturen von Donnerstag und Freitag.

30 Das Quadrat *ABCD* in Bild 2 ist in 7 kongruente Rechtecke unterteilt. Der Umfang eines jeden Rechtecks beträgt 40 cm. Welchen Umfang hat das Quadrat?

Bild 2

31 Vanessa schlägt ein Buch auf und merkt sich die Seitenzahl der zufällig aufgeschlagenen Seite. Beim Weiterblättern zählt sie die Seitenzahl jeder fünften Seite zu der Seitenzahl hinzu, die sie sich gemerkt hat. Nachdem sie so 20 Seitenzahlen zusammengezählt hat, erhält sie als Ergebnis 1 210. Welche Seitenzahl hat sie sich anfangs gemerkt? [4]

Lösungshinweis: $1 + 2 + 3 + 4 + 5 + 6 + \cdots + n = \frac{1}{2} \cdot n \cdot (n + 1)$

Aufgaben

32.0 Um aus den Bewerbern um eine Stelle im Einkaufsbereich die Geeignetsten herauszufinden, führt eine Kaufhauskette sechs Tests durch, bei denen jeweils maximal 80 Punkte erreicht werden können. Nur wer im Durchschnitt 70 Punkte erreicht, kann mit einer Einstellung rechnen.

32.1 Nach den ersten vier Tests beträgt der Durchschnitt von Gerald 68,5 Punkte. Wie viele Punkte muss er bei den restlichen zwei Tests im Durchschnitt mindestens erreichen, damit er zu denen gehört, die eingestellt werden? [10]

32.2 Gerda hat bei den ersten drei Tests bereits einen Durchschnitt von 74,2 Punkten erzielt. Welchen Durchschnitt muss sie bei den noch ausstehenden drei Tests mindestens erreichen, damit der Gesamtdurchschnitt noch 70 Punkte beträgt? [19]

33.1 Ein Schulbus bringt nach Unterrichtsschluss die auswärtigen Schülerinnen und Schüler nach Hause. Beim ersten Halt steigt die Hälfte aus. Beim zweiten Halt verlässt ein Drittel der noch verbliebenen Schülerinnen und Schüler den Schulbus. Von denen, die jetzt noch im Bus sind, steigt beim dritten Halt ein Viertel aus, unter ihnen Selina und Joachim. Während Selina 9 Schülerinnen und Schüler gezählt hat, die weiterfahren, sind es nach Meinung von Joachim nur 7. Selina errechnet mit ihrer Zahl 9, dass nach Schulschluss 36 Schülerinnen und Schüler mit dem Schulbus nach Hause gefahren sind, während Joachim mit seiner Zahl 7 auf 28 kommt. Rechne wie Selina und Joachim.

33.2 Das Diagramm in Bild 1 zeigt die Belegung des Schulbusses, wenn man von den von Selina errechneten Zahlen ausgeht. Das Diagramm in Bild 2 zeigt die Belegung, wenn man die von Joachim errechneten Zahlen zu Grunde legt. Ob Selina oder Joachim Recht hat, kannst du herausfinden, wenn du ausrechnest, wie viele Schüler an den Haltestellen aussteigen und wie viele weiterfahren.

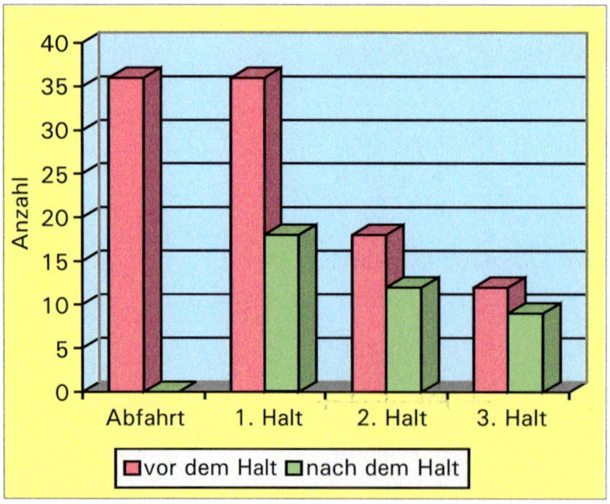

Bild 1

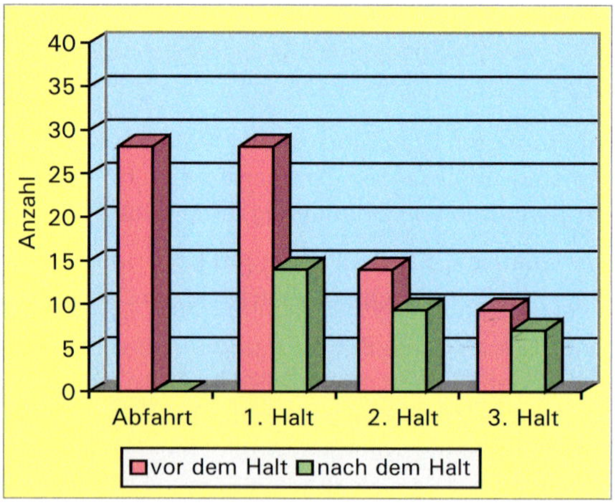

Bild 2

Aufgaben

34.0 Der große Zeiger einer Uhr läuft 12-mal so schnell wie der kleine Zeiger. Er überstreicht somit in gleicher Zeit einen 12-mal so großen Winkel wie der kleine Zeiger.

34.1 Der kleine Zeiger einer Uhr überstreicht in 12 Stunden einen Winkel von 360°. In wie viel Minuten überstreicht er einen Winkel von einem Grad?

34.2 Wann bilden die Zeiger einer Kirchturmuhr zwischen 8 Uhr und 9 Uhr einen gestreckten Winkel und wann stehen sie zwischen 10 Uhr und 11 Uhr übereinander? Runde bei der Rechnung auf Sekunden.
[Teilergebnis: 8 Uhr 10 Minuten 55 Sekunden]

35 Ein Lastwagen, der mit einer Durchschnittsgeschwindigkeit von 65 $\frac{km}{h}$ fährt, verlässt um 07.30 Uhr den Ort P. Vom 200 km entfernten Ort Q aus fährt ihm um 08.45 Uhr ein Personenwagen mit einer Geschwindigkeit von 80 $\frac{km}{h}$ entgegen. Wann und in welcher Entfernung von P begegnen sich Lastwagen und Personenwagen? (Auf eine Stelle nach dem Komma runden.)
[Teilergebnis: 134,5 km]

36 Von seinem Monatslohn legt Herr Bauer ein Drittel für den Urlaub zurück. Zwei Drittel des Restes verbraucht er für Miete und Essen. Es verbleiben ihm dann noch 600 €. Wie viel Prozent seines Lohnes sind das? (Auf eine Stelle nach dem Komma runden.) [6]

37 Ein Händler baut auf drei Jahrmärkten seinen Stand auf und verkauft seine Waren. Am ersten Jahrmarkt verdoppelt er das mitgebrachte Geld und verbraucht dann 25 €. Das ihm verbleibende Geld kann er am nächsten Jahrmarkt verdreifachen. An diesem Tag verbraucht er aber 38 €. Bei guten Geschäften vervierfacht der Händler am dritten Jahrmarkt sein mitgebrachtes Geld und verbraucht an diesem Tag 52 €. Beim Kassensturz stellt er fest, dass er noch 120 € hat. Wie viel Geld hat er zum ersten Jahrmarkt mitgebracht? [8]

38 Der Fußballverein Phönix Behausen hat in der vergangenen Saison 38 Spiele absolviert, von denen 8 unentschieden ausgegangen sind. Mehr als $\frac{13}{20}$ und weniger als $\frac{2}{3}$ aller Spiele gingen nicht verloren. Wie viele Spiele hat Phönix Behausen gewonnen und wie viele verloren? [8; 4]

39 Der Geschichtslehrer der Klasse 7b ist fünfmal so alt wie die Schülerin Evi Meier. Addiert man die Zahlen, die das Lebensalter des Geschichtslehrers und das der Schülerin angeben, so erhält man eine Zahl, die kleiner als 72, aber größer als 60 ist. Wie alt ist der Geschichtslehrer und wie alt ist Evi? [10; 2]

3 Proportionalität

3.1 Direkte Proportionalität

Aus der sechsten Jahrgangsstufe wissen wir bereits:

Sind alle Zahlenpaare einer Menge $\{(a|b); (c|d); \ldots; (x|y)\}$ **quotientengleich**, d. h. $\frac{b}{a} = \frac{d}{c} = \ldots = \frac{y}{x} = k$, so bezeichnen wir diese als **direkte Proportionalität**. Man sagt: y ist zu x **direkt proportional.**
Der Quotientenwert k heißt Proportionalitätsfaktor.

Die den Zahlenpaaren einer direkten Proportionalität entsprechenden Punkte liegen auf einer Halbgeraden, die im Ursprung beginnt.

Beispiel

Bei einem Automobilkonzern wird für ein neues Modell der Verbrauch an Kraftstoff pro 100 km ermittelt. Zu diesem Zweck fahren die neuen Wagen mit konstanter Geschwindigkeit auf einer Teststrecke.
Folgende Werte wurden gemessen und in einem Diagramm grafisch dargestellt:

Weg in km	Verbrauch in l
80	3,12
120	4,68
250	9,75
750	29,25

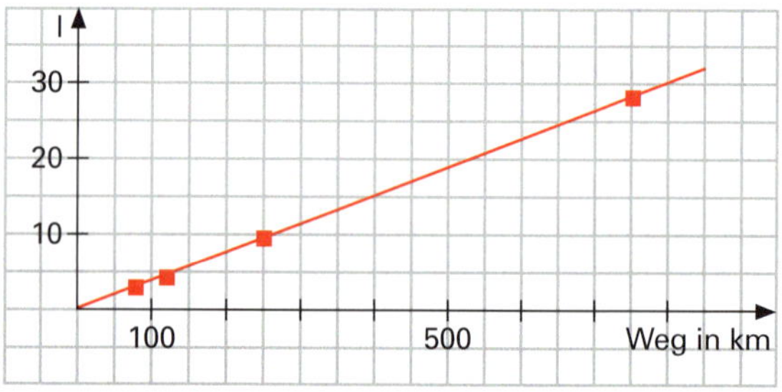

❶ Bestätige durch Rechnung, dass alle Zahlenpaare der Tabelle quotientengleich sind. Gib den Proportionalitätsfaktor an. [12]

❷ Zeige mit Hilfe der Tabelle, dass gilt: Dem n-fachen der einen Größe entspricht das n-fache der anderen Größe. Gib weitere Größenpaare an.

Weitere Zahlenpaare können wir rechnerisch wie folgt ermitteln:

Quotientengleichheit	Dreisatz
$\frac{x}{450} = \frac{9,75}{250}$ $(\mathbb{G} = \mathbb{Q})$	Für 250 km benötigt man 9,75 Liter.
$x = \frac{9,75 \cdot 450}{250}$	Für 100 km benötigt man (9,75 : 2,5) l = 3,9 l
$x = 17,55$	Für 450 km benötigt man (3,9 · 4,5) l = 17,55 l

Aufgaben

1.0 Die Zahlenpaare $(x \mid y)$ sind quotientengleich. Übertrage die Tabellen in dein Heft, berechne die fehlenden Werte möglichst vorteilhaft und stelle die ermittelten Werte in einem Diagramm dar.

1.1

	a)	b)	c)	d)	e)	f)	g)
x in €	4	[7]	[5]	6,2	1,5	1	[5]
y in kg	14	8,75	1,75	[10]	[12]	[8]	8,05

1.2

	a)	b)	c)	d)	e)	f)	g)
x in h	2	?	[7]	0,5	1,2	3,5	[6]
y in km	8,4	4,2	1,05	[3]	[9]	[12]	6,3

2.1 Bei einer Reparatur berechnet der Mechaniker für 9 Arbeitsstunden 288 €. Wie teuer wären dann Reparaturen mit 12 (18,5; 2,5; 5,5) Arbeitsstunden?

2.2 Drei CD-ROMs kosten 1,56 €. Wie teuer sind dann 18 Scheiben?

2.3 Acht Maschinen stellen in vier Schichten zu je 6 Stunden jeweils 24 000 Teile her. Wie viele dieser Teile schafft eine Maschine pro Stunde? [8]

2.4 Welches Angebot in einem Supermarkt ist günstiger? Fünf Kilogramm zu 10 € oder die 8,5-Kilo-Packung zu 16,99 €?

2.5 Die Sekretärin frankierte am Dienstag die ausgehende Post. Alle Briefe wogen zusammen 1 716 Gramm und kosteten 14,37 €. Am Mittwoch war das Gesamtgewicht 1 490 g und das Porto 13,51 €. Kann das stimmen?

2.6 Bauer Immergrün pachtet eine Wiese, die 0,65 ha groß ist, für 8 125 €. Sein Nachbar bietet ihm ein zweites Grünland für 4 692,50 € zur Pacht an. Wie viel m^2 sind dies, wenn der gleiche Quadratmeterpreis gezahlt wird? [19]

2.7 Eine Flasche Wein mit 0,7 l Inhalt kostet 4,34 €. Wie viel Flaschen erhält man für 1 271,62 € beim Winzer? Rechne in Hektoliter um. [14]

2.8 Ein senkrecht aufgestellter Stab von 2,60 m Höhe wirft einen 3,38 m langen Schatten. Welche Höhe hat dann ein Baum, der zu gleicher Zeit einen 21,45 m langen Schatten hat? [12]

2.9 Auf dem Wochenmarkt kauft Claudia ein Dutzend Eier für 1 € 92 ct. Wie viel hätte sie für ein Schock Eier bezahlen müssen? [15] (Lösungshinweis: Falls du einen Begriff nicht kennst, so schlage in einem Lexikon nach.)

3 Das Auto von Vertreter A braucht auf 450 km genau 41,4 Liter Diesel. Sein Kollege B tankt nach 360 km exakt 32,76 l.

4 Herr Neureich freut sich, dass seine Grundstücke nun Bauland werden. Ein Bauunternehmer kauft 2,24 ha Land für 3 449 600 €. Einem Interessenten, der ein Haus bauen will, bietet er 280 m^2 für 48 160 € an. Welchen Gewinn hat der Bauunternehmer bei diesem Verkauf? [9]

5.1 Entnimm der Tageszeitung die Preise für Heizöl. Mache ein Diagramm und entscheide, ob eine direkte Proportionalität vorliegt.

5.2 Liegt bei den Tarifen der Deutschen Bahn AG bzw. deines Verkehrsverbundes eine direkte Proportionalität vor?

Aufgaben

6 Aus dem Geografieunterricht weißt du bereits, dass Landkarten ein verkleinertes Bild der Erdoberfläche sind. Deshalb wird bei Karten stets der Maßstab angegeben. Dabei bedeutet z. B. die Angabe 1 : 50 000, dass 1 cm in der Karte 50 000 cm = 500 m in der Wirklichkeit entspricht. Oliver und Anja haben in einigen Karten Strecken ausgemessen. Übertrage die Tabellen in dein Heft und berechne die fehlenden Werte.

Bild 1

Tabelle von Oliver

Länge der Strecke in der Karte	Maßstab der Karte	Entfernung in km
4,5 cm	1 : 50 000	
8,75 cm	1 : 25 000	
	1 : 100 000	3,5
	1 : 400 000	80,3

Tabelle von Anja

	Länge der Strecke in der Karte	Maßstab der Karte	Entfernung in km
a)	12,3 cm	1 : 25 000	
b)	4,47 cm	1 : 100 000	
c)		1 : 50 000	2,96
d)	3,45 cm		345

7.1 In der Schifffahrt ist bei Angaben über die Geschwindigkeit die Maßeinheit Knoten noch gebräuchlich. Dabei bedeutet ein Knoten, dass pro Stunde eine Seemeile (sm) zurückgelegt wird (1 sm = 1,852 km). Wie viel Knoten sind 12,964 km/h?

Bild 2

7.2 Wie viele Kilometer legt ein Schiff in fünf Stunden bei einer Durchschnittsgeschwindigkeit von 17 Knoten zurück? [19]

7.3 Das Passagierschiff *United States of America* hat bei einer Ozeanüberquerung an einem Tag 868 sm zurückgelegt. Welche Durchschnittsgeschwindigkeit hatte das Schiff?

7.4 Erkundige dich in einem Nachschlagewerk oder im Internet über das *Blaue Band des Ozeans*.

8.1 Die Schweiz gehört nicht zur Europäischen Währungsunion (EWU). Erkundige dich bei einer Bank nach dem aktuellen Wechselkurs und lege eine Tabelle an, aus der man alle Beträge bis 250 € leicht berechnen kann.

8.2 Erkundige dich, welche Länder ebenfalls nicht zur EWU gehören und zeichne ein geeignetes Diagramm für den Umtausch von Banknoten.

9.0 Früher wurde die Leistung von Kraftfahrzeugen in Pferdestärken (PS) angegeben, heute wird als Maßeinheit Kilowatt (kW) verwendet. Für die Umrechnung gilt näherungsweise folgende Vereinbarung: 1 PS = 0,74 kW.

9.1 Übertrage die Tabelle in dein Heft und berechne die fehlenden Werte. Runde auf ganze Zahlen.

	a)	b)	c)	d)	e)	f)	g)	h)
Leistung in PS	132	45	67	[8]	[14]	[14]	[11]	18
Leistung in kW	[17]	[6]	[5]	106	70	57	68	[4]

9.2 Stelle die ermittelten Werte in einem Diagramm dar.

9.3 Erkundige dich, wie die Kraftfahrzeugsteuer berechnet wird. Fertige selbst eine Tabelle an und entscheide, ob eine direkte Proportionalität vorliegt.

Die Entfernung der neun Planeten von der Sonne

1766 entdeckte der Mathematiker Johann Titius (1729–1796) in Wittenberg eine arithmetische Beziehung, die eine Verbindung zwischen den mittleren Entfernungen der Planeten von der Sonne herstellt. Als der deutsche Astronom und Mathematiker Johann Elert Bode (1747–1826) diese Gesetzmäßigkeit 1772 veröffentlichte, waren nur die sechs Planeten Merkur, Venus, Erde, Mars, Jupiter und Saturn bekannt. Bode war Mitglied der Akademie der Wissenschaften in Berlin und Direktor der Berliner Sternwarte.
Setzt man 10 LE für die mittlere Entfernung der Erde von der Sonne, die 149,5 Millionen Kilometer beträgt, und rechnet die anderen Entfernungen entsprechend um, so erkennt man die in der folgenden Tabelle dargestellte Beziehung.
Für den Planeten Merkur, der 57,9 Millionen Kilometer ($= 57{,}9 \cdot 10^6$ km) von der Sonne entfernt ist, gilt z. B.:

$149{,}5 \cdot 10^6 \text{ km} \mathrel{\hat{=}} 10 \text{ LE}$
$57{,}9 \cdot 10^6 \text{ km} \mathrel{\hat{=}} x \text{ LE}$

$x = \frac{10 \cdot 57{,}9 \cdot 10^6}{149{,}5 \cdot 10^6}$ oder gerundet: $x = 3{,}9$

	Titius-Bode-Beziehung (Entfernungen in LE)	Entfernung von der Sonne in LE	Entfernung von der Sonne in Mio. km
Merkur	4 + 0 = 4	3,9	57,9
Venus	4 + 3 = 7		108,2
Erde	**4 + 6 = 10**	**10**	**149,5**
Mars	4 + 12 = 16		227,9
	?	?	?
Jupiter	4 + 48 = 52		778,3
Saturn	4 + 96 = 100		1 428

❶ Übertrage die Tabelle in dein Heft und berechne die fehlenden Entfernungen.

❷ 1781 entdeckte der Astronom W. Herschel den Planeten Uranus, dessen Existenz von Bode vorausgesagt worden war. In welcher mittleren Entfernung von der Sonne hatte Bode diesen Planeten vermutet? Ergänze deine Tabelle entsprechend.

❸ Zwischen Mars und Jupiter klafft eine Lücke. Welche Zahlen hatte Bode hier eingetragen? 1801 wurde Ceres als erster und größter Asteroid eines Asteroidengürtels entdeckt, der sich aus Tausenden von Asteroiden zusammensetzt, die alle in diese Lücke passen. Stelle mit Hilfe von Nachschlagewerken und des Internets Wissenswertes über den Asteroidengürtel zusammen, der 433,8 Mio. km von der Sonne entfernt ist.

❹ Die Entfernungen der später entdeckten Planeten Neptun (1846) mit 4 498 Mio. km und Pluto (1930) mit 5 910 Mio. km weichen stark von denen ab, die die Titius-Bode-Beziehung vorhersagt. Ergänze deine Tabelle entsprechend und gib die Abweichungen an.

3.2 Indirekte Proportionalität

Gärtner Viola will ein 420 m^2 großes Blumenfeld in Form eines Rechtecks anlegen. Seine Tochter macht ihm hierzu einige Vorschläge, die wir der folgenden Tabelle entnehmen können.

Länge in m	70	14	35	6	15	20	30	50	10
Breite in m	6	30	12	70	28	21	14	8,4	42

Wir stellen fest, dass die Zahlenpaare in der Tabelle produktgleich sind.

Sind alle Zahlenpaare einer Menge $\{(a|b); (c|d); \ldots; (x|y)\}$ **produktgleich**, d. h. $a \cdot b = c \cdot d = \ldots x \cdot y = \ldots$, bezeichnen wir diese als **indirekte (umgekehrte) Proportionalität**.

Wir sagen: x und y sind zueinander indirekt proportional.

Der numerischen Wertetabelle einer indirekten Proportionalität können wir eine weitere Eigenschaft entnehmen:

$\cdot \frac{1}{2}$ $\cdot 2$ $\cdot n$

Länge in m	70	14	35	15	20	30	...	a	...	$n \cdot a$
Breite in m	6	30	12	28	21	14	...	b	...	$\frac{1}{n} \cdot b$

$\cdot 2$ $\cdot \frac{1}{2}$ $\cdot \frac{1}{n}$

- Formuliere selbstständig hierzu einen Satz bzw. eine Merkregel.

Die Werte der numerischen Wertetabelle könne wir grafisch darstellen.

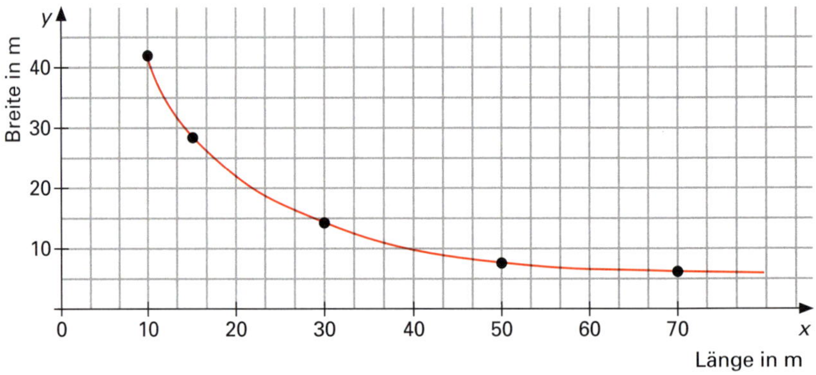

Wir stellen fest:

Die den Zahlenpaaren einer indirekten Proportionalität entsprechenden Punkte liegen auf einer Kurve, die **Hyperbelast** heißt.

Beispiel

Weitere Größenpaare für die Rechteckseiten können wir wie folgt berechnen:

Produktgleichheit	Dreisatz
$x \cdot 40 = 6 \cdot 70$	Bei 6 m Breite ist das Feld 70 m lang.
$x = (6 \cdot 70) : 40$	Bei 1 m Breite wäre das Feld (70 · 6) m lang.
$x = 10{,}5$	Bei 40 m Breite wäre das Feld [(70 · 6) : 40] m lang.

Das Blumenfeld ist dann 10,5 m lang und 40 m breit.

Aufgaben

1 Die folgende Tabelle enthält Zahlenpaare einer indirekten Proportionalität. Berechne die fehlenden Werte und zeichne ein Diagramm.

	a)	b)	c)	d)	e)	f)	g)	h)	i)	j)
x	0,5	2	[8]	[5]	1,75	3,5	1	2,8	[10]	[1]
y	7	[13]	4,375	2,5	[2]	[1]	[8]	[8]	1,25	3,5

2 Das Zahlenpaar (10 | 2,5) gehört zu einer indirekten Proportionalität. Erstelle selbstständig ein Diagramm. Entnimm diesem für $x \in \{8; 12{,}5; 15; 14; 4\}$ die zugehörigen y-Werte.
Für die Zeichnung: x-Achse Längeneinheit 1 cm; y-Achse Längeneinheit 2 cm

3.1 Ein Quadrat hat 12,5 m Seitenlänge. Wie breit ist ein Rechteck mit gleichem Flächeninhalt und einer Seitenlänge von 10 Metern? [19]

3.2 Wie breit ist dieses Rechteck bei einer Länge von 6,25 m? [7]

4.1 Herr Huber möchte sein Wohnzimmer mit Teppichfliesen auslegen. Er hat sich überlegt, dass dies mit quadratischen Fliesen von 60 cm Seitenlänge möglich ist. Wie viel Fliesen benötigt er, wenn sein Wohnzimmer 6 m lang und 5,40 m breit ist? [9]

4.2 Sein Schlafzimmer hat die gleiche Fläche wie das Wohnzimmer, ist aber 7,20 m lang. Entscheide, ob er dieses Zimmer mit den gleichen Fliesen auslegen kann, ohne Fliesen zu zerschneiden.

5.1 In 12 Tagen stellen 10 Arbeiter ein Festzelt auf. Wie lange brauchen (20, 30, 15) Arbeiter?

5.2 Der Futtervorrat von Bauer Wiese reicht für seine vier Kühe 36 Tage. Wie lange würde der Vorrat für 12 (24, 2) Kühe reichen?

5.3 In den großen Ferien streichen 7 Maler in 36 Arbeitstagen die Räume einer Schule. Wie viele Tage bräuchten 6 Maler? [6]

5.4 Ein Schulbuch hat 136 Seiten mit durchschnittlich je 45 Zeilen. Welchen Umfang hätte das Buch, wenn nur 40 Zeilen auf eine Seite gedruckt würden? [9]

5.5 Schrebergärtner Ast hat einen Handrasenmäher mit einer Schnittbreite von 40 cm. Er muss 24-mal hin- und hergehen, damit sein Rasen gemäht ist. Die Schnittbreite des Rasenmähers seines Nachbarn ist 50 cm.

5.6 Jessica will sich einen CD-Brenner kaufen. Dafür möchte sie 6 Monate lang jeweils 24 € von ihrem Taschengeld auf die Seite legen. Welchen Betrag müsste sie monatlich sparen, wenn sie schon nach fünf Monaten das Gerät kaufen will? [18]

Aufgaben

6 Zu einer Elternversammlung sollen in der Eingangshalle einer Schule 280 Stühle aufgestellt werden. Welche Möglichkeiten hat der Hausmeister bei einer rechteckigen Anordnung der Stühle?

7.1 Bei einer Tippgemeinschaft, bei der jeder Spieler den gleichen Einsatz bringt, wird auch der Gewinn gleichmäßig aufgeteilt. Bei einem Gewinn von 60 000 € entfielen auf jeden Teilnehmer 5 000 €. Wie viele Personen hatten sich am Spiel beteiligt?

Bild 1

7.2 Welcher Anteil wäre auf jeden Teilnehmer entfallen, wenn nur 8 Personen gespielt hätten? [12]

7.3 Wie hoch hätte der Gewinn sein müssen, damit alle Teilnehmer der Wettgemeinschaft den gleichen Anteil wie jede Person aus Aufgabe 7.2 bekämen?

8.0 Bei einem Fahrrad wird von einem großen Kettenrad, an dem die Pedale sind, die Bewegung über eine Kette an ein kleineres Zahnrad übertragen, das mit der Nabe verbunden ist (vgl. Bild 1).

8.1 Bei einer Umdrehung des Kettenrades dreht sich bei einem Zahnrad mit 15 Zähnen das Hinterrad dann dreimal. Wie viel Meter legt der Fahrradfahrer bei 1 356 Umdrehungen des Kettenrades zurück, wenn bei einer Umdrehung des Hinterrades zwei Meter zurückgelegt werden? [18]

8.2 Verwendet man ein größeres Zahnrad an der Nabe, dann, so behauptet Klaus, komme man schneller ans Ziel. Was meinst du dazu?

8.3 Wie oft dreht sich das Hinterrad des Fahrrads bei 18 Umdrehungen des Zahnrads an der Nabe?

9 Ein Frachtschiff hat bei einer Besatzung von 15 Mann für 35 Tage Trinkwasservorrat an Bord. Nach sechs Tagen wird ein „blinder Passagier" entdeckt. Wie lange reicht der Vorrat dann noch?

10 Ein Reitstall hat für 24 Pferde einen Hafervorrat für 8 Monate angelegt. Nach einem Monat kommen 18 Pferde zur Pflege hinzu und nach weiteren 1,5 Monaten werden 7 Pferde abgezogen. Für wie viele Monate reicht dann noch der Vorrat?

Bild 2

11 Auf einer Farm in Amerika ernten drei Mähdrescher bei achtstündigem Einsatz in 2,5 Tagen das Weizenfeld ab. Wie lange würden vier Mähdrescher bei zehnstündigem Einsatz brauchen?

12 In einem Neubaugebiet sollen fünf LKW den Aushub in 12 Tagen wegfahren. Nach acht Tagen muss ein Fahrzeug in die Reparaturwerkstatt und fällt für den Rest aus. In wie vielen Tagen wird die Arbeit beendigt sein? [4]

13.0 Eine Baufirma plant für den Rohbau eines Gebäudes 48 Personen ein, die die Arbeit in 75 Tagen fertig stellen sollen.

13.1 In einer Schlechtwetterperiode werden nach 12 Tagen genau 12 Arbeiter entlassen. Wie viele Tage bis zur Fertigstellung benötigt die „Restmannschaft"?

13.2 Die Auftragslage verbessert sich, so dass nach weiteren 28 Tagen wieder neue Mitarbeiter eingestellt werden können. Wie viele Personen müssen dann beschäftigt werden, damit der Bau zum geplanten Zeitpunkt fertig ist?

Aufgaben

14 Die Aufforstungsarbeiten können 17 Arbeiter in 24 Tagen erledigen. Nach acht Tagen werden zusätzlich 5 Waldarbeiter zu dieser Arbeit abgestellt. Wie lange dauert die Aufforstung jetzt?

15.1 Die 84 Schülerinnen der achten Klassen einer Realschule wollen einen Ausflug unternehmen. Sie mieten zu diesem Zweck einen Bus an. Der Unternehmer verlangt unabhängig von den gefahrenen Kilometern den Betrag von 525 €. Welchen Betrag muss jede Schülerin bezahlen?

15.2 Leider waren 10 Schülerinnen am Ausflugstag verhindert. Wie viel muss nun jede Teilnehmerin bezahlen?

16 Ein großes Zahnrad mit 35 Zähnen bewegt ein kleineres mit 9 Zähnen. Wie viele Umdrehungen macht das kleine Rad, wenn sich das große siebzehnmal dreht? [14]

17 Ein Zahnrad mit 15 Zähnen macht 1 650 Umdrehungen in der Minute. Wie viel Umdrehungen macht das Gegenrad mit 125 Zähnen in einer Stunde? [18]

18 In einem quaderförmigen Gefäß mit 15 cm^2 Bodenfläche steht eine Flüssigkeit 8 cm hoch. Wie hoch steht sie bei einer Bodenfläche von 16 cm^2 (20 cm^2; 30 cm^2)? Welche Bodenfläche hat ein Gefäß, wenn die Flüssigkeitshöhe 12 cm ist? [12; 6; 4; 1]

19 Bei einer Flurbereinigung wird ein Grundstück von 85 m Länge und 42 m Breite mit einem gleichwertigen Acker von 34 m Breite getauscht. Wie lang ist dieser? [6]

20.0 Die Erneuerung des Fahrbahnbelags einer Straße schaffen 27 Arbeiter in 20 Tagen.

20.1 Die Strecke soll nach 18 Tagen wieder befahrbar sein. Wie viele Arbeiter sind notwendig? [3]

20.2 Gewöhnlich beträgt die Arbeitszeit 8 Stunden. Welche Mehrarbeit muss geleistet werden, wenn in dem ursprünglich geplanten Zeitraum nur 24 Arbeiter zur Verfügung stehen?

20.3 Wie viele Arbeiter sind zur Bewältigung der ganzen Arbeit an nur einem Tag notwendig?

3.3 Prozentrechnung

Wie wir bereits wissen, benützt man bei Vergleichen gerne Dezimalbrüche oder den gemeinsamen Nenner 100 und wendet dann die Prozentschreibweise an.

$0{,}6 = \frac{60}{100} = 60\,\%$ Sprechweise: 60 Prozent

Folgende Bezeichnungen sind üblich:

Von **540** Schülern sind **60** % Fahrschüler, das sind **324** Schüler.

Grundwert (G) **Prozentsatz (p)** **Prozentwert (P)**

Die Zahlen- bzw. Größenpaare bei der Prozentrechnung sind quotientengleich. Es gilt:

$$\frac{\text{Prozentwert}}{\text{Grundwert}} = \frac{\text{Prozentsatz}}{100} \qquad \frac{\text{Prozentwert}}{\text{Prozentsatz}} = \frac{\text{Grundwert}}{100}$$

Beispiele

Berechnung des Prozentwertes:

Wie viele Schüler einer Realschule mit 380 Schülern waren erfolgreich, wenn 15 % eine Ehrenurkunde erhielten?

$\frac{P}{p} = \frac{G}{100}$

$P = \frac{G \cdot p}{100}$

Schüler	x	380
Prozentsatz	15	100

Quotientengleichheit

$\frac{x}{15} = \frac{380}{100}$

$x = 57$

Dreisatz

100 % ≙ 380 Schüler

15 % ≙ $\frac{380 \cdot 15}{100}$ Schüler

57 Schüler der Realschule haben eine Ehrenurkunde erhalten.

Berechnung des Prozentsatzes:

In der benachbarten Mädchenrealschule mit 650 Schülerinnen wurden 260 Siegerurkunden überreicht. Wie viel Prozent waren erfolgreich?

$\frac{p}{P} = \frac{100}{G}$

$p = \frac{100 \cdot P}{G}$

Prozentsatz	x	100
Schülerinnen	260	650

Quotientengleichheit

$\frac{x}{260} = \frac{100}{650}$

$x = 40$

Dreisatz

650 Sch. ≙ 100 %

260 Sch. ≙ $\frac{100 \cdot 260}{650}$ %

40 % aller Schülerinnen haben eine Siegerurkunde erhalten.

Berechnung des Grundwertes:

117 Schülerinnen, das sind 22,5 %, haben eine Auszeichnung erhalten. Wie viele Schülerinnen hat die Realschule?

$\frac{G}{100} = \frac{P}{p}$

$G = \frac{P \cdot 100}{p}$

Schülerinnen	x	117
Prozentsatz	100	22,5

Quotientengleichheit

$\frac{x}{100} = \frac{117}{22{,}5}$

$x = 520$

Dreisatz

22,5 % ≙ 117 Sch.

100 % ≙ $\frac{117 \cdot 100}{22{,}5}$ Sch.

Die Realschule wird von 520 Realschülerinnen besucht.

Aufgaben

1 Übertrage die Tabelle in dein Heft und ergänze richtig:

	a)	b)	c)	d)	e)	f)	g)	h)	i)	j)
Bruch	0,45	$\frac{2}{5}$		$\frac{3}{4}$	$1\frac{3}{5}$	0,5		2,35	0,84	2
Prozent-schreibweise			82%				500%			

2 Beim Kauf einer Ware wird oft ein Preisnachlass, ein sog. Rabatt, gewährt. Übertrage die Tabelle in dein Heft und berechne die fehlenden Endpreise.

	a)	b)	c)	d)	e)	f)	g)
Grundpreis in €	3 850,–	125,50	1 500,–	413,26	250,–	625,–	12,50
Rabatt	12 %	20 %	3 %	50 %	16 %	5 %	14 %
Nachlass in €	[12]	[8]	[9]		[4]		
Endpreis in €				[17]		[29]	[13]

3 Gib einen Lösungsweg an, wie man bei Aufgabe 2 direkt den Endpreis ermitteln könnte.

4.1 Millionär Krösos kauft für 128 500 € ein Aktienpaket. Da der Kurs nicht steigt, verkauft er das Paket mit einem Verlust von 27 %. Wie groß ist der Verlust? [27]

4.2 Vom Verkaufspreis verlangt die Bank 3 % Gebühren. Wie viel Euro sind das? [21]

4.3 Die Bank verkauft alle Aktien wieder mit 12,5 % Gewinn. [29]

5.0 Bei einem Räumungsverkauf werden Waren verbilligt angeboten.

5.1 Bei einer Jeans, die bisher 52 € kostete, beträgt der Rabatt 30 %. Wie viel kostet die Jeans jetzt? [13]

5.2 Ein Abendkleid, das bisher 450 € kostete, wird nun zum Preis von 369 € angeboten. Wie viel Prozent beträgt der Preisnachlass? [9]

6 Für eine neue Schule liefert eine Firma fünf Tafeln zu je 1137,50 €, 32 Computertische à 126,00 € und 70 Stapelstühle zu je 73 €. Es wird ein Mengenrabatt von 8 % und bei sofortiger Bezahlung 2 % Skonto gewährt. Welcher Betrag ist zu zahlen? Runde auf zwei Stellen nach dem Komma. [24]

7.0 Uta will sich ein Mofa kaufen, das 1 280 € kostet. Der Verkäufer bietet folgende Zahlungsweisen an: Bei Barzahlung 2 % Skonto, bei Ratenzahlung beträgt die erste Rate 640 €, der Rest in 5 Raten zu je 148 €.

7.1 Wie viel Euro kostet das Mofa bei Barzahlung? [16]

7.2 Um wie viel Prozent ist das Fahrzeug bei Ratenzahlung gegenüber dem Listenpreis teurer?

8.0 Bedienungen in Diskotheken werden in der Regel nach dem Umsatz bezahlt.

8.1 Welchen Bruttolohn erhält Kellner Max bei 12 % Bedienungsgeld und einem Umsatz von 11 870,00 €? [15]

8.2 Wie viel verdient Max netto, wenn er durchschnittlich 42,5 % Abzüge hat?

8.3 Sein Kollege Moritz im Nachbarlokal erhält bei 15 236,00 € Umsatz 1 675,96 € vergütet. Wie viel Prozent Bedienungsgeld erhält er? [2]

Aufgaben

9 Für die Werbung gibt eine Firma 4,8 % des Umsatzes des Vorjahres aus. Welcher Betrag steht bei einem Jahresumsatz von 2 572 328,50 € zur Verfügung? [32]

10.1 Großbritannien hat eine Fläche von 244 119 km^2, 28 % davon sind Ackerland. Wie viel Quadratkilometer sind das? [30]

10.2 Auf die Teilstaaten Großbritanniens verteilt sich die Fläche wie folgt: England (53 %), Wales (9 %), Schottland (32 %) und Nordirland (6 %). Berechne die Größe der einzelnen Landesteile. Runde auf ganze Zahlen. [26; 20; 25; 22]

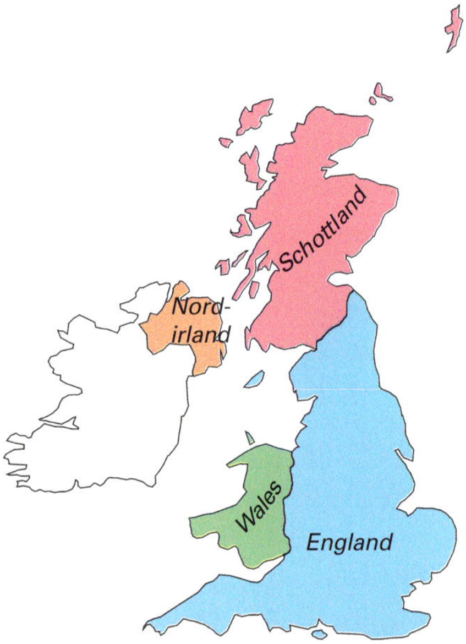

11.0 Ungarn hat eine Fläche von 93 032 km^2 und 10,62 Mio Einwohner.

11.1 Die Hauptstadt hat 2 064 000 Einwohner. Wie viel Prozent der Einwohner Ungarns leben in Budapest? Runde auf zwei Stellen nach dem Komma. [18]

11.2 Die Landnutzung ist 57 % Ackerland, 18 % Wald und 13 % Grünland. Wie viel km^2, auf ganze Zahlen gerundet, sind dies jeweils? [18; 24; 16]

11.3 Warum ergibt die Summe der Prozentsätze nicht 100?

Zugspitzgipfel

12.1 Deutschlands höchster Berg ist die Zugspitze (2 963 m). Der Große Arber im Bayer. Wald hat nur ca. 49,14 % der Höhe der Zugspitze. Wie hoch ist er?

12.2 Entnimm dem Atlas die Höhenangaben für den Großglockner, den Kilimandscharo und den Nanga Parbat und fertige selbst für einen Mitschüler (eine Mitschülerin) Aufgaben zur Prozentrechnung an.

12.3 Um wie viel Prozent ist der Montblanc (4 807 m) höher als die Zugspitze? [8]

13.0 Die Donau hat eine Gesamtlänge von 2 858 km, davon in Bayern 387 km.

13.1 Wie viel Prozent der Gesamtlänge entfallen auf Bayern?

13.2 Der Main ist 524 km lang. Um wie viel Prozent ist die Donau länger? [13]

Verminderter Grundwert

Beispiel

Ein Vorführwagen wird mit 8 % Nachlass für 30 709,60 € angeboten. Welchen Listenpreis hatte das Auto?
Dem Angebotspreis (= verminderter Grundwert) entspricht 92 % des Listenpreises.

Dreisatz

92 % sind 30 709,60 €

1 % ist (30 709,60 : 92) €

100 % sind (333,80 · 100) €

Quotientengleichheit

Listenpreis: x € ($x \in \mathbb{Q}^+$)

$$\frac{x}{100} = \frac{30\,709{,}60}{92}$$

$$x = 33\,380$$

Der Listenpreis war also 33 380 €.

Aufgaben

1 Am Ende einer Saison werden Modeartikel im Preis herabgesetzt. Übertrage die Tabelle in dein Heft und berechne, wie viel die Ware früher gekostet hat.

	a)	b)	c)	d)	e)	f)
Preise in € (nachher)	124,50	297,70	1 130,94	270,00	537,00	87,50
Rabatt	17 %	35 %	10 %	25 %	40 %	12,5 %
Preise in € (vorher)	[6]	[17]	[20]	[9]	[22]	[?]

2 Eine Küchenmaschine wird um 20 % billiger, das sind 54 €, angeboten. Wie hoch war der Listenpreis ursprünglich? [9]

3.1 Ein Auto mit einem Listenpreis von 25 000 € hat einen Lackschaden und kostet jetzt nur noch 20 500 €. Wie viel Prozent beträgt der Preisnachlass? [9]

3.2 Ein Auto wird um 3 611 € billiger angeboten. Der Käufer zahlt noch 12 089 €. Welches war der ursprüngliche Preis und wie viel Prozent Rabatt wurde gewährt? [13; 5]

4 Aktionär Knausrig hat sich an der Börse verspekuliert. Sein Aktienpaket, das er für 27 200 € erworben hatte, konnte er nur für 24 752 € verkaufen. Wie groß ist sein Verlust? Wie viel Prozent des Kaufpreises sind das? [18; 9]

5 Ein Vertreter erhält eine Provision in Höhe von 12,5 % des Umsatzes. Für wie viel Euro müssen Abschlüsse getätigt werden, damit er ein Monatsgehalt von 5 200 € erhält? [11]

6.1 Ein Kleid, das bisher 240 € gekostet hat, wird im Schlussverkauf um 45 € billiger angeboten. Wie viel Prozent beträgt der Preisnachlass? [21]

6.2 Der Preis eines Mantels wurde um 23 % reduziert und zwar um 161 €. Was kostete der Mantel vorher? [7]

6.3 Nach einem Preisnachlass von 17,5 % kosten Schuhe nur noch 62,7 €. Zu welchem Preis waren sie früher ausgezeichnet? [13]

6.4 Die Lehrkraft der ersten Unterrichtsstunde stellt fest, dass nur 26 Schüler anwesend sind, das sind 81,25 % der gesamten Klasse. Wie viel Schüler besuchen die Klasse?

Vermehrter Grundwert

Beispiel

Der Preis für ein Mountainbike ist um 3,5 % gestiegen und beträgt nach der Preiserhöhung 1 138,5 €. Wie teuer war es vorher?

Dem neuen Preis entsprechen also 103,5 % des früheren Preises.

Quotientengleichheit

$$\frac{x}{100} = \frac{1\,138{,}5}{103{,}5} \quad (\mathbb{G} = \mathbb{Q})$$

$$x = \frac{1\,138{,}5 \cdot 100}{103{,}5}$$

$$x = 1100$$

Dreisatz

103,5 % entsprechen 1 138,5 €

1 % sind dann $\frac{1\,138{,}5}{103{,}5}$ €

100 % sind dann (11 · 100) €

Das Mountainbike kostete früher 1 100 €.

Aufgaben

1 Ein Auto ist um 4,2 % teurer geworden und kostet jetzt 10 016,5 €. [31]

2 Am Valentinstag werden die Preise für Blumen erfahrungsgemäß angehoben. Eine Rose (Tulpe), die früher 1 € (85 ct) kostete, wird jetzt mit 1,2 € (95 ct) berechnet. Um wie viel Prozent sind die Preise gestiegen. Runde auf eine Stelle nach dem Komma.

3.1 Die Schülerzahl einer Schule ist um 8 % gestiegen und beträgt jetzt 567. Wie viele Schüler besuchten vorher die Schule? [12]

3.2 In den letzten drei Jahren stieg die Schülerzahl der Nachbarschule A von 580 auf 725. Wie viel Prozent beträgt die Zunahme? [7]

3.3 Die Nachbarschule B hatte 710 Schülerinnen und nahm um 15 % ab. Welche Schülerzahl ist jetzt zu vermelden? [9]

3.4 Eine Schule hat 459 Mädchen, das sind 54 %. Wie viel Knaben besuchen die Schule? Wie viel Prozent mehr Mädchen sind dies? Rechne auf zwei Stellen nach dem Komma [13; 20]

4 Bei einer Pressekonferenz berichtet ein Automobilkonzern, dass die Fahrzeugproduktion um rund 34 % auf 171 520 Fahrzeuge angestiegen ist. Wie viele Autos wurden im Vorjahr produziert? [11]

5 Beim Kauf von einem Pfund Fleisch fragt die Verkäuferin den Kunden, ob es etwas mehr sein darf. Er ist einverstanden und bezahlt 7,20 €. Auf dem Kassenzettel ist ersichtlich, dass es genau 100 g mehr waren. Was kostete ein Kilogramm Fleisch und um wie viel Prozent hat der Kunde mehr ausgegeben, als er vorhatte? [3; 2]

6 Wegen seiner Erfinderleistungen wird das Gehalt von Herrn Kleverle in zwei Jahren hintereinander um jeweils 10 % erhöht. Die letzte Erhöhung betrug 346,50 €.

7 Ein Auto wurde um 4 % teurer. Um wie viel Prozent war es vorher billiger?

8 Der Absatz von Fahrrädern stieg im Vorjahr um 25 %. Heuer sank der Verkauf um 20 %. Vergleiche!

9 Benütze ein Tabellenkalkulationsprogramm und löse damit die Aufgabe 3.1.

Promillerechnung

Wird der Prozentsatz kleiner als 1 (z. B. 0,8), so wählt man die Zahl 1 000 als Nenner und spricht von Promille.

$0{,}8\,\% = \frac{8}{1000} = 8\,‰$ Sprechweise: 8 Promille

‰

Aufgaben

1 Vor allem bei Versicherungen findet die Promillerechnung Anwendung. Übertrage die Tabelle in dein Heft, und berechne die fehlenden Werte auf zwei Stellen nach dem Komma gerundet.

	a)	b)	c)	d)	e)
Versicherungssumme in €	125 000	70 000	[9]	33 000	80 000
Prämie	7 ‰	4,5 ‰	6 ‰	[13]	2,3 ‰
Prämie in €	[20]	[9]	1 350	280,50	[13]

2.1 Für ein Gebäude wird eine Feuerversicherung abgeschlossen. Je Monat sind 0,5 ‰ fällig, das sind 375 €. Wie hoch ist die Versicherungssumme? [12]

2.2 Wie hoch ist der Promillesatz, wenn bei einer Versicherungssumme für ein Gebäude mit einem Wert von 912 500 € jährlich eine Prämie von 1 368,75 € fällig ist? [6]

3.1 Die Blutmenge eines Erwachsenen beträgt ca. 6 Liter. Wie viel Milliliter Alkohol enthält das Blut eines Fahrzeuglenkers, bei dem 0,3 ‰ (0,8 ‰; 1,3 ‰) festgestellt wurden? [9; 12; 15]

Bild 1

3.2 Festbier hat einen Alkoholgehalt von 5,5 Volumenprozent. Wie viel Promille Alkohol enthält das Blut eines erwachsenen Menschen, der eine Maß trinkt, wenn angenommen wird, dass der gesamte Alkohol ins Blut übergeht?

4 Der Bodensee hat eine Oberfläche von 538 km^2, der Viktoriasee in Ostafrika ist 68 800 km^2 groß. Wie viel Promille der Fläche des Viktoriasees macht die Fläche des Bodensees aus? Runde auf eine Stelle nach dem Komma. [15]

5 Bei Flüssen und Bahnstrecken wird das Gefälle in Promille angegeben (vgl. Bild 2). Welcher Höhenunterschied wird dabei auf 1,9 km Horizontalentfernung von der Berninabahn überwunden?

Bild 2

6 Claudia zeigt, dass man mit einem Tabellenkalkulationsprogramm sehr schnell Versicherungsprämien ausrechnen kann.

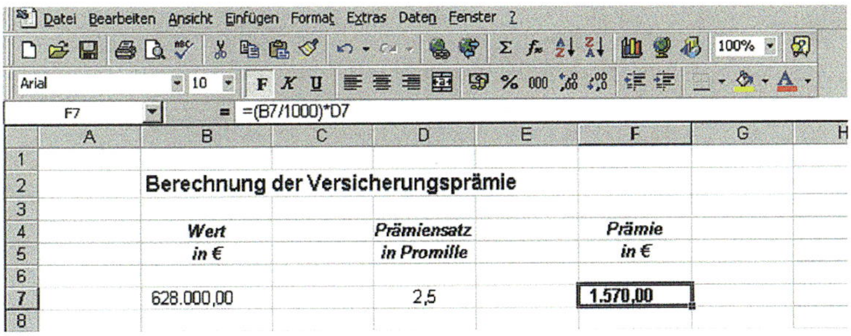

Erläutere die Vorgehensweise von Claudia.

3.4 Zinsrechnung

Erträge aus Spareinlagen, wie auch Gebühren für von der Bank geliehenes Geld werden als **Zins (Z)** bezeichnet. Der Geldbetrag, der entliehen bzw. geliehen wird, heißt **Kapital (K)**. Der Prozentsatz für die Berechnung der Zinsen heißt **Zinssatz (p)**. Die Zinsen werden in der Regel für ein Jahr berechnet. Man spricht dann vom Jahreszins.

Prozent- und Zinsrechnung unterscheiden sich nur durch die Bezeichnungen.

Jahreszins:

$$Z = \frac{K \cdot p}{100}$$

Prozentrechnung	Zinsrechnung
$\frac{\text{Prozentwert}}{\text{Grundwert}} = \frac{\text{Prozentsatz}}{100}$	$\frac{\text{Jahreszins}}{\text{Kapital}} = \frac{\text{Zinssatz}}{100}$

Aufgaben zur Zinsrechnung lösen wir also wie Prozentaufgaben.

Die Höhe der Zinsen ist neben Kapital und Zinssatz auch von der **Laufzeit in Tagen (t)** abhängig.

❶ Erkundige dich bei einer Sparkasse nach den gültigen Zinssätzen.

Beispiel

Klaus verdient sich ein zusätzliches Taschengeld durch das Austragen von Werbeblättern. Er hat bereits 600 € verdient und eröffnet ein Sparkonto. Über welchen Betrag könnte Klaus nach einem Jahr verfügen, wenn sein Kapital zu 2,5 % verzinst würde.

Quotientengleichheit

$$\frac{x}{2{,}5} = \frac{600}{100}$$

$$x = 15$$

Dreisatz

100 % entsprechen 600 €

2,5 % entsprechen $\frac{600 \cdot 2{,}5}{100}$ €

Nach einem Jahr könnte Klaus über 615 € verfügen.

❷ Das Ergebnis erhält man auch wie folgt: 600 € · 1,025 = 615 €. Erläutere dies.

Aber: Klaus braucht sein eingezahltes Geld bereits nach 241 Tagen zum Kauf eines gebrauchten Mofas. Welchen Zins, auf zwei Stellen nach dem Komma gerundet, erhält er dann von der Sparkasse?

Quotientengleichheit

$$\frac{x}{15} = \frac{241}{365}$$

$$x = 9{,}904\ldots$$

Dreisatz

365 Tage $\triangleq$ 15 € Zins

241 Tage $\triangleq$ $\frac{241 \cdot 15}{365}$ € Zins

Klaus erhält rund 9,90 € Zinsen.

❸ Berechne, wie viel Zinsen Klaus nach 62 (129, 275) Tagen bekommen hätte. Runde auf zwei Stellen nach dem Komma.

❹ Wie viele Tage hätte Klaus sein Kapital auf dem Sparkonto lassen müssen, damit er dann 612,37 € ausbezahlt bekommen hätte?

Aufgaben

1 Übertrage die Tabelle in dein Heft und berechne die fehlenden Werte auf zwei Stellen nach dem Komma gerundet.

	a)	b)	c)	d)	e)	f)
Kapital in €	4 550	72 300	[12]	7 260	124 500	[30]
Zinssatz	6,5	3,25	7,75	[5]	[10]	5,5
Jahreszins in €	[28]	[30]	11 043,75	363	7 968	5 062,50

2 Das Kapital einer Stiftung wird jährlich zu 7,5 % verzinst. Von den Zinsen erhalten 15 Personen pro Monat einen Mietkostenzuschuss von 100 €. Berechne das Kapital der Stiftung. [6]

3 Ein Darlehen wurde bisher zu 5,4 % gegeben, jetzt werden 8,3 % Zinsen verlangt. Dadurch erhöht sich der Jahreszins um 1 050,– €. Berechne, wie hoch das Darlehen ist. [26]

4 Frau Redegern will sich eine Eigentumswohnung kaufen und benötigt noch 90 000 €. Sie holt sich zwei Angebote für Kredite ein. Welches ist günstiger?
Angebot A: 40 000 € zu 7,5 % und 50 000 € zu 9,5 %
Angebot B: 60 000 € zu 9 % und 30 000 € zu 8 %

5 Übertrage die Tabelle in dein Heft und berechne die fehlenden Werte auf zwei Stellen nach dem Komma gerundet.

	a)	b)	c)	d)	e)	f)
Kapital in €	320	2 400	9 750	400	10 800	14 250
Zinssatz	6,5	4,5	8,75	2,5	4	6
Laufzeit	126 Tage	290 Tage	133 Tage	100 Tage	160 Tage	95 Tage
Zinsen in €	[16]	[22]	[18]	[13]	[28]	[14]

6 Herr Neureich hat sein überflüssiges Geld in Höhe von 245 000 € als Festgeld bei einer Bank angelegt und erhält nach 100 Tagen 253 390,41 € ausbezahlt. Wie hoch war der Zinssatz? [8]

7 Übertrage die folgende Tabelle in dein Heft. Berechne die fehlenden Werte auf zwei Stellen nach dem Komma gerundet.

	a)	b)	c)	d)	e)	f)
Darlehensbetrag in €	9 600	146 700	8 400	3 256	1 436 000	[20]
Laufzeit in Tagen	24	50	65	70	12	120
Zinssatz	6,5	4,5	3,25	12,3	16	4,5
Zinsen in €	[8]	[18]	[20]	[22]	[39]	224,40

8 Ein Landwirt hat einen neuen Schlepper gekauft. Dazu hat er einen Kredit aufgenommen, für den er nach 274 Tagen bei einem Zinssatz von 8,5 dann Zinsen in Höhe von 4 877,04 € zahlen muss. Wie teuer war der Schlepper? [15]

9 Silke überzieht ihr Girokonto um 650 € für 73 Tage. Sie nimmt damit den Überziehungskredit der Bank zu 15,3 % in Anspruch. Wie viel Euro sind dies? [27]

Aufgaben

10 Frau Schneebesen kauft sich eine neue Küche für 21 000 €. Das Möbelhaus bietet folgende Zahlungsweisen an: Anzahlung ein Drittel des Kaufpreises, Rest nach einem Jahr zuzüglich 7,5 % Zinsen und 120 € Bearbeitungsgebühr. Ist es billiger, sich den Restbetrag bei der Bank zu 8,6 % zu leihen?

11 Zum Kauf einer neuen Kollektion benötigt ein Stoffhaus einen Kredit in Höhe von 65 000 € für 125 Tage. Wie viel Zinsen fallen bei einem Zinssatz von 8,3 % an? Runde auf zwei Stellen nach dem Komma. [26]

12 Für ein Kapital erhält man in 288 Tagen bei 5 % genauso viel Zinsen wie bei 8 % im halben Jahr. Was meinst du dazu?

13 Zwei gleich große Beträge werden ausgeliehen. Der erste mit 4 % Zinsen, der zweite zu 3,5 %. Das zweite Darlehen bringt jährlich um 37,50 € weniger Zins. Wie groß ist jeweils der ausgeliehene Betrag?

Kaufmännische Zinsformel

Die Beispielaufgabe auf Seite 74 lässt sich auch direkt mit der folgenden Formel berechnen.

$\text{Zins} = \frac{K \cdot p \cdot t}{100 \cdot 365}$ *K*: Kapital *p*: Zinssatz *t*: Anzahl der Tage (Laufzeit)

$x = \frac{600 \cdot 2{,}5 \cdot 241}{100 \cdot 365}$; $x = 9{,}904\ldots$ gerundet: 9,90 €

14 Berechne mit dieser Formel die fehlenden Werte in der folgenden Tabelle auf zwei Stellen nach dem Komma gerundet.

	a)	b)	c)	d)	e)	f)
Darlehensbetrag in €	8 500	7 200	120 000	84 500	23 500	1 526,50
Laufzeit in Tagen	50	50	150	457	92	145
Zinssatz	6,2	14,5	4,5	6,25	11,5	8,3
Zinsen in €	[19]	[9]	[23]	[20]	[24]	[11]

15 Berechne mit Hilfe der Formel den Zinssatz für einen Kredit in Höhe von 146 000,– €, wenn nach 35 Tagen 2 555,– € Zinsen fällig sind. [16]

16 Übertrage die folgende Tabelle in dein Heft und berechne die fehlenden Werte auf zwei Stellen nach dem Komma gerundet.

	a)	b)	c)	d)	e)
Darlehensbetrag in €	[37]	15 500	[21]	146 000	125 000
Laufzeit in Tagen	120	[10]	10	530	72
Zinssatz	8,5	12,3	10	12,1	[11]
Zinsen in €	4 051,67	381,3	2 778	[20]	382,50

17 Erstelle mithilfe eines Tabellenkalkulationsprogramms ein Arbeitsblatt, mit dem man Zinsen schnell berechnen kann.

Zinseszins

Zins: 14 %			
Jahr	Kapital zu Beginn (€)	Zinsertrag (€)	Kapital am Ende (€)
1	500,00	70,00	570,00
2	570,00	79,80	649,80
3	649,80	90,97	740,77
4	740,77	103,71	844,48
5	844,48	118,23	962,71
6	962,71	134,78	1 097,49
7	1 097,49	153,65	1 251,13
8	1 251,13	175,16	1 426,29
9	1 426,29	199,68	1 625,97
10	1 625,97	227,64	**1 853,61**
gesamter Zinsertrag:			**1 353,61** €

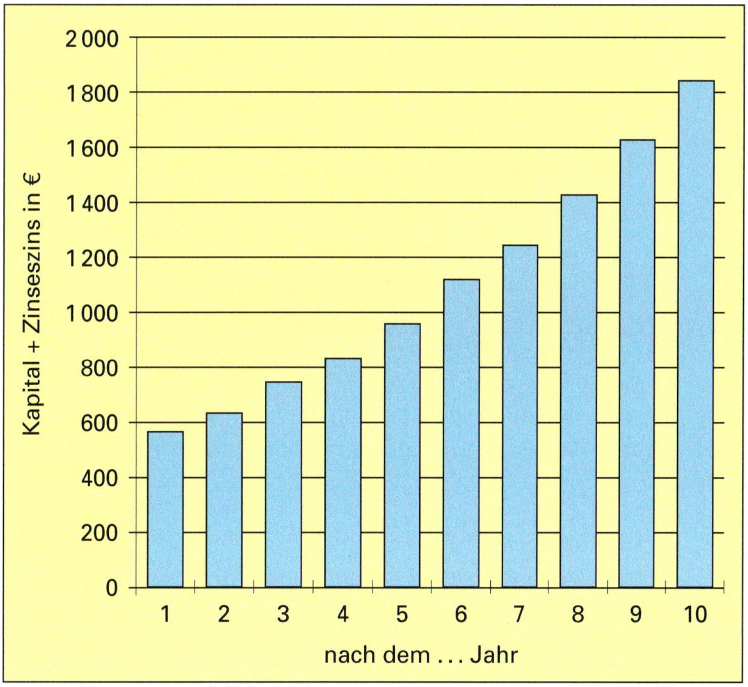

❶ Begründe, warum keine direkte Proportionalität vorliegt.

❷ Berechne, um wie viel Prozent das Kapital in 10 Jahren angestiegen ist.

❸ Schätze, in wie viel Jahren sich das Kapital verzehnfacht hat.

3.5 Umfang und Flächeninhalt des Kreises

Umfang des Kreises

Die Länge einer Kreislinie, der Kreisumfang, wächst mit dem Durchmesser des Kreises. Um den Zusammenhang zu finden, wählen wir mehrere Konservendosen mit unterschiedlichen Durchmessern aus und messen mit einem Zentimetermaß an jeder Dose den Durchmesser *d* und den Umfang *u* (vgl. Bilder 1–3).

Bild 1

Bild 2

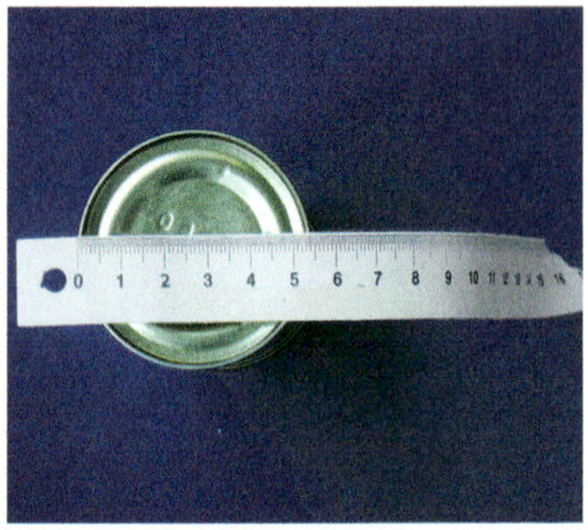

Bild 3

Die Ergebnisse übertragen wir in eine numerische Wertetabelle (vgl. Bild 4).

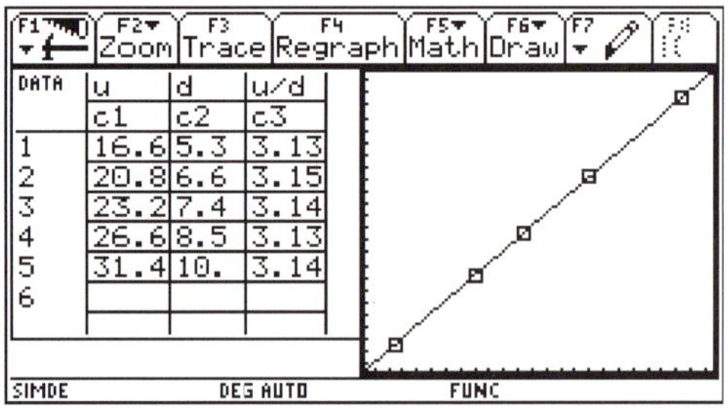

DATA	u	d	u/d
	c1	c2	c3
1	16.6	5.3	3.13
2	20.8	6.6	3.15
3	23.2	7.4	3.14
4	26.6	8.5	3.13
5	31.4	10.	3.14
6			

❶ Fertige selbst in deinem Heft eine solche Tabelle an und verfahre ebenso mit verschiedenen kreisrunden Körpern wie Milchflaschen, Münzen, Fahrradreifen usw.

Bild 4

In der graphischen Wertetabelle sehen wir, dass die Messpunkte auf einer Halbgeraden liegen, die im Ursprung beginnt. Die Berechnung des Quotienten $\frac{u}{d}$ in der numerischen Wertetabelle ergibt für alle Dosen im Schnitt den Wert 3,14.

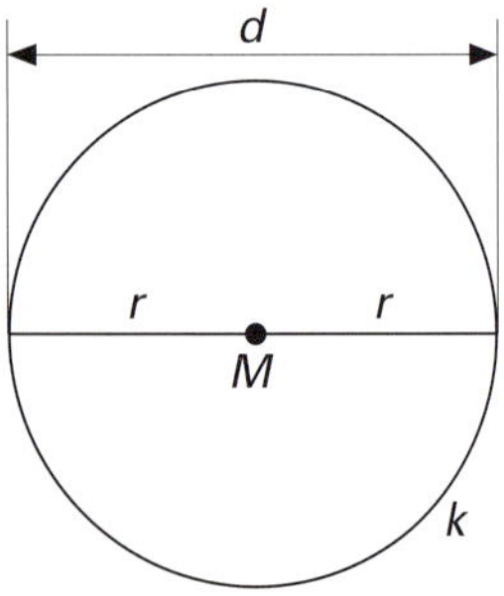

Wir halten fest:
Der **Umfang** *u* und der **Durchmesser** *d* eines Kreises sind zueinander **direkt proportional**. Als Proportionalitätsfaktor erhält man den Wert 3,14. Diese Zahl heißt **Kreiszahl**.

❷ Zeige, dass auch $\frac{22}{7}$ ein guter Wert für den Proportionalitätsfaktor 3,14 ist.

Kreisumfang
$u = 2 \cdot 3{,}14 \cdot r$

Ein Kreis mit dem Durchmesser $d = 2 \cdot r$ hat den Umfang
$u = 3{,}14 \cdot d$ oder $u = \frac{22}{7} \cdot d$ bzw. $u = 2 \cdot 3{,}14 \cdot r$ oder $u = 2 \cdot \frac{22}{7} \cdot r$.

Flächeninhalt des Kreises

Eine Kreisscheibe mit dem Durchmesser $d = 2r$ kann man wie in Bild 1 in 16 gleich große Sektoren aufteilen und wie in Bild 2 neu zusammenfügen. Die neue Figur hat den gleichen Flächeninhalt wie der Kreis.

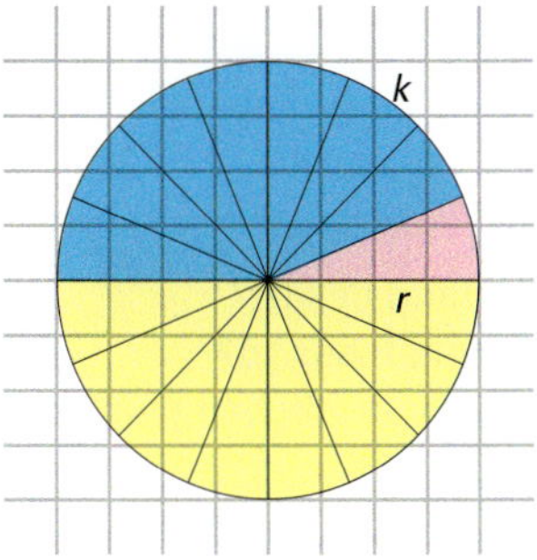

Kreis k mit dem Radius r und dem Umfang u

Bild 1

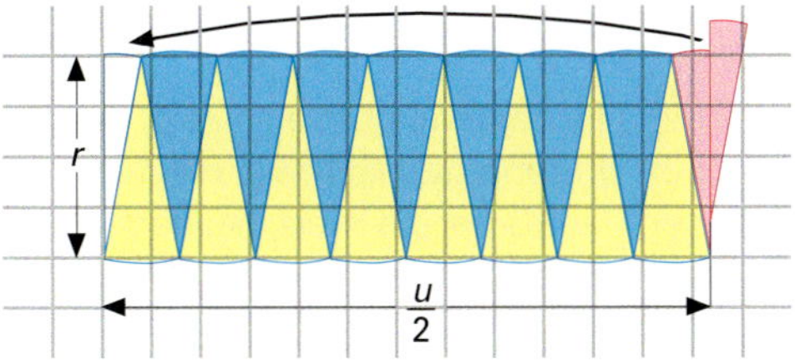

Bild 2

Wenn wir den Kreis in 32, 64, in 128 oder noch mehr gleich große Sektoren aufteilen würden, dann würde die Figur in Bild 2 einem Rechteck immer ähnlicher.

❶ Erkläre anhand von Bild 2, dass sich für die Rechtecksfläche und damit auch für die Kreisfläche $A = \frac{u}{2} \cdot r$ ergibt. Zeige weiter, dass man daraus wegen $u = 2 \cdot 3{,}14 \cdot r$ auch $A = 3{,}14 \cdot r^2$ erhält.

Ein Kreis mit dem Radius r hat den Flächeninhalt $A = 3{,}14 \cdot r^2$ oder $A = \frac{22}{7} \cdot r^2$.

Kreisfläche
$A = 3{,}14 \cdot r^2$

❷ Berechne die Flächeninhalte der Dosendeckel in den Bildern 1–3 auf der vorhergehenden Seite.

❸ Welcher Kreis hat 3,14 cm² Flächeninhalt? Welcher hat 314 cm² Flächeninhalt?

❹ Welcher Kreis hat den Umfang von 3,14 cm? Welcher hat 6,28 m Umfang?

Aufgaben

1 Berechne die fehlenden Größen. Runde auf zwei Stellen nach dem Komma.

r in cm	15	82				
u in cm			$7\frac{6}{7}$	8,8		
A in cm²					12,56	314

Bild 1

2.1 Welchen Flächeninhalt hat ein Kreis, der 10 cm Umfang besitzt?
2.2 Welchen Umfang hat ein Kreis, der 10 cm^2 Flächeninhalt besitzt?
2.3 Welchen Radius hat ein Kreis, bei dem die Maßzahlen von Flächeninhalt und Umfang gleich sind?

3 Eine CD (Compact Disc) hat 12 cm, eine Mini Disc hat 6,4 cm Durchmesser. Berechne den Flächeninhalt jeder Platte auf zwei Stellen nach dem Komma gerundet. Um wie viel Prozent ist der Flächeninhalt der Mini Disc kleiner?

4 Welchen Umfang muss ein Baumstamm mindestens gehabt haben, aus dem ein 30 cm breites Brett gesägt wurde (vgl. Bild 1)?

5 Ein Quadrat hat 10 cm lange Seiten. Welchen Durchmesser und welchen Flächeninhalt hat der Kreis, der denselben Umfang wie das Quadrat hat? Runde auf zwei Stellen nach dem Komma.

6 Berechne den Umfang und den Flächeninhalt der farbigen Figuren in den Bildern 2–4.

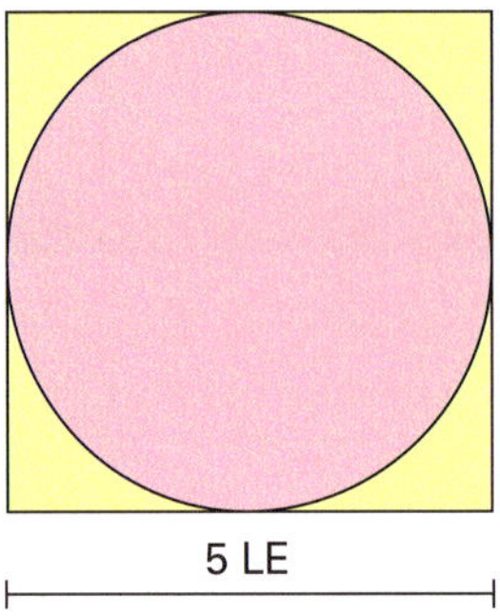

Bild 2

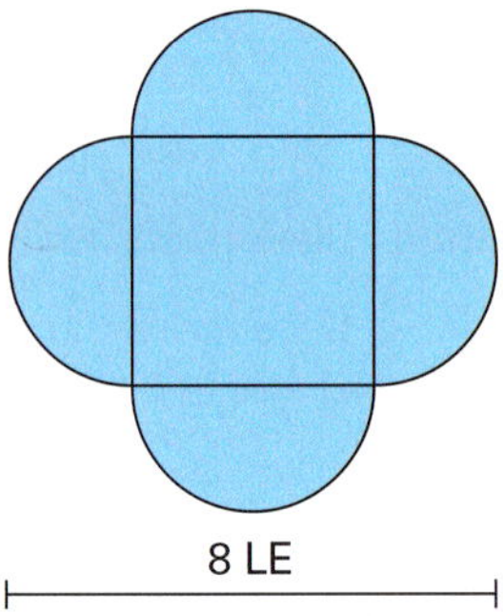

Bild 3

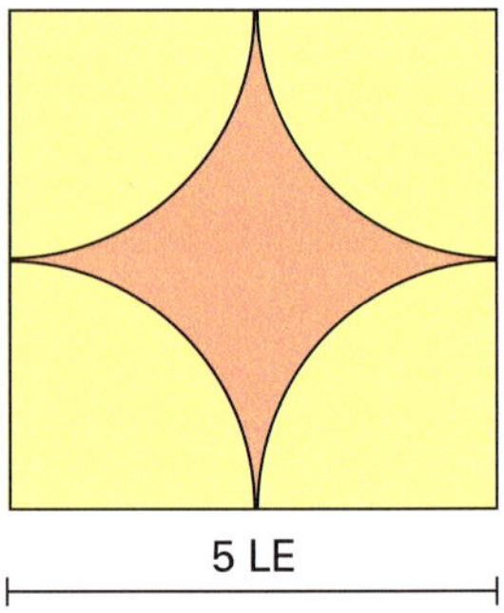

Bild 4

7 Wie viel Prozent beträgt der Abfall, wenn man aus einer quadratischen Platte mit 30 cm Seitenlänge einen möglichst großen Kreis ausschneidet? Rechne ebenso für quadratische Platten mit 20 cm bzw. 50 cm Seitenlänge. Ist der Anteil des Abfalls an der Gesamtfläche immer gleich?

Bild 5

8 Bild 5 zeigt das Ceranfeld eines Elektroherdes. Wie viel Prozent der Herdfläche wird beheizt, wenn alle vier Kochfelder eingeschaltet sind?
Außenmaße des Herdes 550 x 460 mm^2
Durchmesser der Kochfelder: 145 mm, 145 mm, 165 mm, 210 mm

Aufgaben

9 Haben die rötlichen Figuren in den Bildern 1 und 2 gleichen Flächeninhalt oder gleichen Umfang?

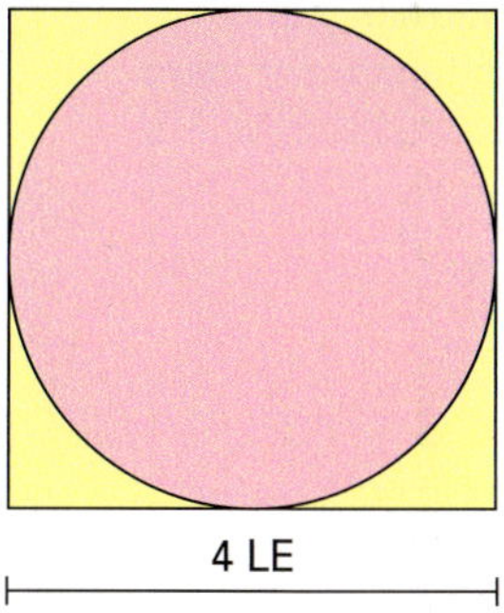

Bild 1

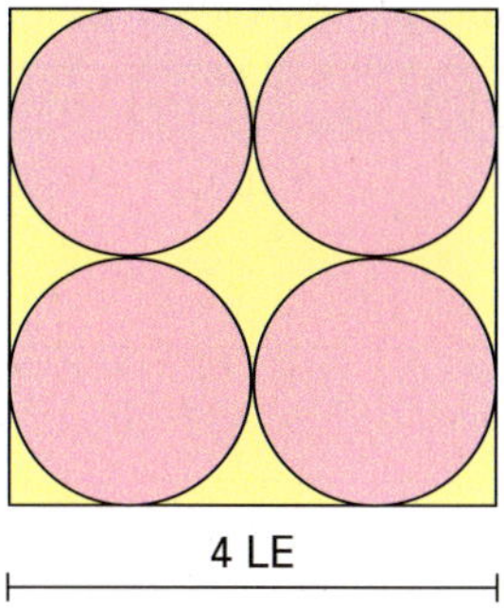

Bild 2

Bild 3

10 Um wie viel Prozent vergrößert sich die Fensterfläche durch das Anfügen des halbkreisförmigen Oberfensters in Bild 3? Miss nach!

11 Zwei Schüler fahren auf ihrem Schulweg 4,5 km weit. Während der eine Schüler ein Fahrrad mit Rädern von 24 Zoll Druchmesser hat, fährt der andere eines mit 28-Zoll-Rädern. Wie oft drehen sich sie Räder jeweils auf der ganzen Strecke? Runde Längenmaße auf zwei Stellen nach dem Komma, die Zahl der Umdrehungen auf ganze Zahlen. (Anmerkung: 1 Zoll = 2,54 cm)

12 Bei der Vermessung wird zum Messen längerer Strecken ein Laufrad mit 50 cm Druchmesser verwendet. Ein Zähler zeigt die Anzahl der Umdrehungen an. Wie lang ist eine Strecke, auf der sich das Laufrad 38-mal gedreht hat? Wie oft dreht sich das Laufrad auf einem 850 m langen Straßenstück?

Bild 4

13 Das Logo der Londoner U-Bahn („Tube") zeigt ein blaues Rechteck auf einem roten Kreisring (vgl. Bild 4). Ist die Fläche des Kreisrings doppelt so groß wie die des Rechtecks? Miss und rechne. Wie steht es mit dem Umfang?

14.0 Konzentrische Kreise (vgl. Bild 5) haben 1 cm, 2 cm, 3 cm, 4 cm, …, 10 cm Radius.

14.1 Berechne den Umfang und den Flächeninhalt des Kreises mit 1 cm Radius.

14.2 Berechne den Umfang und den Flächeninhalt jedes der übrigen Kreise. Vergleiche dazu die Radien der Kreise.

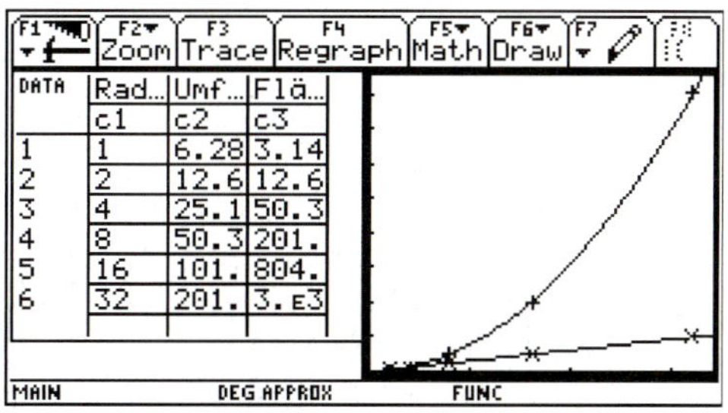

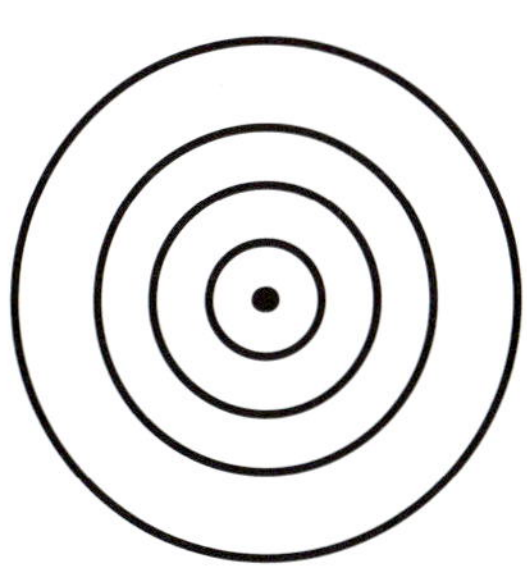
Bild 5

14.3 Wenn man den Radius verdoppelt, wird der Umfang *x*-mal so groß und der Flächeninhalt *y*-mal so groß. Gib *x* und *y* an.

Figuren mit merkwürdigem Umfang

Die Figur in Bild 1 ist aus einem Quadrat durch abwechselndes Wegschneiden und Anfügen von Halbkreisen entstanden. Der Radius der Halbkreise beträgt dabei ein Viertel der Länge der Quadratseite.

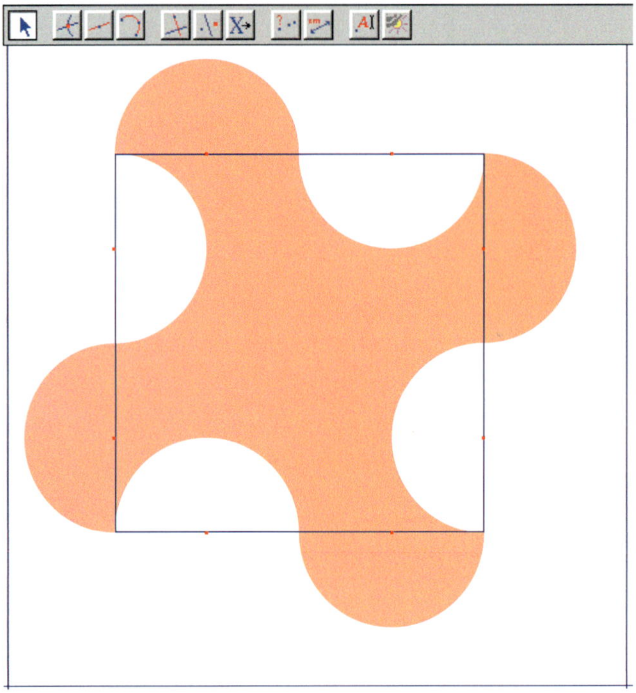

Bild 1

❶ Begründe, dass die farbig gerasterte Figur den gleichen Flächeninhalt wie das Quadrat hat.

❷ Zeichne selbst eine solche Figur in dein Heft mit einer Quadratseitenlänge $a = 8$ cm.

❸ Berechne den Umfang der farbig gerasterten Figur für die Quadratseitenlänge $a = 8$ cm.

Bild 2

❹ Versuche das Muster in Bild 2 im Gitternetz nachzuzeichnen.

Figuren mit merkwürdigem Umfang

❶ Zeichne erneut ein Quadrat mit $a = 8$ cm Seitenlänge und zeichne nun eine neue Figur mit Halbkreisen mit dem Radius 1 cm abwechselnd nach außen und innen (vgl. Bild 1). Berechne wiederum den Umfang der Figur.

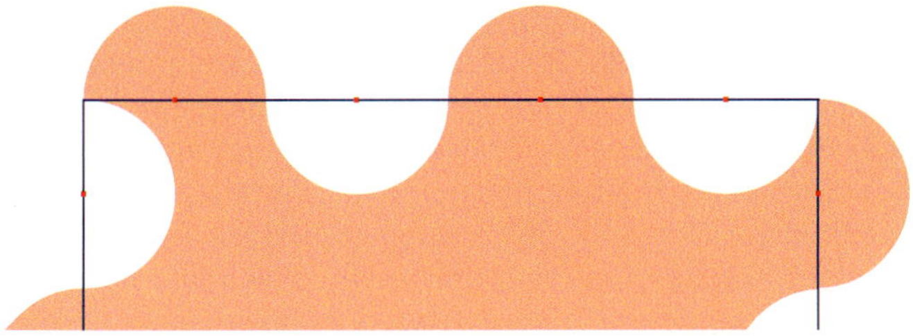

Bild 1

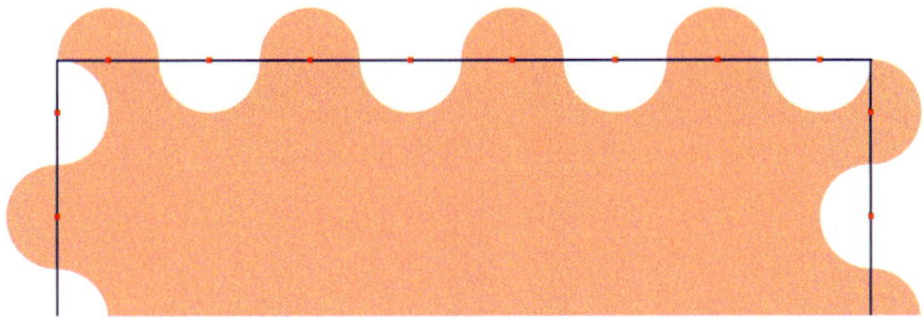

Bild 2

❷ Bleibt der Umfang auch für r = 1 mm gleich, obwohl sich die Außenlinie immer mehr dem Quadrat annähert?
Berechne auf zwei Stellen nach dem Komma gerundet, wievielmal länger die Außenlinie der Figur gegenüber dem Quadratumfang ist.

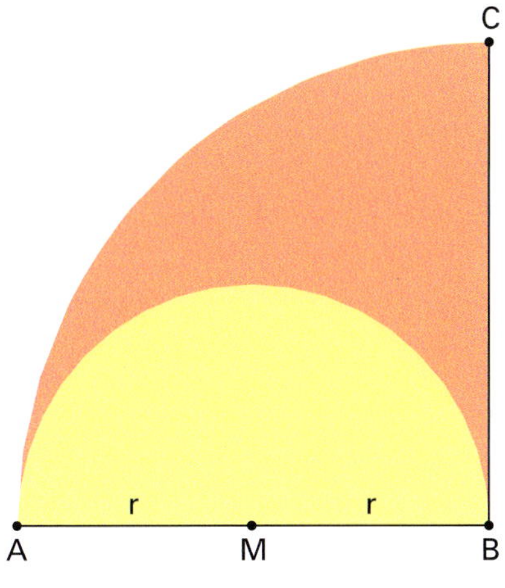

Bild 3

❸ Zeige, dass die orange Sichel *ABC* den gleichen Flächeninhalt wie der gelbe Halbkreis hat.

❹ Zeige, dass der Kreisbogen $\overset{\frown}{AC}$ genauso lang ist wie der Halbkreis $\overset{\frown}{AB}$.

❺ Begründe nun damit, dass der Umfang der Figuren auf der vorhergehenden Seite stets gleich bleibt.

4 Abbildung durch Parallelverschiebung

4.1 Parallelverschiebung als Doppelachsenspiegelung – Vektor

Platzbedarf:
$0 \leqq x \leqq 11$
$0 \leqq y \leqq 13$

- Zeichne das Dreieck ABC mit $A(3|0)$, $B(4|3)$, $C(1|4)$ und das kongruente Dreieck $A'B'C'$ mit $A'(9|8)$, $B'(10|11)$, $C'(7|12)$ in ein Koordinatensystem. Lege ein durchscheinendes Blatt Papier über die Zeichnung und übertrage mit einem Filzstift beide Dreiecke auf das Blatt. Bringe nun wie in den Bildern 1–3 beide Dreiecke durch Falten zur Deckung und zeichne die beiden entstehenden Faltkanten nach. Stich sodann mit einer Nadel die aufeinander liegenden Eckpunkte durch und verbinde nach dem Auffalten die so erhaltenen neuen Punkte A_0, B_0 und C_0 zum Dreieck $A_0B_0C_0$. Wiederhole nun den Versuch mit einem weiteren Blatt.

Bilder 1–3

Die Versuchsauswertung ergibt folgende Vermutungen:
- Die Faltkanten auf beiden Blättern sind jeweils zueinander parallel.
- Wenn man die beiden Blätter übereinander legt und die Dreiecke ABC und $A'B'C'$ zur Deckung bringt, verlaufen die Faltkantenpaare zueinander parallel.
- Der Abstand der Faltkantenpaare ist gleich groß. Er beträgt 5 cm und ist damit halb so groß wie $\overline{AA'} = \overline{BB'} = \overline{CC'} = 10$ cm.
- Die Verbindungsstrecken $[AA']$, $[BB']$ und $[CC']$ stehen auf den Faltkanten senkrecht.
- Es gilt: $\triangle A_0B_0C_0 \cong \triangle ABC$ und $\triangle A_0B_0C_0 \cong \triangle A'B'C'$

Bild 1 auf der nächsten Seite zeigt ein aufgefaltetes Blatt mit den drei Dreiecken und den Faltkanten g_1 und g_2, deren Abstand e beträgt. Da das Dreieck $A_0B_0C_0$ durch Durchstechen aus dem Dreieck ABC und dem Dreieck $A'B'C'$ entsteht, ist es zu den gegebenen Dreiecken kongruent, und A_0 liegt auf $[AA']$, B_0 auf $[BB']$ sowie C_0 auf $[CC']$. Das Dreieck $A_0B_0C_0$ ist Spiegelbild des Dreiecks ABC bezüglich der Faltkante g_1 und auch Spiegelbild des Dreiecks $A'B'C'$ bezüglich der Faltkante g_2. Wir können folgende Doppelachsenspiegelung erkennen:

$$\triangle ABC \xmapsto{g_1} \triangle A_0B_0C_0 \xmapsto{g_2} \triangle A'B'C'$$

Man kann auch sagen: Das Dreieck ABC wird durch das geordnete Achsenpaar $(g_1|g_2)$ auf das Dreieck $A'B'C'$ abgebildet:

$$\triangle ABC \xmapsto{(g_1|g_2)} \triangle A'B'C'$$

Nach der Abbildungsvorschrift der Achsenspiegelung stehen die Verbindungsstrecken von Urpunkten und Bildpunkten auf der Spiegelachse senkrecht und werden von ihr halbiert. Die Faltkanten g_1 und g_2 stehen also auf $[AA']$, $[BB']$ und $[CC']$ senkrecht und sind daher zueinander parallel. Weiter folgt: $\overline{AA'} = \overline{BB'} = \overline{CC'} = 2e$. Bei unserem Faltversuch gilt somit $\overline{AA'} = \overline{BB'} = \overline{CC'} = 2 \cdot 5$ cm.

Beachte:
Geraden sind parallel, wenn sie gemeinsam auf einer weiteren Geraden senkrecht stehen.

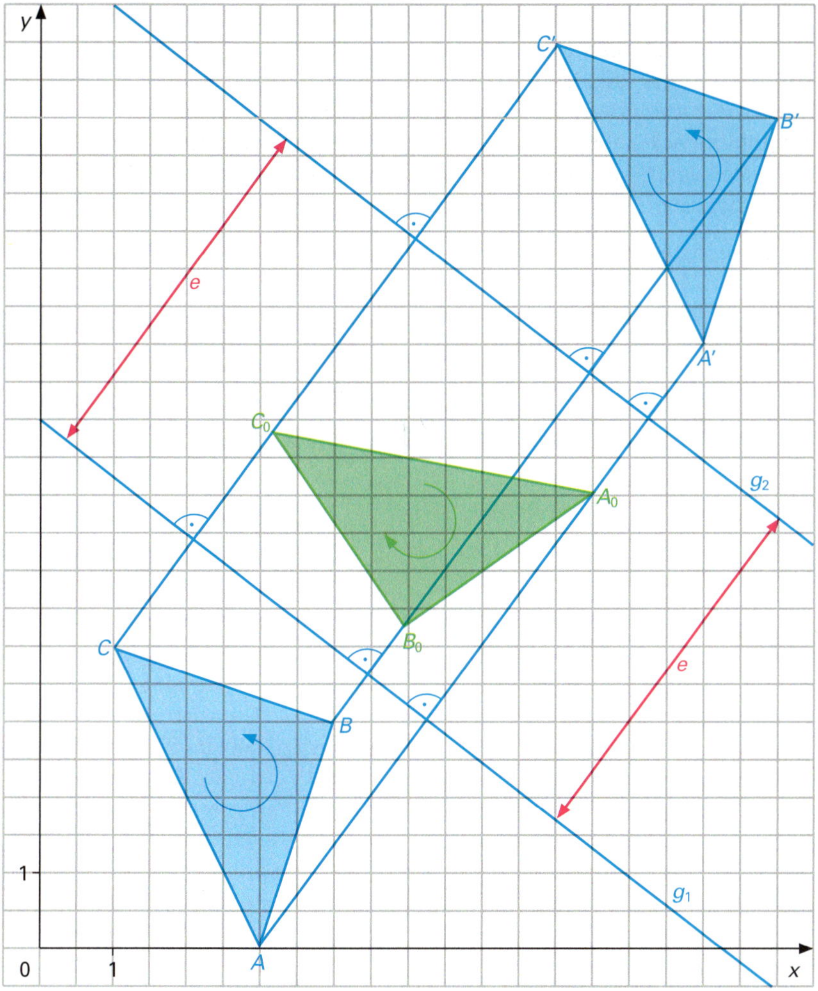

Bild 1

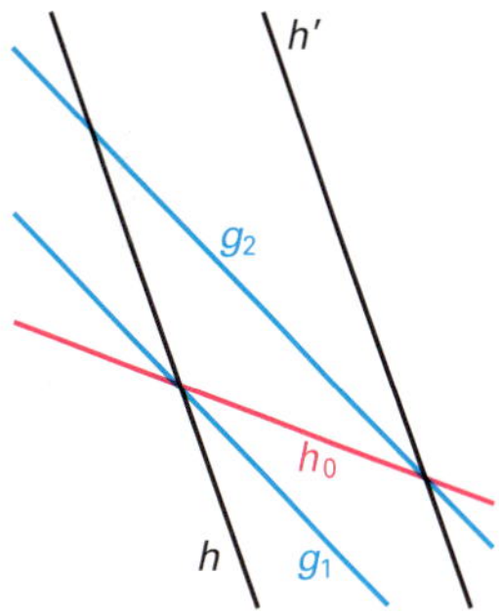

$h \xmapsto{g_1} h_0 \xmapsto{g_2} h'$

$h \xmapsto{(g_1|g_2)} h'$

Bild 2

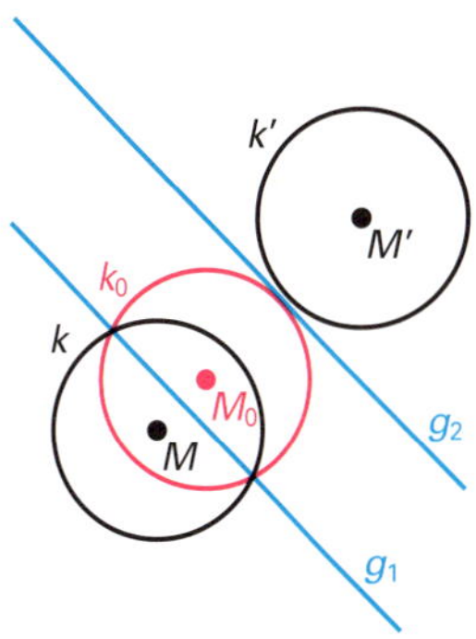

$k \xmapsto{g_1} k_0 \xmapsto{g_2} k'$

$k \xmapsto{(g_1|g_2)} k'$

Bild 3

Die Doppelachsenspiegelung in Bild 1 kann nicht durch eine einzige Achsenspiegelung ersetzt werden, da der Umlaufsinn des Ausgangsdreiecks *ABC* mit dem des Bilddreiecks *A'B'C'* übereinstimmt. Mit der Satzgruppe der Achsenspiegelung erkennen wir aber folgende Eigenschaften:

- Jeder Punkt *P* der Ebene wird umkehrbar eindeutig auf jeweils genau einen Punkt *P'* der Ebene abgebildet.
- Strecken und Winkel werden maßtreu abgebildet.
- Geraden werden auf Geraden und Kreise wieder auf Kreise abgebildet (vgl. Bild 2 und Bild 3).

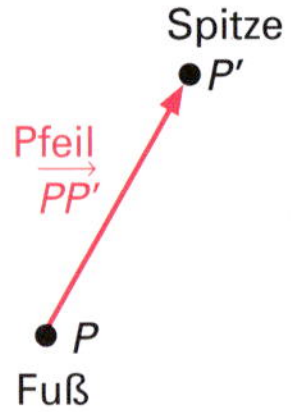

Bild 1

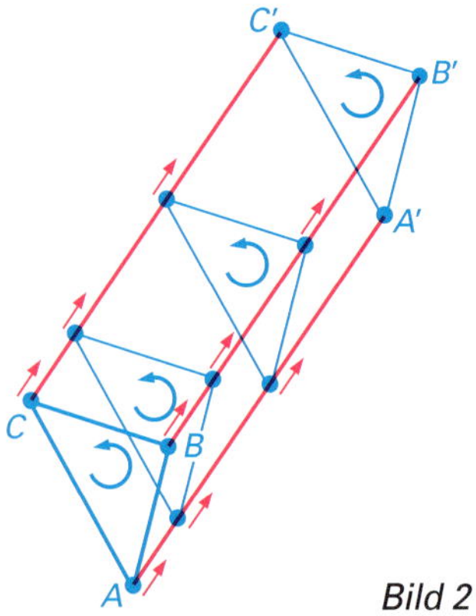

Bild 2

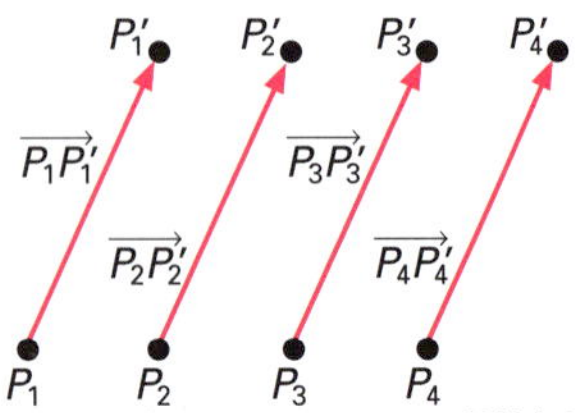

Bild 3

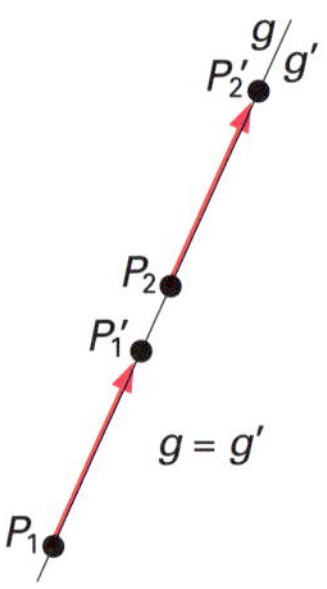

Bild 4

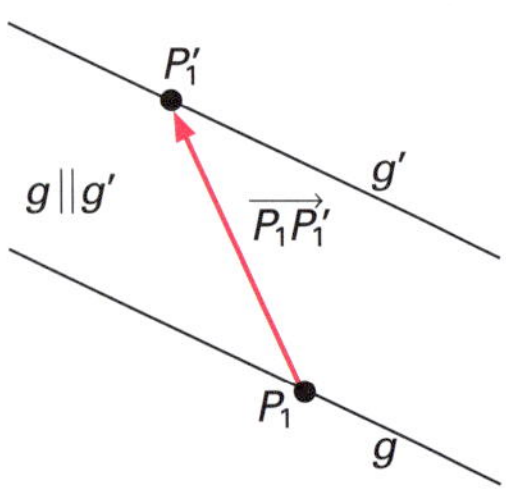

Bild 5

Wie wir in Bild 1 auf der vorhergehenden Seite sehen können, sind die Verbindungsstrecken $[AA']$, $[BB']$ und $[CC']$ zueinander parallel, gleich lang und wie das Achsenpaar $(g_1|g_2)$ orientiert. Sie werden als **Pfeile** $\overrightarrow{AA'}$, $\overrightarrow{BB'}$, $\overrightarrow{CC'}$ bezeichnet. Die Anfangspunkte *A*, *B*, *C* nennt man **Fuß,** die Endpunkte *A'*, *B'*, *C'* **Spitze** des Pfeils (vgl. Bild 1). Die Länge der Pfeile $\overrightarrow{AA'}$, $\overrightarrow{BB'}$ und $\overrightarrow{CC'}$ ist doppelt so groß wie der Abstand *e* des Achsenpaares. Wie jeder Punkt *P* der Ebene kann das Dreieck *ABC* daher an Stelle der Doppelachsenspiegelung parallel zu sich selbst um die Länge 2*e* verschoben werden. Der Punkt *P* kommt dabei auf den entsprechenden Bildpunkt *P'* und das Dreieck *ABC* auf das Bilddreieck *A'B'C'* zu liegen. Eine Doppelachsenspiegelung an zueinander parallelen Spiegelachsen kann somit durch eine einfachere Abbildung ersetzt werden, die als **Parallelverschiebung** bezeichnet wird.

- Lege durchscheinendes Papier über die Zeichnung in Bild 1 auf der vorhergehenden Seite, zeichne darauf das Dreieck *ABC* nach und verschiebe es dann so, wie es im nebenstehenden Bild 2 angedeutet ist, bis es mit dem Dreieck *A'B'C'* zur Deckung kommt.

> Die Menge aller parallelen, gleich langen und gleich orientierten Pfeile, die eine Parallelverschiebung kennzeichnen, heißt **Vektor** (vgl. Bild 3).

In Bild 3 sind Pfeile des Vektors $\vec{v}$ dargestellt:

$$\vec{v} = \{\overrightarrow{P_1P_1'}; \overrightarrow{P_2P_2'}; \overrightarrow{P_3P_3'}; \overrightarrow{P_4P_4'}; \ldots\}$$

Ebenso gilt: $\overrightarrow{P_1P_1'} \in \vec{v}$; $\overrightarrow{P_2P_2'} \in \vec{v}$; $\overrightarrow{P_3P_3'} \in \vec{v}$; $\overrightarrow{P_4P_4'} \in \vec{v}$; ...

Bei einer Parallelverschiebung mit dem Vektor $\vec{v}$ wird jeder Punkt der Ebene in Pfeilrichtung um eine Pfeillänge verschoben, also kann **kein** Punkt der Ebene **Fixpunkt** sein. Die Geraden, auf denen die Pfeile einer Parallelverschiebung liegen, sind **Fixgeraden** (vgl. Bild 4). Alle Geraden, auf denen kein Pfeil der Parallelverschiebung liegt, werden dagegen in Pfeilrichtung um eine Pfeillänge parallel verschoben (vgl. Bild 5).
Ist ein Punktepaar $(P|P')$ bzw. ein Pfeil $\overrightarrow{PP'}$ einer Parallelverschiebung gegeben, so sind damit alle Punktepaare bzw. Pfeile bestimmt. Jeder Pfeil $\overrightarrow{PP'}$ eines Vektors $\vec{v}$ wird daher als **Repräsentant** (gleichberechtigter Vertreter) des Vektors $\vec{v}$ bezeichnet. Vereinfachend spricht man häufig auch vom Vektor $\overrightarrow{PP'}$.

Konstruktion des Bildpunktes mit dem Geodreieck:

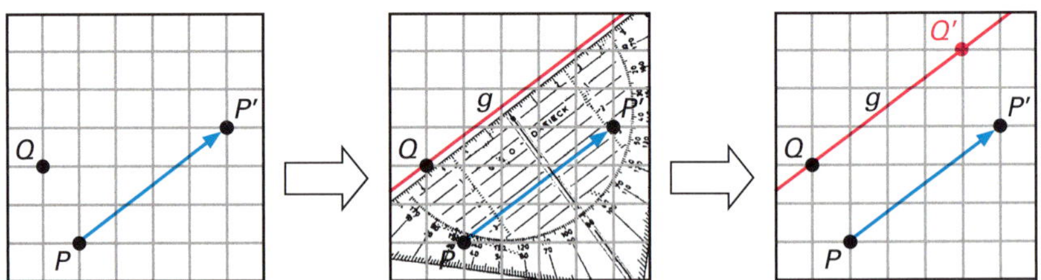

Gegeben *Q* und $\overrightarrow{PP'}$ durch *P* und *P'*.

Zeichne $g \,||\, PP'$ durch *Q*.

Übertrage $\overrightarrow{PP'}$, $\overrightarrow{QQ'} = \overrightarrow{PP'}$.

Wir fassen die wichtigsten Eigenschaften von Parallelverschiebungen in einer Satzgruppe zusammen:

Satzgruppe der Parallelverschiebung

1. Jedes geordnete Punktepaar $(P|P')$ bzw. jeder Pfeil $\overrightarrow{PP'}$ der Ebene legt genau eine Parallelverschiebung fest, die die Ebene auf sich abbildet.
2. Bei allen Parallelverschiebungen wird jeder Punkt P der Ebene umkehrbar eindeutig auf jeweils genau einen Punkt P' der Ebene abgebildet.
3. Bei allen Parallelverschiebungen sind die Verbindungsstrecken von Urpunkten P und entsprechenden Bildpunkten P' zueinander parallel, gleich lang und gleich orientiert. Die Pfeilmenge, die sie bilden, heißt Vektor.
4. Bei allen Parallelverschiebungen ist kein Punkt der Ebene Fixpunkt.
5. Alle Parallelverschiebungen sind längentreu und winkeltreu: Alle Parallelverschiebungen sind Kongruenzabbildungen.
6. Alle Parallelverschiebungen sind geradentreu und kreistreu. Jede Gerade wird auf eine parallele Gerade oder auf sich abgebildet.

Abbildungsvorschrift

Abbildungsschreibweise: $P \xmapsto{\vec{v}} P'$
Sprechweise: P wird durch Parallelverschiebung mit dem Vektor $\vec{v}$ auf P' abgebildet.

Aufgaben

1 Vergleiche die Satzgruppe der Parallelverschiebung mit der der Achsenspiegelung. Welche Gemeinsamkeiten und welche Unterschiede kannst du feststellen?

2 Bei einer Achsenspiegelung werden die Punkte der Ebene wechselseitig aufeinander abgebildet. Gilt das auch für die Parallelverschiebung?

3 Trage die gegebenen Punkte und Pfeile in ein Koordinatensystem ein und gib jeweils die fehlenden Koordinaten an.

a) $A(1|1) \xmapsto{\overrightarrow{PP'}} A'$; $B(-3|-2) \xmapsto{\overrightarrow{PP'}} B'$ mit $P(-2|2)$; $P'(2|2)$
$C(4|3) \xmapsto{\overrightarrow{QQ'}} C'$; $D(6|-3) \xmapsto{\overrightarrow{QQ'}} D'$ mit $Q(-1|4)$; $Q'(-4|4)$
Platzbedarf: $-5 \leqq x \leqq +7$; $-4 \leqq y \leqq +5$

b) $E(2|-1) \xmapsto{\overrightarrow{RR'}} E'$; $F(-4|-3) \xmapsto{\overrightarrow{RR'}} F'$ mit $R(1|1)$; $R'(1|5)$
$G(4|4) \xmapsto{\overrightarrow{SS'}} G'$; $H(-2|-1) \xmapsto{\overrightarrow{SS'}} H'$ mit $S(3|-2)$; $S'(3|-4)$
Platzbedarf: $-5 \leqq x \leqq +5$; $-5 \leqq y \leqq +6$

c) $K(0|-1) \xmapsto{\overrightarrow{TT'}} K'$; $L(2|-4) \xmapsto{\overrightarrow{TT'}} L'$ mit $T(-3|-3)$; $T'(-2|1)$
$M \xmapsto{\overrightarrow{UU'}} M'(1|1)$; $N \xmapsto{\overrightarrow{UU'}} N'(-4|-5)$ mit $U(1|5)$; $U'(-4|3)$
Platzbedarf: $-5 \leqq x \leqq +7$; $-6 \leqq y \leqq +6$

Aufgaben

4 Der Stern *ABCD* mit den Spitzen *A*, *B*, *C* und *D* in Bild 1 kann auf drei Arten durch Parallelverschiebung mit den Vektoren $\vec{v_1}$, $\vec{v_2}$, $\vec{v_3}$ und $\vec{v_4}$ aus den Rauten $P_1Q_1R_1S_1$ und $P_2Q_2R_2S_2$ zusammengesetzt werden. Gib jeweils zwei Pfeile jedes Vektors an und miss in Bild 1 deren Länge.

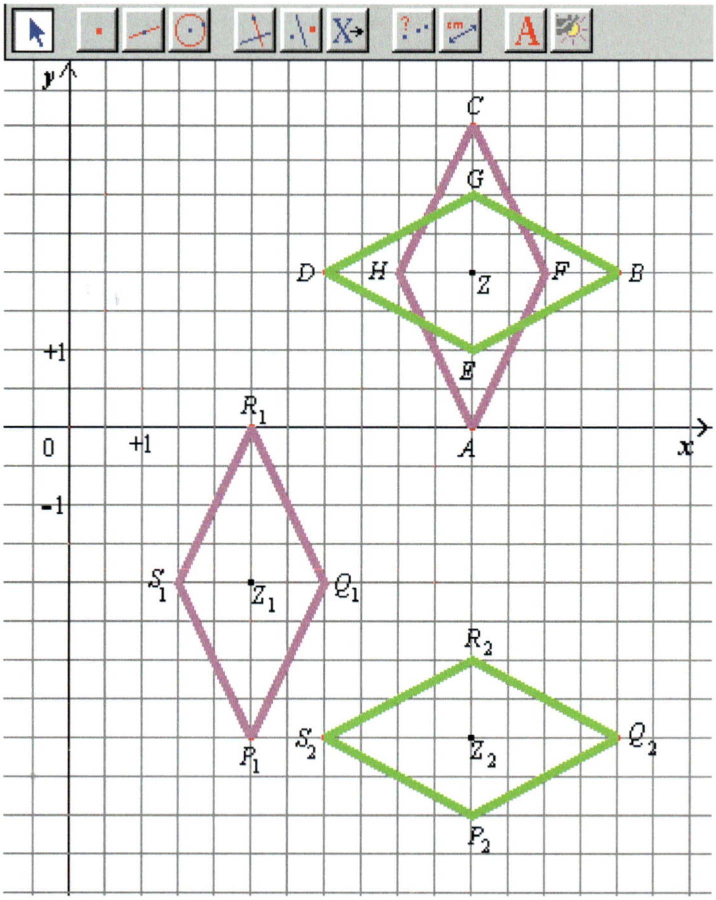

Bild 1

[Teilergebnis: *Raute* $P_1Q_1R_1S_1 \xrightarrow{\vec{v_4}}$ *Raute* $P_1'Q_1'R_1'S_1'$ mit $\overrightarrow{Z_1Z_2} \in \vec{v_4}$ und $\overrightarrow{R_1R_1'} \in \vec{v_4}$; Länge der Pfeile: 3,6 cm. *Stern* $P_1'Q_2R_1'S_2 \xrightarrow{\vec{v_2}}$ *Stern ABCD* mit $\overrightarrow{Z_2Z} \in \vec{v_2}$ und $\overrightarrow{Q_2B} \in \vec{v_2}$; Länge der Pfeile: 6 cm.]

Platzbedarf:
$-5 \leqq x \leqq +6$
$-4 \leqq y \leqq +6$

5 Das Dreieck *ABC* mit $A(2|-3)$, $B(5|-1)$ und $C(2|1)$ wird durch Parallelverschiebung mit dem Vektor $\vec{a}$ auf das Dreieck $A'B'C'$ abgebildet. Der Pfeil mit $\overrightarrow{PP'}$ mit $P(-1|0)$ und $P'(-4|4)$ ist ein Repräsentant des Vektors $\vec{a}$. Zeichne das Dreieck *ABC* und $\overrightarrow{PP'}$ in ein Koordinatensystem und ermittle mit dem Geodreieck das Bilddreieck $A'B'C'$. Gib sodann die Koordinaten der Bildpunkte an.

Platzbedarf:
$-3 \leqq x \leqq +9$
$-6 \leqq y \leqq +9$

6 Bilde den Kreis *k* mit dem Mittelpunkt $M(4|4)$ und dem Radius $r = 1$ cm im Koordinatensystem wie folgt ab: $k \xrightarrow{\overrightarrow{PP_n}} k_n$.
Dabei gilt: $P(1|-2)$; $P_1(4|-2)$ für $n = 1$ und $P_2(1|1)$ für $n = 2$ sowie $P_3(-2|-2)$ für $n = 3$ und $P_4(1|-5)$ für $n = 4$.

Parallelverschiebung in der Kunst

Ornamente auf griechischen Vasen

4.2 Vektoren im Koordinatensystem

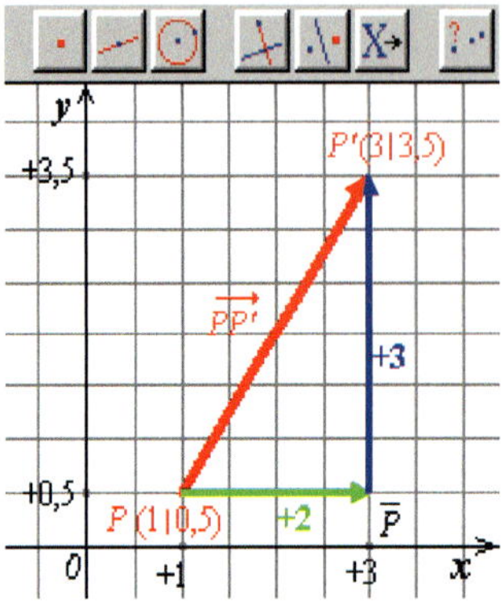

Bild 1

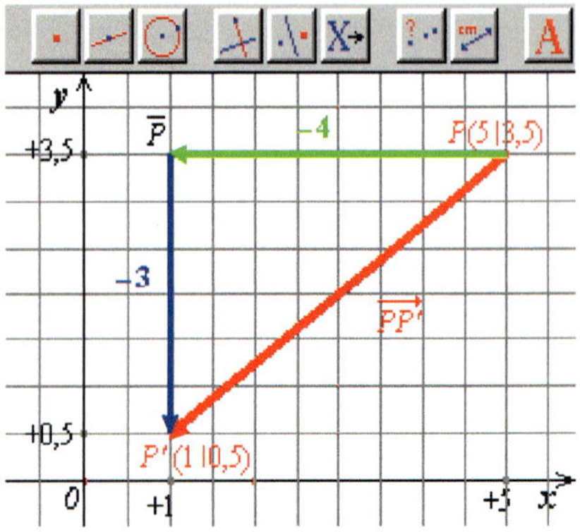

Bild 2

$\overrightarrow{PP'} = \begin{pmatrix} +2 \\ +3 \end{pmatrix}$ $\qquad$ $\overrightarrow{PP'} = \begin{pmatrix} -4 \\ -3 \end{pmatrix}$

Bei einer Abbildung durch Parallelverschiebung mit dem Vektor $\overrightarrow{PP'}$ geben die Pfeile des Vektors den kürzesten Weg von den Urpunkten P zu ihren Bildpunkten P' an. In Bild 1 ist ein Pfeil als Repräsentant des Vektors $\overrightarrow{PP'}$ mit $P(1|0{,}5)$ und $P'(3|3{,}5)$ gezeichnet. Wie wir sehen, kann man vom Fuß P eines Pfeils aus auch parallel zu den Koordinatenachsen über $\overline{P}$ zur Spitze P' gelangen. Dieser Weg von P über $\overline{P}$ nach P' ist für alle Pfeile eines Vektors gleich lang. Die gerichteten Teilwege können wir als jeweils zu einer Koordinatenachse parallele Zahlenpfeile ansehen. Da jeder Zahlenpfeil genau eine Zahl veranschaulicht, können wir so jedem Vektor genau ein Zahlenpaar wie z. B. $\begin{pmatrix} 2 \\ 3 \end{pmatrix}$ oder $\begin{pmatrix} -4 \\ -3 \end{pmatrix}$ in Bild 1 und 2 zuordnen. Umgekehrt gehört zu jedem Zahlenpaar genau ein Vektor im Koordinatensystem. Im Koordinatensystem gilt somit folgende neue Schreibweise für Vektoren:

$\vec{v} = \begin{pmatrix} v_x \\ v_y \end{pmatrix}$

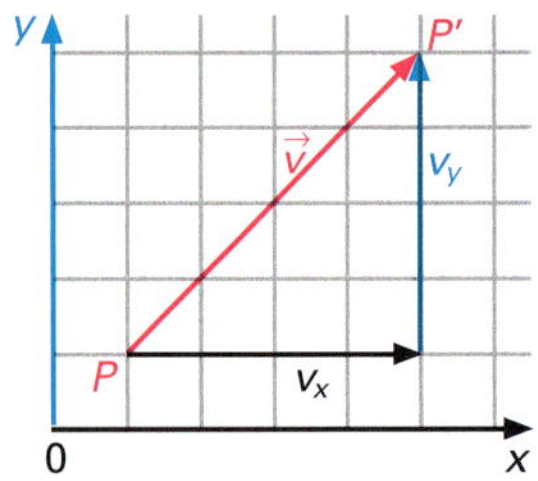

Bild 3

v_x heißt x-Koordinate des Vektors $\vec{v}$.

v_y heißt y-Koordinate des Vektors $\vec{v}$.

$\begin{pmatrix} v_x \\ v_y \end{pmatrix}$ ist die Koordinatendarstellung des Vektors $\vec{v} = \overrightarrow{PP'}$. $\begin{pmatrix} v_x \\ v_y \end{pmatrix}$ wird als Spaltenmatrix bezeichnet.

Wenn $A(a_x|a_y)$ und $B(b_x|b_y)$ gegeben sind, erhalten wir die Spaltenmatrix des Vektors $\overrightarrow{AB}$ wie folgt:

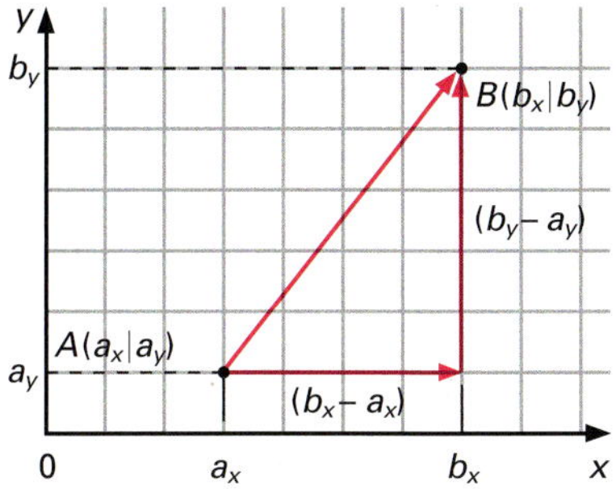

Bild 1

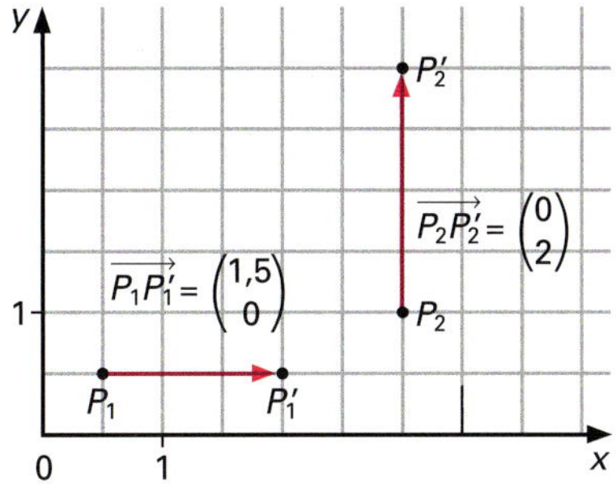

Bild 2

$$\overrightarrow{AB} = \begin{pmatrix} b_x - a_x \\ b_y - a_y \end{pmatrix}$$

Merke:

$\begin{pmatrix} \text{Spitze} & \text{minus} & \text{Fuß} \end{pmatrix}$

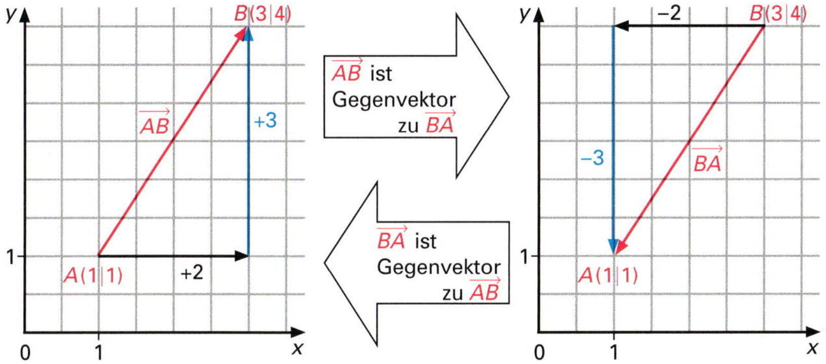

Bild 3

$\overrightarrow{AB} = \begin{pmatrix} 3-1 \\ 4-1 \end{pmatrix} = \begin{pmatrix} +2 \\ +3 \end{pmatrix}$

Bild 4

$\overrightarrow{BA} = \begin{pmatrix} 1-3 \\ 1-4 \end{pmatrix} = \begin{pmatrix} -2 \\ -3 \end{pmatrix}$

Vertauschen wir wie in Bild 3 und 4 Spitze und Fuß der Pfeile des Vektors $\overrightarrow{AB}$, so bilden die umorientierten Pfeile den neuen Vektor $\overrightarrow{BA}$. Die Koordinaten des einen Vektors sind die **Gegenzahlen** zu den entsprechenden Koordinaten des anderen. Der eine Vektor heißt **Gegenvektor** des anderen. Wir legen folgende Schreibweise fest:

$$\overrightarrow{BA} = -\overrightarrow{AB} \wedge \overrightarrow{AB} = -\overrightarrow{BA}$$

Ändert man die Vorzeichen der Koordinaten eines Vektors $\vec{v} = \begin{pmatrix} v_x \\ v_y \end{pmatrix}$, so erhält man dadurch seinen Gegenvektor $-\vec{v} = \begin{pmatrix} -v_x \\ -v_y \end{pmatrix}$. Der Vektor $-\vec{v}$ macht die Parallelverschiebung mit dem Vektor $\vec{v}$ rückgängig. Die Parallelverschiebung mit dem Vektor $-\vec{v}$ heißt Umkehrabbildung zur Parallelverschiebung mit dem Vektor $\vec{v}$.

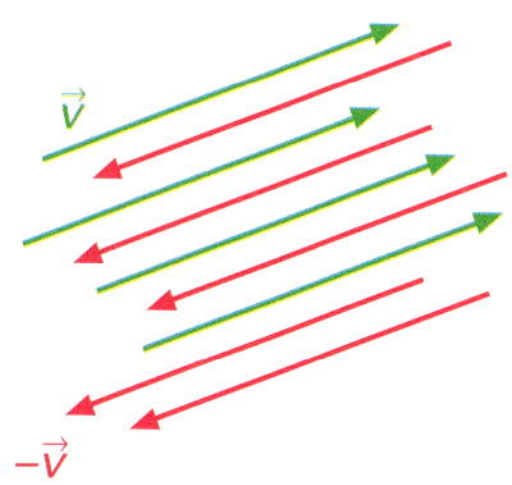

Aufgaben

Platzbedarf: $-7 \leqq x \leqq +8$, $-8 \leqq y \leqq +6$

1 Zeichne jeweils drei Pfeile der Vektoren $\vec{v_1} = \begin{pmatrix} 4 \\ 1 \end{pmatrix}$, $\vec{v_2} = \begin{pmatrix} -2 \\ +5 \end{pmatrix}$ und $\vec{v_3} = \begin{pmatrix} -4 \\ -7 \end{pmatrix}$ in ein Koordinatensystem ein und gib die Koordinaten der Gegenvektoren zu $\vec{v_1}$, $\vec{v_2}$ und $\vec{v_3}$ an.

2 Die Pfeile im nachfolgenden Koordinatendiagramm sind Repräsentanten verschiedener Vektoren. Entnimm dem Diagramm die Koordinaten dieser Vektoren. [Teilergebnis: $\vec{v_1} = \begin{pmatrix} -1 \\ +1 \end{pmatrix}$]

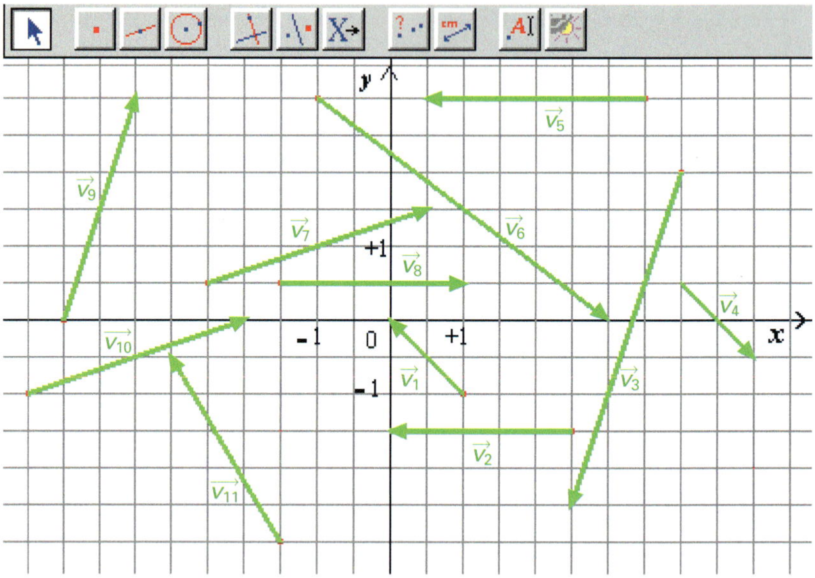

Platzbedarf: $-5 \leqq x \leqq +6$, $-5 \leqq y \leqq +7$

3 Der Vektor $\vec{a}$ ist durch den Repräsentanten $\overrightarrow{AA'}$ mit $A(-3|-2)$ und $A'(0|3)$ gegeben. Zeichne den Pfeil $\overrightarrow{AA'}$ in ein Koordinatensystem ein. Ermittle sodann im Koordinatensystem die Koordinaten von Fuß beziehungsweise Spitze der Pfeile $\overrightarrow{PP'}$, $\overrightarrow{QQ'}$, $\overrightarrow{RR'}$ und $\overrightarrow{SS'}$ des Vektors $\vec{a}$, von denen $P(-1|-4)$, $Q(-3|1)$, $R'(5|5)$ und $S'(5|2)$ gegeben sind.

Platzbedarf: $-6 \leqq x \leqq +5$, $-6 \leqq y \leqq +5$

4 Die Punkte $P_1(-2|-3)$, $P_2(1|0)$ und $P_3(0|2)$ sind Eckpunkte eines Dreiecks, das durch Parallelverschiebung mit dem Vektor $\vec{c} = \begin{pmatrix} 3 \\ 2 \end{pmatrix}$ und dessen Gegenvektor abgebildet wird. Zeichne die Dreiecke in ein Koordinatensystem und gib die Koordinaten der Eckpunkte der Bilddreiecke an.

Platzbedarf: $-5 \leqq x \leqq +6$, $0 \leqq y \leqq +7$

5 Das Dreieck ABC wurde durch Parallelverschiebung auf das Dreieck $A'B'C'$ abgebildet. Die Koordinaten folgender Punkte sind noch bekannt: $A(-4|2)$, $C(-1|5)$, $B'(5|3)$, $C'(3|6)$. Konstruiere Urdreieck und Bilddreieck und gib die Koordinaten der fehlenden Punkte und die des Verschiebungsvektors an.

Aufgaben

6 Durch die folgenden Punktepaare $(P_n|P_n')$ werden im Koordinatensystem Pfeile $\overrightarrow{P_nP_n'}$ festgelegt. Stelle die Pfeile zusammen, die Elemente desselben Vektors sind.

n	1	2	3	4	5
P_n	(1|1)	(–1|4)	(4|0)	(4|7)	(–3|–6)
P_n'	(4|3)	(–4|9)	(5|–3)	(1|12)	(–2|–9)

n	6	7	8	9	10
P_n	(0|–4)	(5|–3)	(–2|4)	(0|0)	(2|1)
P_n'	(3|–2)	(8|–1)	(–1|1)	(2|3)	(–1|6)

7 Ermittle die fehlenden Koordinaten.

n	Beispiel	1	2	3	4
P_n	(2|5)	(5|3)	(–2|6)	(3|5)	(–3|–3)
P_n'	(4|6)	(7|5)	(–4|–2)	?	?
$\overrightarrow{P_nP_n'}$	$\begin{pmatrix}4-2\\6-5\end{pmatrix}=\begin{pmatrix}2\\1\end{pmatrix}$	?	?	?	$\begin{pmatrix}3\\-4\end{pmatrix}$
$-\overrightarrow{P_nP_n'}$	$\begin{pmatrix}-2\\-1\end{pmatrix}$	?	?	$\begin{pmatrix}0\\-3\end{pmatrix}$	?

8 Bilde das Viereck $ABCD$ mit $A(-4|1)$, $B(-1|-1)$, $C(4|-3)$, $D(0|4)$ wie folgt im Koordinatensystem ab und gib die Koordinaten der Bildpunkte an:

Platzbedarf:
$-5 \leqq x \leqq +14$
$-4 \leqq y \leqq +12$

Viereck $ABCD \xmapsto{\vec{v}_1}$ Viereck $A'B'C'D'$, $\vec{v}_1 = \begin{pmatrix}0\\5\end{pmatrix}$,

Viereck $A'B'C'D' \xmapsto{\vec{v}_2}$ Viereck $A''B''C''D''$, $\vec{v}_2 = \begin{pmatrix}9\\2\end{pmatrix}$,

Viereck $ABCD \xmapsto{\vec{v}_3}$ Viereck $\overline{A}\overline{B}\overline{C}\overline{D}$, $\vec{v}_3 = \begin{pmatrix}9\\7\end{pmatrix}$.

9.1 Die Gerade $g = AB$ mit $A(4|1)$ und $B(9|4)$ wird durch Parallelverschiebung mit dem Vektor $\vec{a} = \begin{pmatrix}0\\5\end{pmatrix}$ auf die Gerade g' abgebildet. Zeichne g und g' in ein Koordinatensystem und gib die Koordinaten der Bildpunkte A' und B' an.

Platzbedarf:
$0 \leqq x \leqq +10$
$0 \leqq y \leqq +10$

9.2 Die Gerade $g = AB$ soll durch einen Vektor $\vec{u}$ auf g' abgebildet werden, sodass B' der Bildpunkt zu $A(4|1)$ ist. Gib die Koordinaten von $\vec{u}$ an.

10 Bilde die Strecke $[AB]$ mit $A(-3|3)$ und $B(1|-3)$ durch Parallelverschiebung mit dem Vektor $\vec{v} = \begin{pmatrix}5\\-1\end{pmatrix}$ ab. Gib die Koordinaten der Bildpunkte an und bestätige durch Rechnung, dass $M'(4|-1)$ der Mittelpunkt der Bildstrecke $[A'B']$ ist. Gib sodann den Vektor der Umkehrabbildung an und ermittle damit die Koordinaten des Mittelpunktes der Strecke $[AB]$.

Platzbedarf:
$-4 \leqq x \leqq +7$
$-5 \leqq y \leqq +4$

4.3 Eigenschaften paralleler Geraden

C. F. Gauß

Geraden in der Zeichenebene heißen parallel, wenn sie gemeinsam auf einer weiteren Geraden senkrecht stehen.

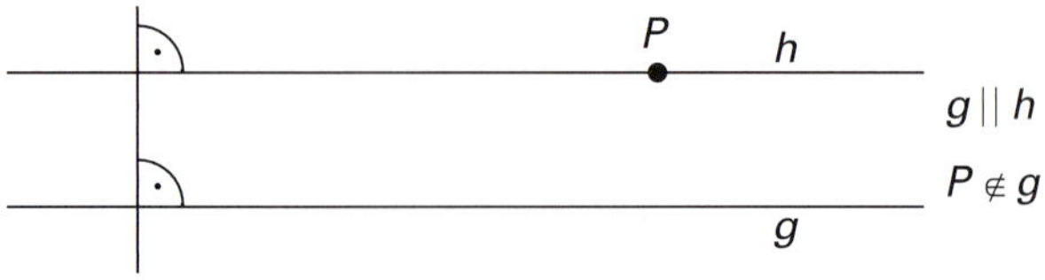

Bild 1

Durch einen Punkt P außerhalb einer Geraden g gibt es in der Zeichenebene stets nur genau eine zu g parallele Gerade h (vgl. Bild 1).

Dieser anschauliche Lehrsatz wird als Parallelenaxiom (Axiom = Grundsatz) bezeichnet. Schon das Lehrwerk „Die Elemente" des griechischen Mathematikers Euklid, der um 300 v. Chr. in Alexandria gelebt hat, enthält neben anderen Lehrsätzen diesen Grundsatz. Die darauf aufbauende und von ihm entwickelte Geometrie nennt man daher euklidische Geometrie. Alle im Laufe der Jahrhunderte unternommenen Versuche, das Parallelenaxiom aus anderen Grundannahmen Euklids herzuleiten, waren erfolglos. Der deutsche Mathematiker Carl Friedrich Gauß (1777–1855) erkannte als Erster, dass es auch eine Geometrie gibt, in der alle Lehrsätze des Euklid bis auf das Parallelenaxiom gelten. Er ist neben J. Bolyai (1802–1860) und N. Lobatschewski (1793–1856) Mitbegründer der so genannten nichteuklidischen Geometrie.

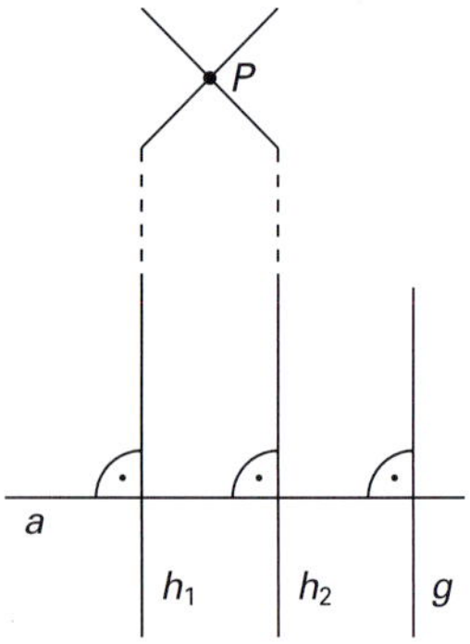

Bild 2

❶ Die Geraden h_1, h_2 und g in Bild 2 stehen gemeinsam auf der Geraden a senkrecht, sie sind somit zueinander parallel. Nimmt man an, dass sich h_1 und h_2 irgendwo außerhalb unserer Buchseite im Punkt P schneiden, so steht das im Widerspruch zum Parallelenaxiom. Vergleiche dazu Bild 2 mit Bild 1 und erkläre den Widerspruch. Das Gegenteil unserer Annahme ist also wahr:

Parallele Geraden der Zeichenebene haben keinen Punkt gemeinsam.

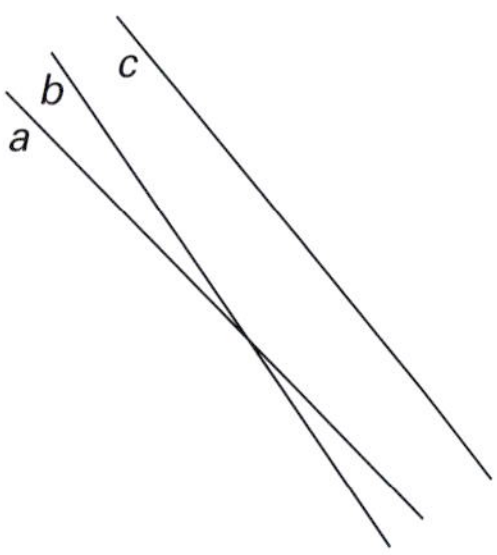

Bild 3

❷ Begründe: Verlängert man die Geraden a, b und c in Bild 3, so schneidet mindestens eine der beiden Geraden a und b die Gerade c.

Eine weitere Eigenschaft paralleler Geraden zeigt das folgende Bild 4:

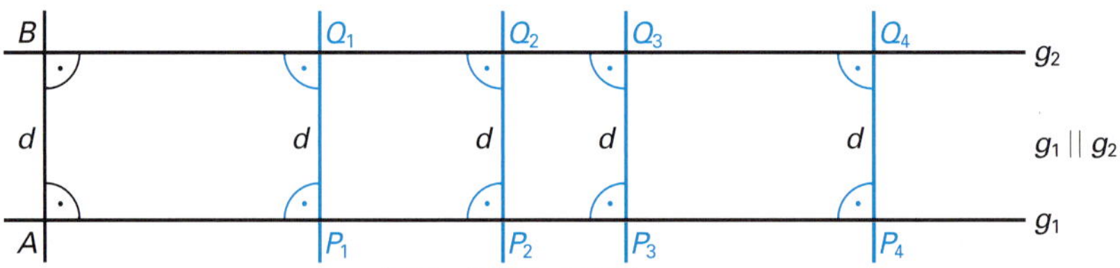

$$\overline{AB} = \overline{P_1Q_1} = \overline{P_2Q_2} = \cdots = d$$

Bild 4

Zwei parallele Geraden haben überall gleichen Abstand.

In Bild 1 wird die Gerade g an h gespiegelt. Als Bildgerade erhält man g'. Die Gerade h ist Symmetrieachse des Parallelenpaares $g \parallel g'$ und damit Mittelsenkrechte der Verbindungsstrecken von Urpunkten mit ihren Bildpunkten wie z. B. $[AA']$. Alle Punkte auf h haben von g und g' gleichen Abstand. Die Gerade h heißt **Mittelparallele** des Parallelenpaares $g \parallel g'$.

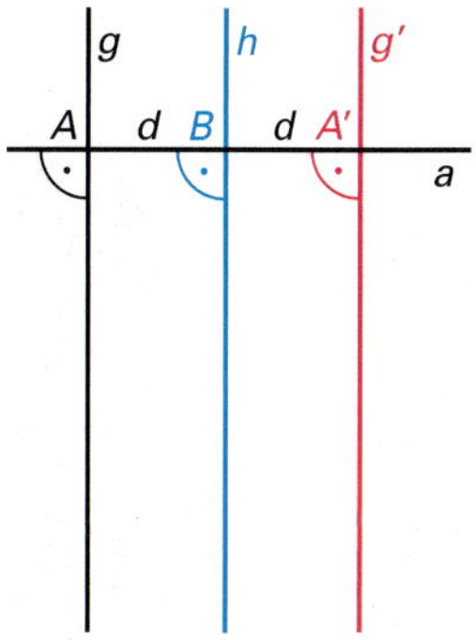

Bild 1

❸ Wie bezeichnet man die Mittelparallelen der einander gegenüberliegenden Seiten von Rechteck und Quadrat?

Aufgaben

1 Das Dreieck ABC mit $A(4|7)$, $B(10|4)$ und $C(8|10)$ ist im Koordinatensystem gegeben. Zeichne die Parallelen durch die Eckpunkte A, B und C zu den gegenüberliegenden Seiten und begründe, dass man genau ein neues Dreieck erhält. Gib sodann die Koordinaten der neuen Eckpunkte P_1, P_2 und P_3 an. [Teilergebnis: $P_1(2|13)$]
(Platzbedarf: $0 \leqq x \leqq 16$; $0 \leqq y \leqq 15$)

2.1 Zeichne die Geraden AB und CD mit $A(0|0)$, $B(1|6)$, $C(5|1)$ und $D(6|7)$ in ein Koordinatensystem und prüfe durch Abmessen, ob die Geraden parallel sein können. (Platzbedarf: $-2 \leqq x \leqq 8$; $-2 \leqq y \leqq 9$)

2.2 Ermittle die Koordinaten der Pfeile $\overrightarrow{AB}$ und $\overrightarrow{CD}$ und begründe damit, dass $AB \parallel CD$ gilt.

3.1 Die Punkte $P(3|-1)$, $Q(-1|3)$ und $R(8|1)$ sind gegeben. Zeichne zunächst die Parallele g zu PQ durch den Punkt R. Die Senkrechte durch R zu PQ schneidet PQ im Punkt A und die Senkrechte durch Q zu g schneidet g im Punkt B. Um welche Sonderform handelt es sich beim Viereck $ARBQ$? Gib die Koordinaten der Punkte A und B an. [Teilergebnis: $A(4{,}5|-2{,}5)$]
(Platzbedarf: $-2 \leqq x \leqq 10$; $-4 \leqq y \leqq 8$)

3.2 Die Diagonalen $[AB]$ und $[QR]$ des Vierecks $ARBQ$ schneiden sich im Punkt $S(3{,}5|2)$. Ermittle die Koordinaten der Pfeile $\overrightarrow{AS}$, $\overrightarrow{SB}$, $\overrightarrow{QS}$ und $\overrightarrow{SR}$ und begründe damit, dass S die Diagonalen des Vierecks halbiert.

3.3 Zeichne die Mittelparallelen zu AR und QB sowie QA und BR ein. In welchem Punkt schneiden sie sich?

4 Zur Geraden AB mit $A(-2|4)$ und $B(3|-1)$ verlaufen parallele Halbgeraden mit dem Anfangspunkt $P(2|3)$. Wie viele solche Halbgeraden gibt es?
(Platzbedarf: $-4 \leqq x \leqq 8$; $-3 \leqq y \leqq 9$)

5 Jemand behauptet: Halbgeraden sind parallel, wenn sie keinen Punkt gemeinsam haben. Widerlege diese Behauptung durch eine Skizze.

6 In Bild 2 sind von dem außerhalb der Geraden g liegenden Punkt P aus zwei verschiedene Lote l_1 und l_2 auf die Gerade g gezeichnet. Gib mindestens einen Grund an, warum Bild 2 im Widerspruch zu den Eigenschaften paralleler Geraden steht.

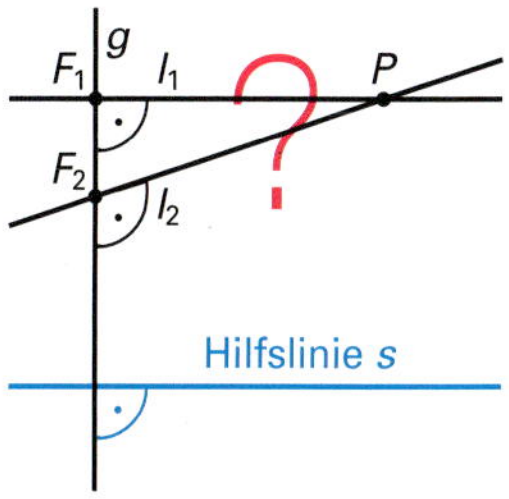

Bild 2

Euklid von Alexandria

Euklid, Gemälde von Raffael

Euklid, Gemälde von Max Ernst

David Hilbert (1862 bis 1943)

Von seinem Leben weiß man wenig. Er war älter als Archimedes, lebte wahrscheinlich zunächst in Athen und lehrte später in Alexandria.

Die wissenschaftliche Geometrie beginnt mit dem von Euklid verfassten Werk „Die Elemente", in dem er das Wissen seiner Zeit zusammenfasste. Es ist das mit Abstand erfolgreichste mathematische Werk der Weltgeschichte. Noch im 19. Jahrhundert wurde es in England als Lehrbuch für Geometrie verwendet. Euklid gründete die Geometrie auf Definitionen und Axiome wie:

- „Ein Punkt ist, was keine Teile hat."
- „Man kann immer zwei Punkte durch eine Strecke verbinden."
- „Man kann immer um jeden Punkt einen Kreis mit beliebigem Durchmesser zeichnen."

oder auf das berühmte Parallelenaxiom.

Eine Neuorientierung der Geometrie erfolgte erst durch das 1899 erschienene Werk „Die Grundlagen der Geometrie" des deutschen Mathematikers David Hilbert (1862–1943).

Wie der Philosoph Platon in seinen Werken, so hat auch Euklid in den „Elementen" sorgfältig vermieden, Anwendungsmöglichkeiten der Mathematik aufzuzeigen. Beide waren der Auffassung, dass das Wesen der Mathematik verdorben wird, wenn aus ihr Schlussfolgerungen für die Praxis gezogen werden. Diese Einstellung gibt folgende Anekdote wieder:

Euklid wurde während seiner Lehrtätigkeit in Alexandria von einem seiner Studenten gefragt, welchen Nutzen er denn habe, die vielen geometrischen Lehrsätze zu lernen. Euklid soll daraufhin einen seiner Sklaven herbeigerufen und beauftragt haben, dem Studenten einige kleine Geldmünzen zu geben, da dieser armselige Mensch einen Gewinn aus seinen Studien ziehen müsse.

Linien mit gleichem Abstand

4.4 Winkel an Parallelen

Wenn ein Parallelenpaar von einer Geraden geschnitten wird, treten acht Winkel auf. Zusammenhänge zwischen den Maßen dieser Winkel können wir erkennen, wenn wir wie in den Bildern 1 und 2 eine Parallelverschiebung durchführen.

Stufenwinkel oder F-Winkel

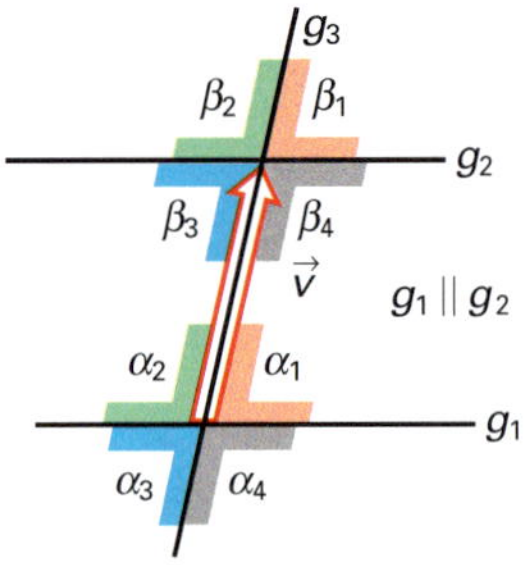

Bild 1

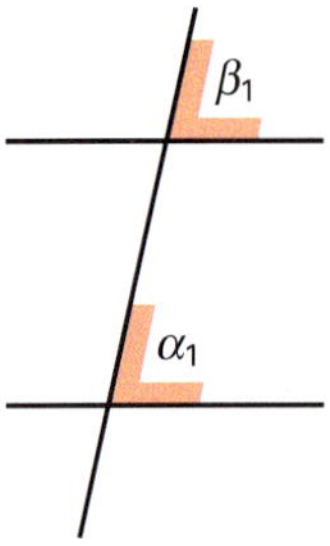

$\alpha_1 = \beta_1$

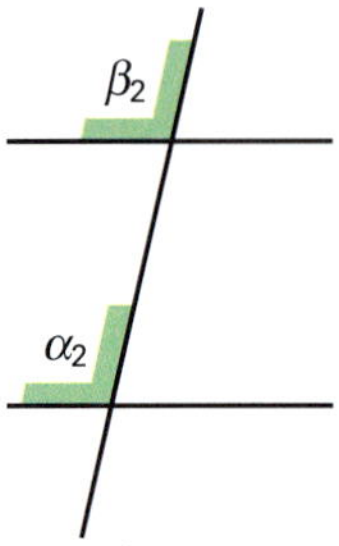

$\alpha_2 = \beta_2$

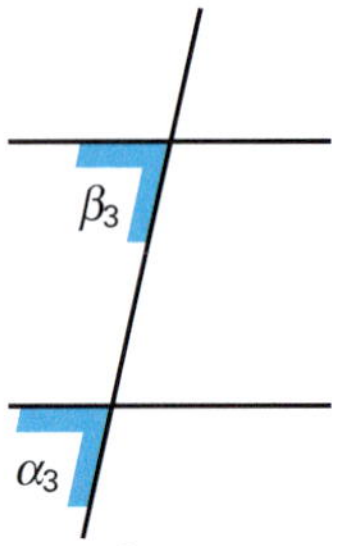

$\alpha_3 = \beta_3$

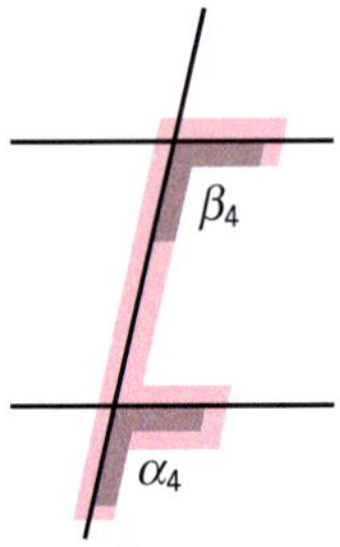

$\alpha_4 = \beta_4$

Wechselwinkel oder Z-Winkel

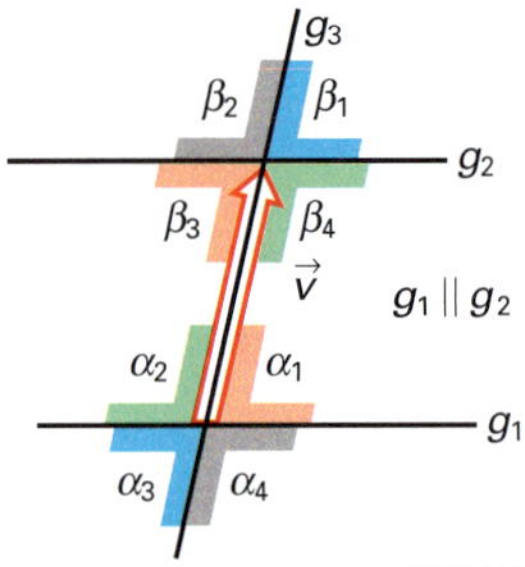

Bild 2

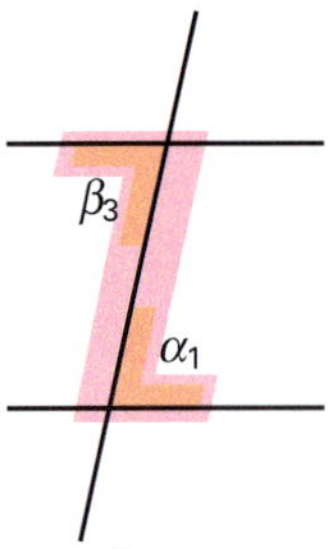

$\alpha_1 = \beta_3$

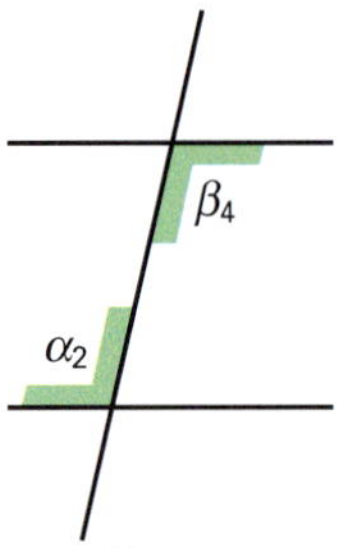

$\alpha_2 = \beta_4$

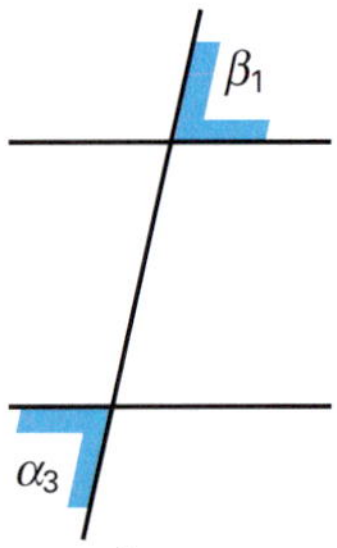

$\alpha_3 = \beta_1$

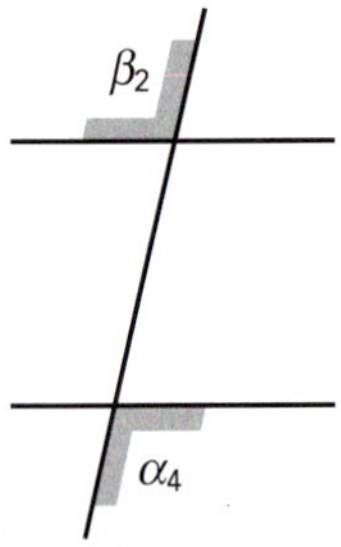

$\alpha_4 = \beta_2$

Mithilfe der maßgleichen Stufenwinkel können wir nun leicht zeigen, dass **Wechselwinkel** ebenfalls maßgleich sind.

Es gilt:

$\alpha_1 = \beta_1$	$\wedge$	$\beta_1 = \beta_3$		$\alpha_1 = \beta_3$
$\alpha_2 = \beta_2$	$\wedge$	$\beta_2 = \beta_4$		$\alpha_2 = \beta_4$
$\alpha_3 = \beta_3$	$\wedge$	$\beta_3 = \beta_1$	daraus folgt	$\alpha_3 = \beta_1$
$\alpha_4 = \beta_4$	$\wedge$	$\beta_4 = \beta_2$		$\alpha_4 = \beta_2$
Stufen-winkel		Scheitel-winkel		Wechsel-winkel

Zusammenfassend können wir feststellen:

Werden Parallelen von einer Geraden geschnitten, so sind entsprechende Stufenwinkel bzw. Wechselwinkel maßgleich.

Umgekehrt gilt auch:

Werden Geraden von einer weiteren Geraden geschnitten und sind dabei entsprechende Stufenwinkel bzw. Wechselwinkel maßgleich, so sind die Geraden parallel.

Ergänzungswinkel oder E-Winkel

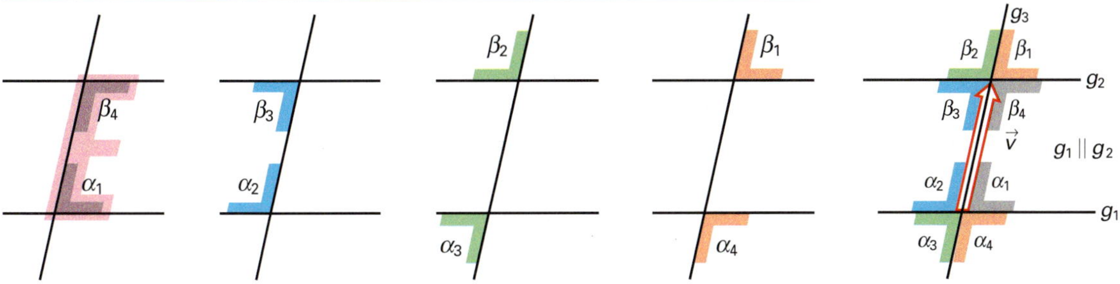

$\alpha_1 + \beta_4 = 180°$ $\alpha_2 + \beta_3 = 180°$ $\alpha_3 + \beta_2 = 180°$ $\alpha_4 + \beta_1 = 180°$ *Bild 1*

- Begründe mithilfe der obigen Bilder, dass sich die Maße der in Bild 1 mit gleichen Farben gekennzeichneten Winkel jeweils zu 180° ergänzen.

Werden Parallelen von einer Geraden geschnitten, so ergänzen sich die Maße entsprechender Ergänzungswinkel zu 180°.

Umgekehrt gilt auch:

Werden Geraden von einer weiteren Geraden geschnitten und ergänzen sich dabei die Maße entsprechender Ergänzungswinkel zu 180°, so sind die Geraden parallel.

Aufgaben

1 Berechne die Maße der benannten Winkel.

a)

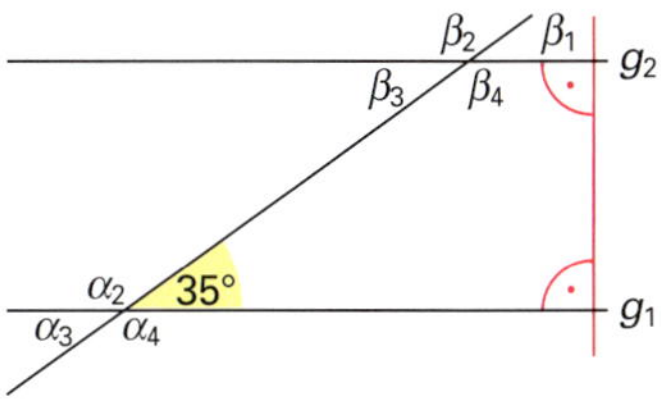

b)

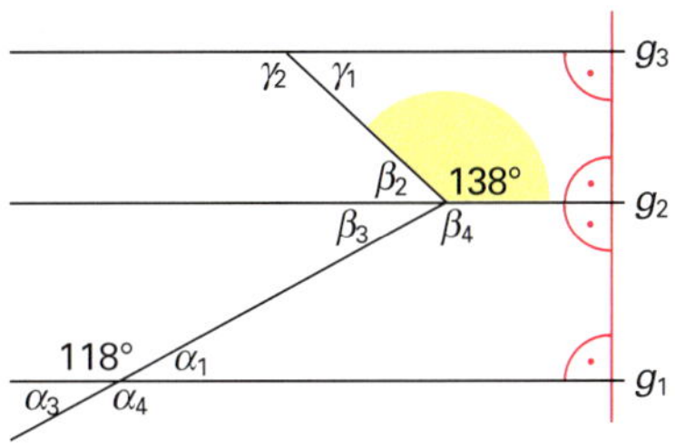

c)

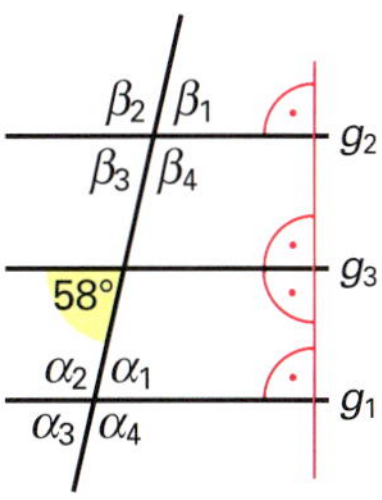

d)

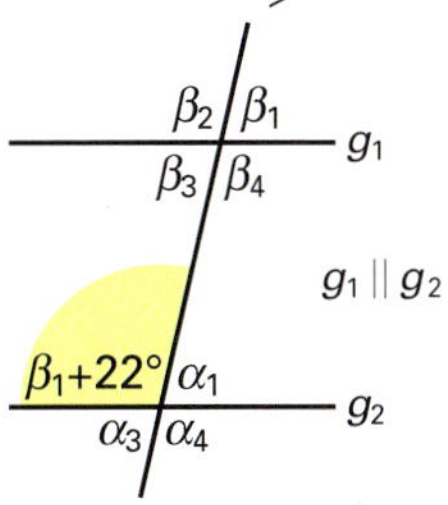

e)

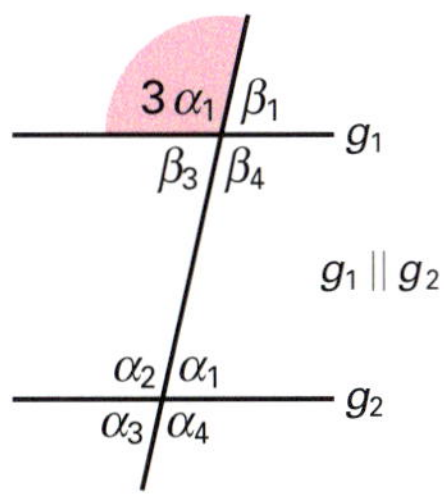

Aufgaben

2 Berechne die Maße der benannten Winkel.

a)

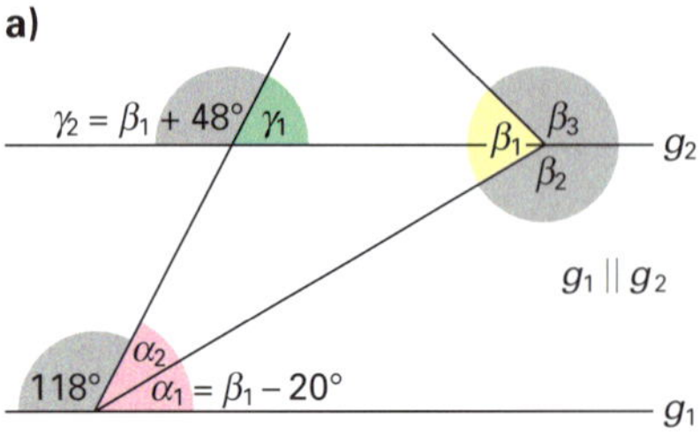

b)

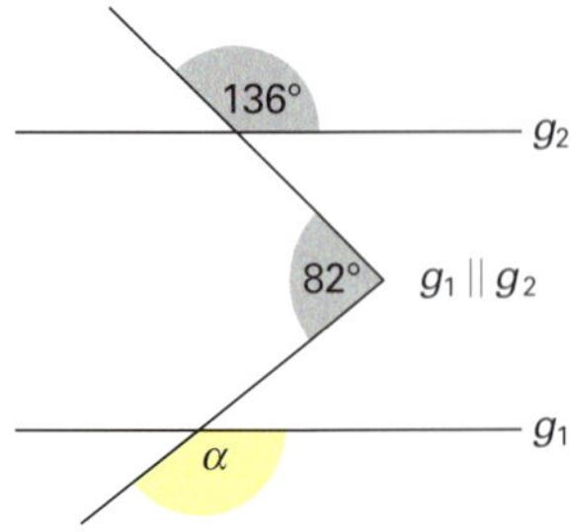

3.0 Ermittlung des Erdumfangs durch Eratosthenes

Der griechische Mathematiker Eratosthenes bestimmte um 230 v. Chr. als einer der Ersten den Erdumfang. Sein Ergebnis war bemerkenswert genau: Der Fehler betrug weniger als 1 %. Als Leiter der Bibliothek von Alexandria hatte Erathosthenes Zugang zu kalendarischen Aufzeichnungen. Er entdeckte darin, dass am Mittag eines bestimmten Tages im Jahr die Sonne über der Stadt Syene am Nil, dem heutigen Assuan, immer genau senkrecht stand. Als Folge davon warf dort ein senkrecht stehender Stab keinen Schatten. Zur gleichen Zeit hatte aber ein senkrecht stehender Stab in Alexandria einen Schatten. Als dieses Ereignis wieder eintrat, ermittelte Eratosthenes das Maß des Winkels, den die Sonnenstrahlen mit einem derartigen Stab einschlossen (siehe Bild 1).

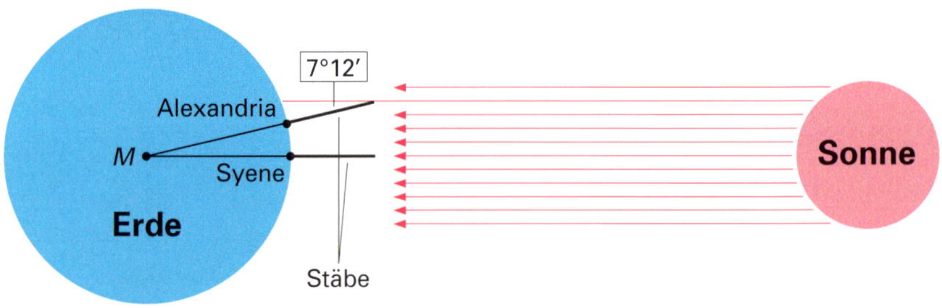

Bild 1 (maßstäblich verzerrt)

Die Messung ergab 7°12′ oder $\frac{1}{50} \cdot 360°$. Damit und mit der damals angenommenen Entfernung von 5 000 Stadien (≈ 794 km) zwischen Alexandria und Syene berechnete Eratosthenes den Erdumfang. Zusätzlich setzte er dabei noch voraus, dass die Sonnenstrahlen parallel zueinander verlaufen. Als Ergebnis erhielt er 250 000 Stadien, oder, wie wir heute sagen würden, 39 700 km.

3.1 Erkläre die Überlegungen des Eratosthenes anhand von Bild 1.

3.2 Stelle mithilfe von Nachschlagewerken Wissenswertes über den Mathematiker Eratosthenes und die altägyptische Stadt Alexandria zusammen.

Geografische Koordinaten auf der Erde

Um genaue Ortsangaben machen zu können, denkt man sich die Erdoberfläche mit einem Netz von Kreisen überzogen: den Breiten- und Längenkreisen.
Die Breitenkreise verlaufen auf der Erdoberfläche parallel zum Äquator, die Längenkreise verbinden Nordpol und Südpol und schneiden die Breitenkreise und den Äquator rechtwinklig. Sie werden auch Meridiane genannt (vgl. Bild 2).

Bild 1

Die Breitenkreise werden vom Äquator aus eingeteilt. Die geografische Breite wächst vom Äquator aus zum Nordpol und zum Südpol jeweils von 0° bis 90°. Die geografische Länge zählt man vom Nullmeridian aus östlich und westlich jeweils von 0° bis 180°. Der Nullmeridian ist der Längenkreis, der durch die Sternwarte im Londoner Stadtteil Greenwich verläuft (vgl. Bild 2).

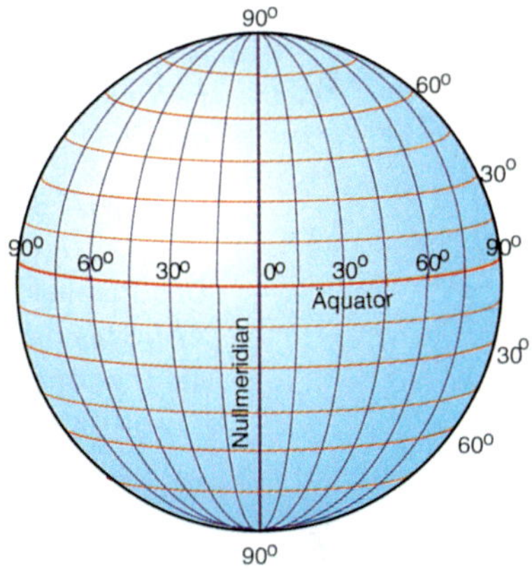

Bild 2

Jeder Punkt auf der Erde ist Schnittpunkt eines Breitenkreises und eines Längenkreises (vgl. Bild 3). Man kann daher jedem Ort eine geografische Breite und Länge zuweisen.
Berlin:
52° nördl. Breite, 13° östl. Länge,
New York:
41° nördl. Breite, 74° westl. Länge,
Rio de Janeiro:
23° südl. Breite, 43° westl. Länge.

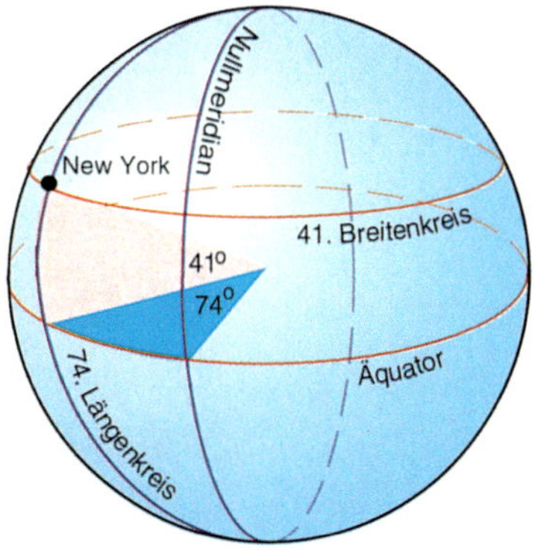

Bild 3

- Der Äquatorumfang der Erde beträgt rund 40 075 km, der Meridianumfang über die Pole rund 40 008 km. Wie lang ist der Abstand zweier um 1° verschiedener Breitenkreise, und wie lang ist der Abstand von Längengrad zu Längengrad am Äquator?

Rechteck und Parallelogramm

In den Bildern 1 und 2 wird jeweils die Strecke $[AB]$ durch Parallelverschiebung mit dem Vektor $\overrightarrow{AA'}$ auf die Strecke $[A'B']$ abgebildet. Das so entstandene Viereck $ABB'A'$ in Bild 1 ist ein Rechteck, das Viereck $ABB'A'$ in Bild 2 ist ein Parallelogramm.

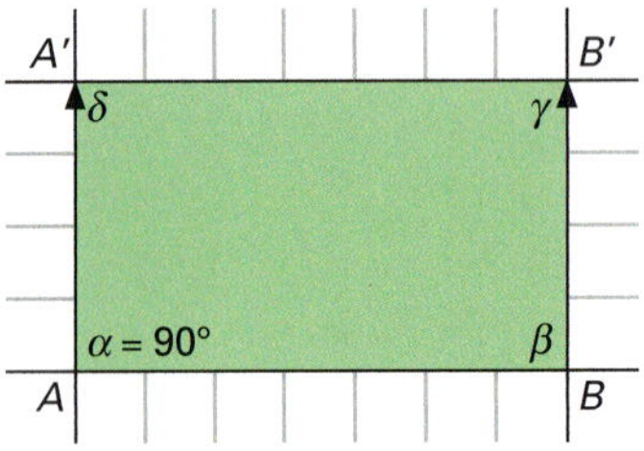

Bild 1

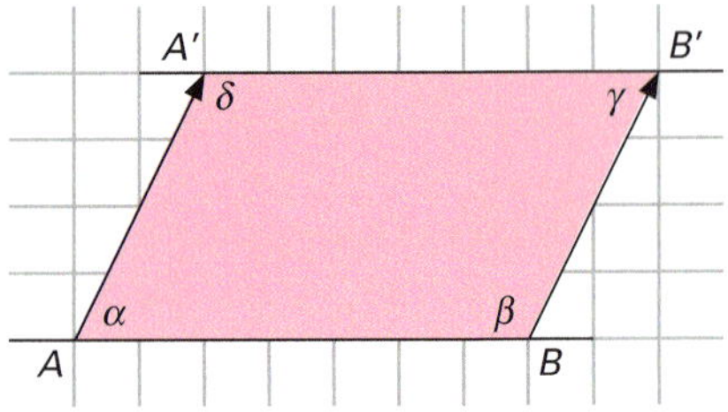

Bild 2

❶ Begründe, dass für das Rechteck $ABB'A'$ in Bild 1 und das Parallelogramm $ABB'A'$ in Bild 2 gleichermaßen gilt:
$[AB] \parallel [A'B']$ und $[AA'] \parallel [BB']$ sowie $\overline{AB} = \overline{A'B'}$ und $\overline{AA'} = \overline{BB'}$.

❷ An den Eckpunkten A, B, B' und A' des Rechtecks in Bild 1 und des Parallelogramms in Bild 2 treten F-Winkel, Z-Winkel und E-Winkel auf. Begründe damit, dass für die Winkel jeweils gilt:
$\alpha + \beta = 180°$; $\alpha + \delta = 180°$; $\beta + \gamma = 180°$; $\gamma + \delta = 180°$ und $\alpha = \gamma$; $\beta = \delta$.

Bild 3 und Bild 4 zeigen folgende Parallelverschiebungen:
1. Rechteck /Parallelogr. $AM_1SM_4 \xmapsto{\overrightarrow{AM_1}}$ Rechteck/Parallelogr. M_1BM_2S
2. Rechteck /Parallelogr. $ABM_2M_4 \xmapsto{\overrightarrow{BM_2}}$ Rechteck/Parallelogr. M_4M_2CD

Bild 3

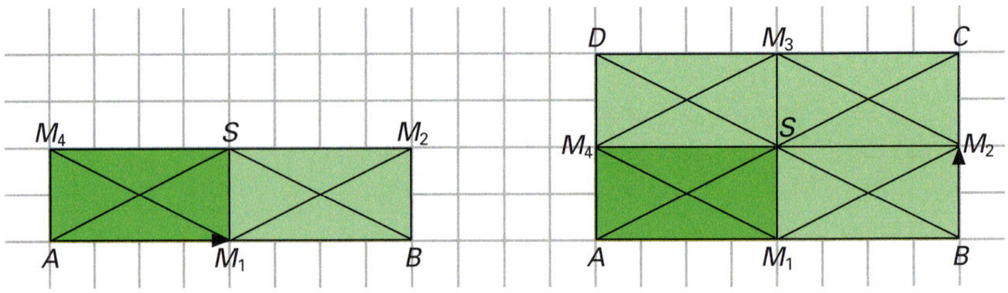

Bild 4

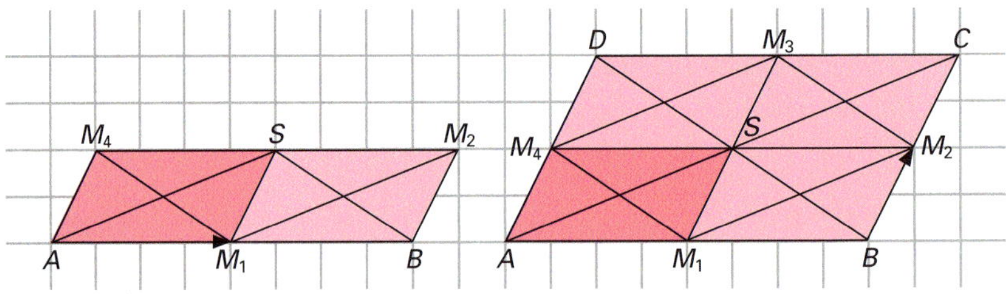

Man erkennt, dass sich im Rechteck $ABCD$ in Bild 3 und im Parallelogramm $ABCD$ in Bild 4 die Diagonalen $[AC]$ und $[BD]$ gegenseitig halbieren und dass die Mittelparallelen von zueinander parallelen Seiten durch den Diagonalenschnittpunkt S verlaufen.

❸ Begründe, dass die Vierecke $M_1M_2M_3M_4$ in Bild 3 und 4 Parallelogramme sind.

Zusammenfassend können wir feststellen:
In einem Rechteck und einem Parallelogramm
- sind die einander gegenüberliegenden Seiten parallel und gleich lang.
- sind die einander gegenüberliegenden Winkel maßgleich.
- ergänzen sich die Winkelmaße benachbarter Innenwinkel zu 180°.
- halbieren sich die Diagonalen gegenseitig.
- verlaufen die Mittelparallelen einander gegenüberliegender Seiten durch den Diagonalenschnittpunkt.

Aufgaben

1 Im Parallelogramm *ABCD* gilt: $\alpha = 32°$. Berechne β, γ und δ.

2 Zeichne ein Parallelogramm *ABCD*, dessen 8 cm lange Diagonale [*AC*] einen Winkel von 60° mit der 6 cm langen Diagonalen [*BD*] einschließt.

3 Ermittle die fehlenden Winkelmaße, sodass das Viereck *ABCD* ein Parallelogramm ist.

a)

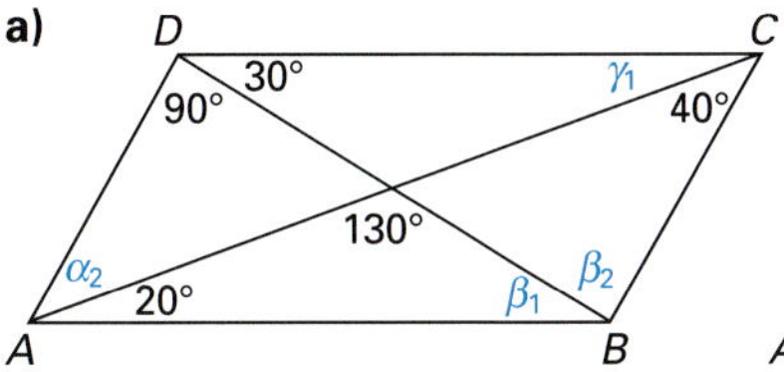

b)

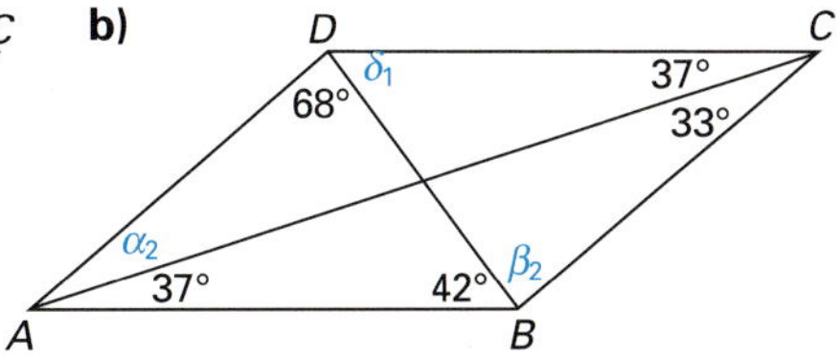

4 Im Viereck *ABCD* gilt: [*AB*] || [*DC*] und $\beta = \delta = 110°$. Begründe: Das Viereck *ABCD* ist ein Parallelogramm.

5 Dem Dreieck *ABC* mit $A(-4|-4)$, $B(6|0)$ und $C(0|8)$ soll ein Parallelogramm *PQRS* einbeschrieben werden. Die Seite [*PQ*] des Parallelogramms soll dabei 6 cm lang sein und mit der Seite [*AB*] des Dreiecks einen Winkel von 30° einschließen.

6 Im nachfolgenden Bild 1 wird das Parallelogramm $AT_1C_1S_1$ mehrfach mit den Vektoren $\overrightarrow{AT_1}$ und $\overrightarrow{AS_1}$ parallel verschoben. Das Bild 2 zeigt, wie man die daraus gewonnenen Erkenntnisse dazu verwenden kann, um die Strecke [*AB*] in drei gleich lange Teilstrecken zu teilen.

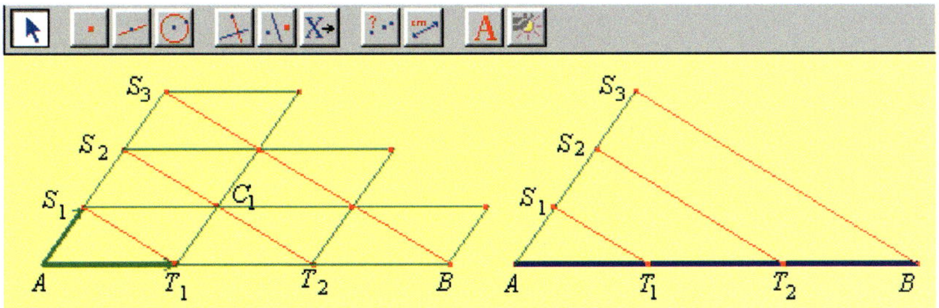

Bild 1 *Bild 2*

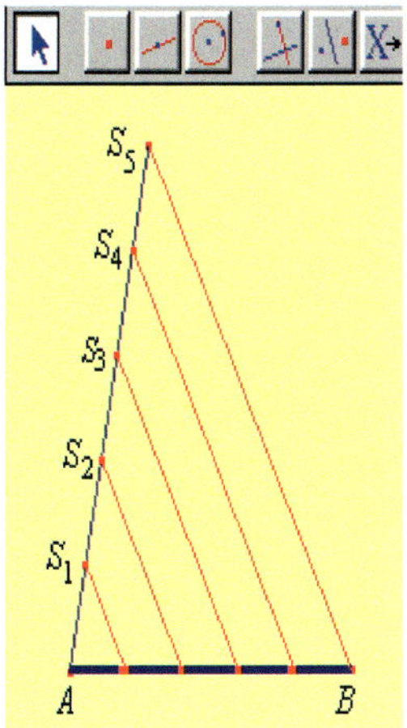

Bild 3

Teile auf die in Bild 2 gezeigte Weise eine Strecke von 12 cm Länge in sieben gleich lange Teile. Betrachte dazu auch Bild 3.

4.5 Summe der Innenwinkel im Dreieck, Viereck und Vieleck

Wenn wir stellvertretend für alle Dreiecke der Ebene die Winkelmaße α, β und γ der Innenwinkel der drei Dreiecke $A_1B_1C_1$, $A_2B_2C_2$ und $A_3B_3C_3$ in den Bildern 1a, 2a und 3a mit dem Geodreieck ermitteln und für jedes Dreieck die Summe $\alpha + \beta + \gamma$ bilden, so erhalten wir als Summenwert jeweils angenähert 180°. Die Bilder 1b, 2b und 3b veranschaulichen dieses Ergebnis. Wir haben dazu die drei Dreiecke aus Papier ausgeschnitten, jeweils zwei Ecken abgetrennt und zur dritten hinzugefügt. Wie man sieht, bilden die drei Innenwinkel jedes Dreiecks zusammen mehr oder weniger genau einen gestreckten Winkel.

Messergebnisse:

$\triangle A_1B_1C_1$:
$\alpha_1 \approx 61{,}0°$
$\beta_1 \approx 29{,}2°$
$\gamma_1 = 90°$
$\alpha_1 + \beta_1 + \gamma_1 \approx 180{,}2°$

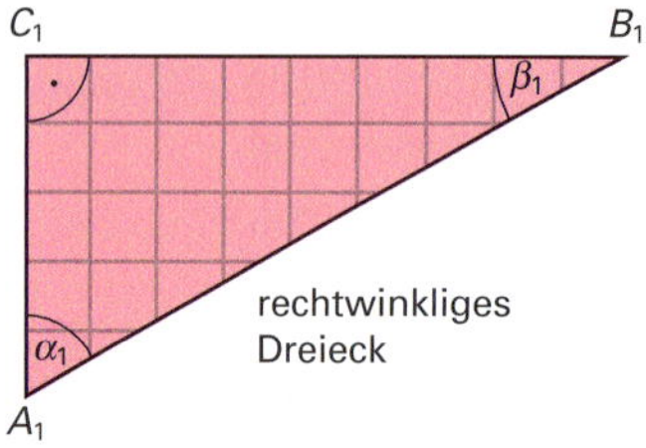

Bild 1a

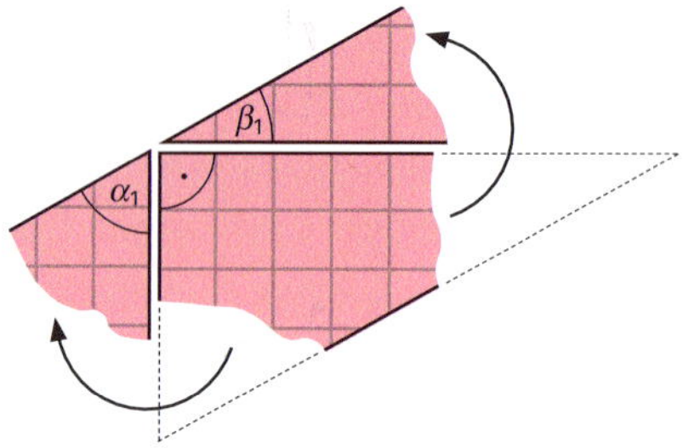

Bild 1b

Messergebnisse:

$\triangle A_2B_2C_2$:
$\alpha_2 \approx 69{,}5°$
$\beta_2 \approx 53{,}0°$
$\gamma_2 \approx 57{,}6°$
$\alpha_2 + \beta_2 + \gamma_2 \approx 180{,}1°$

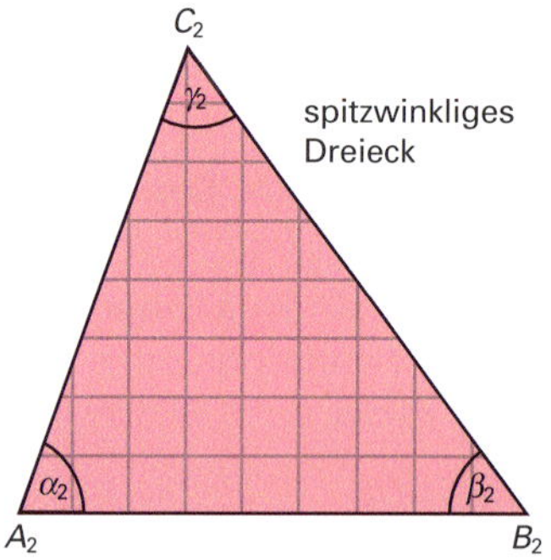

Bild 2a

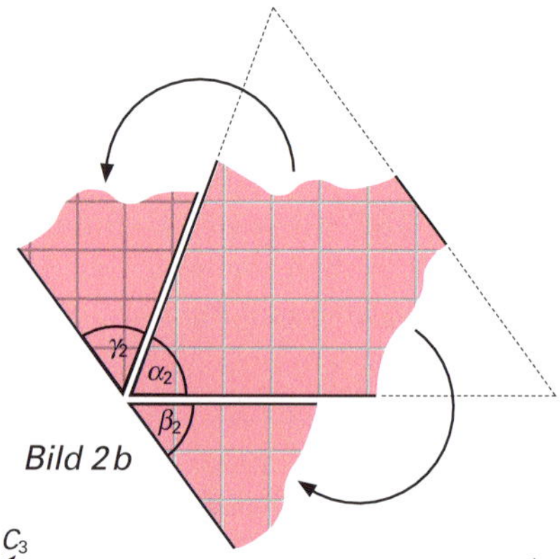

Bild 2b

Messergebnisse:

$\triangle A_3B_3C_3$:
$\alpha_3 \approx 28{,}9°$
$\beta_3 \approx 116{,}2°$
$\gamma_3 \approx 35{,}2°$
$\alpha_3 + \beta_3 + \gamma_3 \approx 180{,}3°$

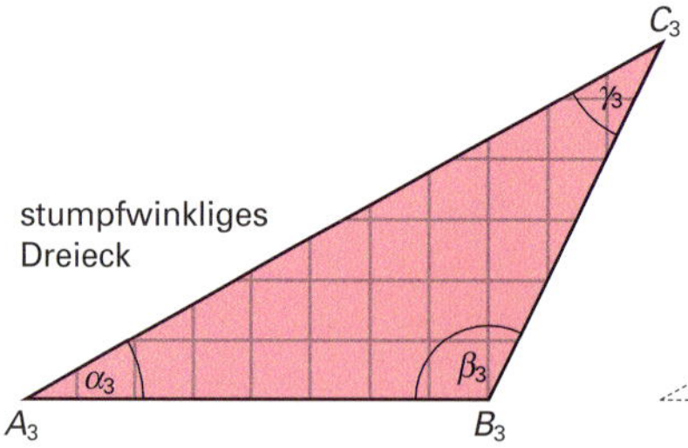

Bild 3a

Bild 3b

- Schneide Dreiecke wie in den Bildern 1a, 2a und 3a aus Papier aus, miss ihre Innenwinkel, berechne jeweils $\alpha + \beta + \gamma$ und klebe jeweils die Winkelsumme wie in den Bildern 1b, 2b sowie 3b in dein Heft.

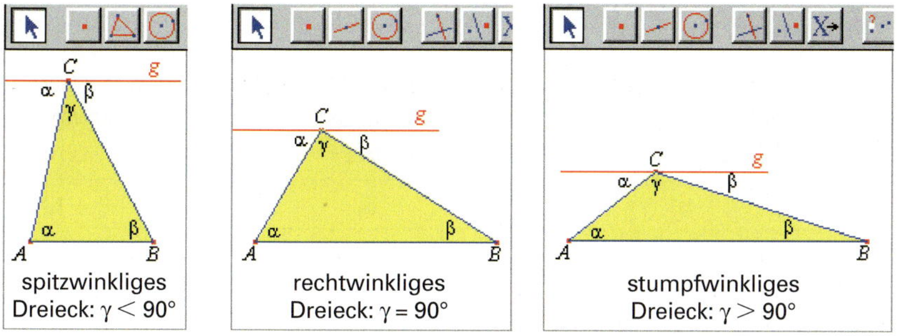

Bilder 1–3

Wird durch den Eckpunkt C eines Dreiecks die Parallele g zur Gegenseite $[AB]$ gezogen, so entsteht bei C ein gestreckter Winkel, der durch die Dreiecksseiten $[AC]$ und $[BC]$ in drei Teilwinkel zerlegt wird. Dabei entstehen maßgleiche Z-Winkel zu $\sphericalangle BAC$ und $\sphericalangle CBA$. Folglich gilt: $\alpha + \beta + \gamma = 180°$. Wir erhalten als Ergebnis:

In jedem Dreieck beträgt die Winkelsumme der drei Innenwinkel 180°.

Jedes Viereck wird durch eine Diagonale in zwei Teildreiecke zerlegt (vgl. die Bilder 4 und 5). Für die Summe der Winkelmaße der Innenwinkel gilt also: $2 \cdot 180° = 360°$.

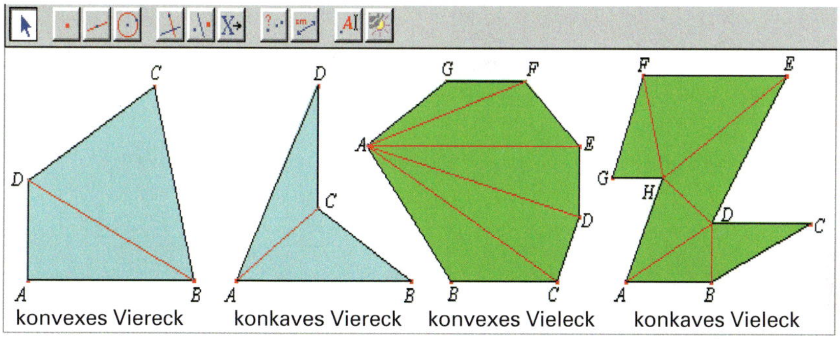

Bilder 4–7

In jedem Viereck beträgt die Winkelsumme der Innenwinkel 360°.

Nach der Anzahl n der Eckpunkte wird ein Vieleck auch als n-Eck bezeichnet. Wenn man in ein n-Eck alle sich nicht schneidenden Diagonalen einzeichnet, wird es dadurch in $n - 2$ Dreiecke zerlegt (vgl. die Bilder 6 und 7). Damit gilt für die Summe der Maße der Innenwinkel: $(n - 2) \cdot 180°$.

In jedem n-Eck beträgt die Winkelsumme der Innenwinkel $(n - 2) \cdot 180°$.

❶ Wie groß sind die Winkel im gleichseitigen Dreieck?

❷ Begründe: Im rechtwinkligen Dreieck sind die Winkel neben dem rechten Winkel spitze Winkel.

❸ Zeige, dass das Dreieck ABC in Bild 8 rechtwinklig sein muss.

❹ Wie viele stumpfe Winkel können ein Dreieck, ein Viereck oder ein Sechseck höchstens besitzen?

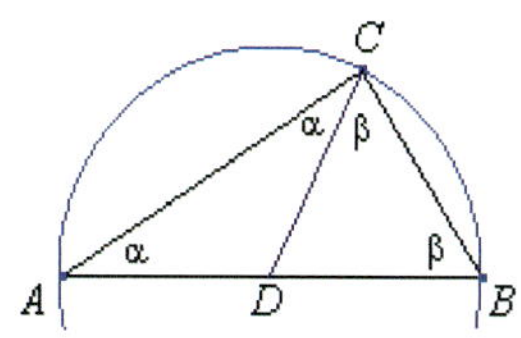

Bild 8

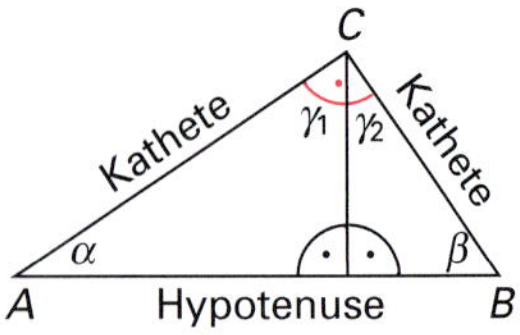

Bild 1

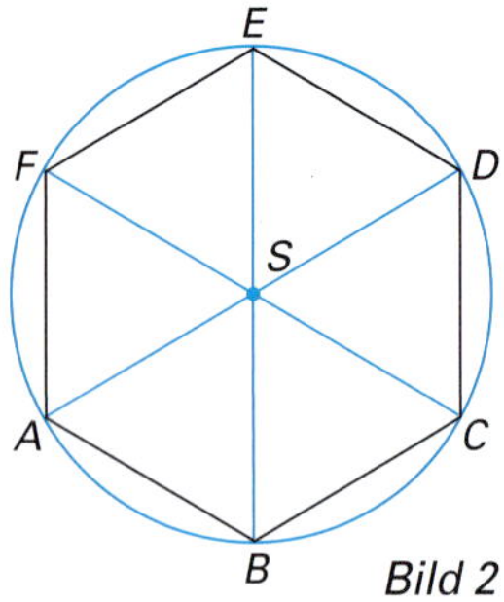

Bild 2

Aufgaben

1 Berechne, wenn möglich, die in den Spalten a) bis h) fehlenden Innenwinkelmaße von Dreiecken und gib an, welche Dreiecksform (spitzwinklig, stumpfwinklig, rechtwinklig, gleichschenklig) jeweils vorliegt.

	a)	b)	c)	d)	e)	f)	g)	h)
α	24°	92°	136°20′	?	60°	80°	45°	60°
β	72°	?	?	60°	?	80°	?	?
γ	?	95°	14°10′	120°	60°	?	90°	30°

2 Ermittle die fehlenden Winkel im rechtwinkligen Dreieck *ABC* in Bild 1 zunächst für $\alpha = 30°$ und dann, wenn die Katheten gleich lang sind.

3 Das Sechseck in Bild 2 wird vom Punkt *S* aus in Dreiecke zerlegt. Berechne mit dieser Zerlegung die Summe der Innenwinkel.

4 Ermittle die fehlenden Winkelmaße.

a)

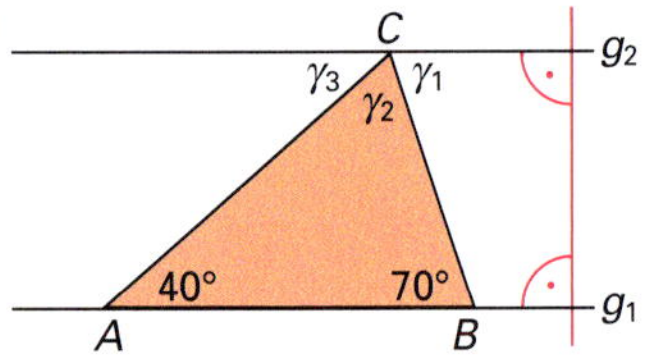

b)

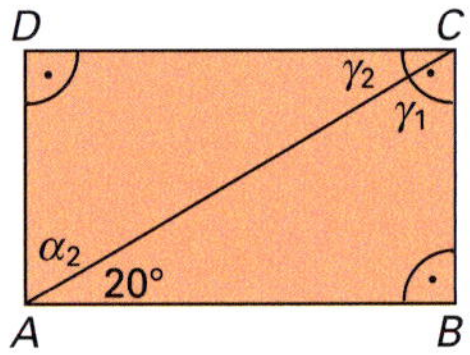

c)

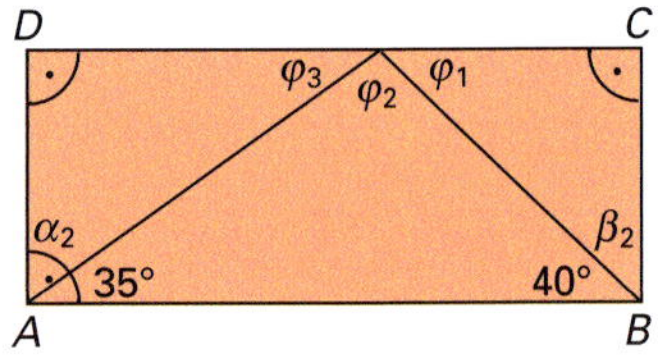

5 Prüfe, ob die Vierecke zueinander parallele Seiten besitzen.

a)

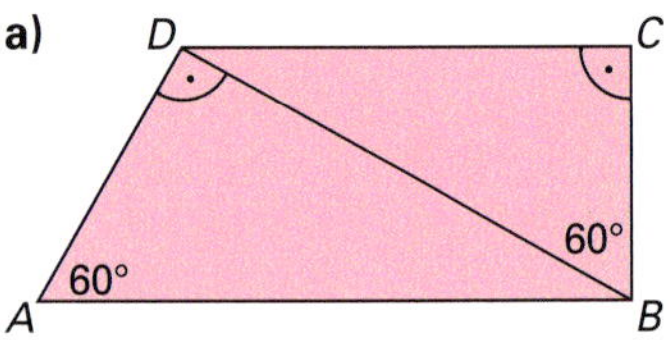

b)

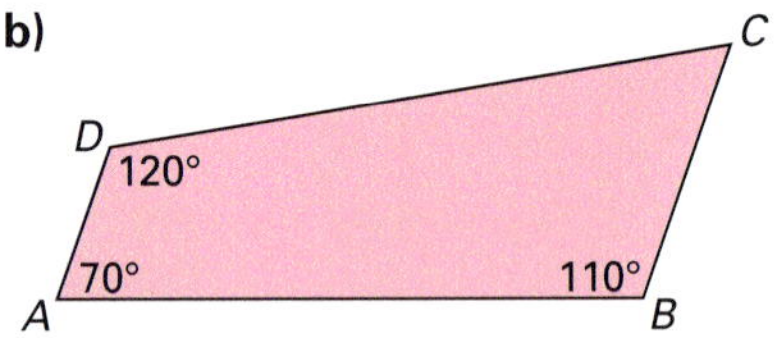

c)

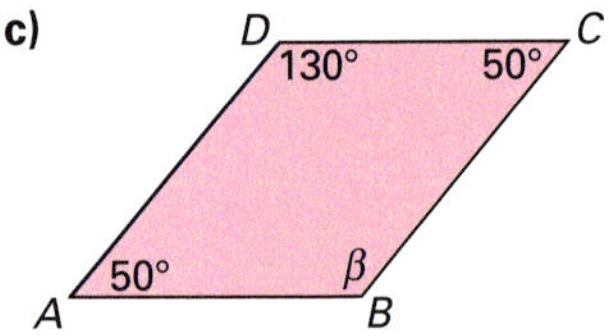

6 Berechne die fehlenden Winkelmaße.

a)

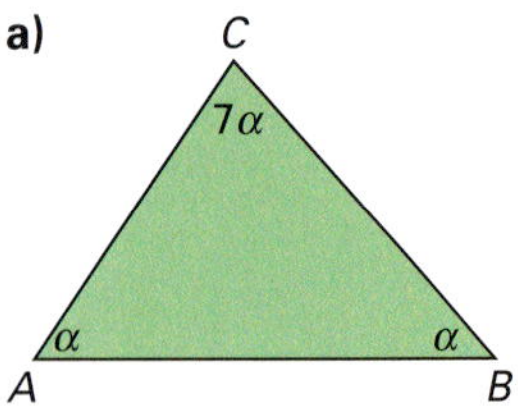

b)

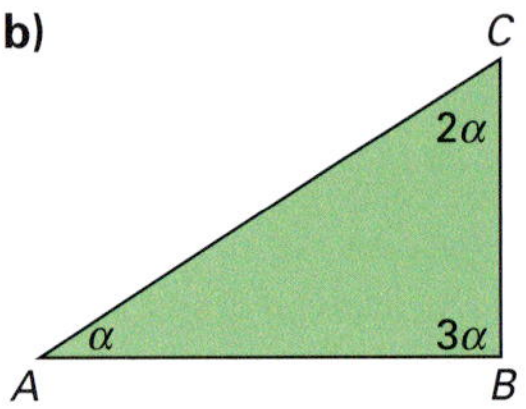

c)

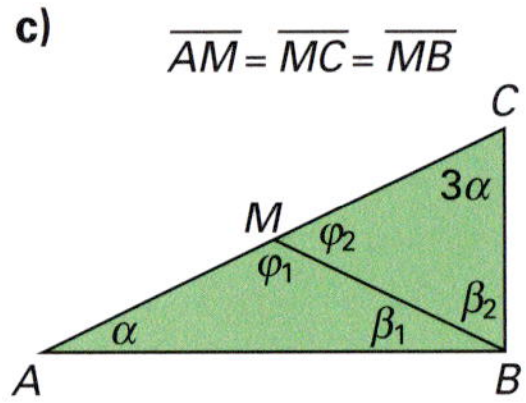

d)

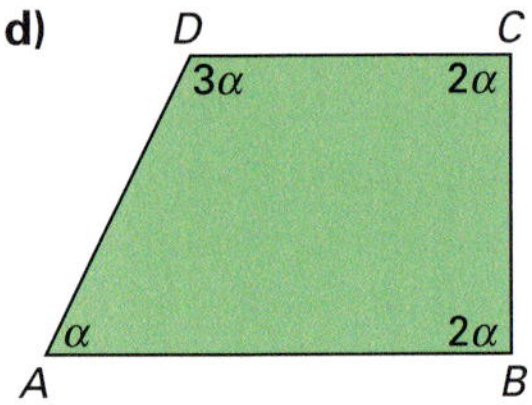

7 Begründe:
Bei **a)** gilt:
$\alpha = \beta$.
Bei **b)** gilt:
$\alpha + \gamma = 180°$.

a)

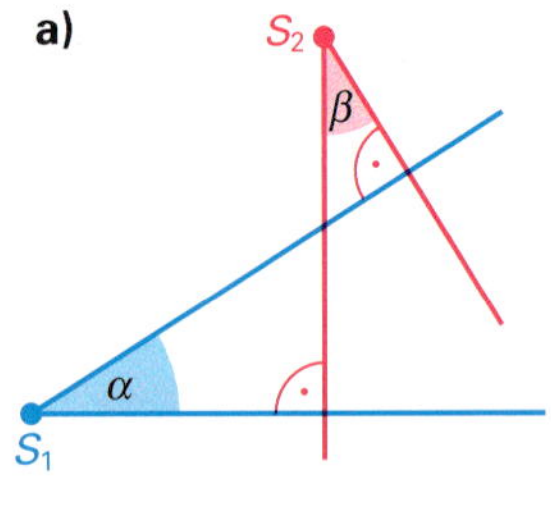

b)

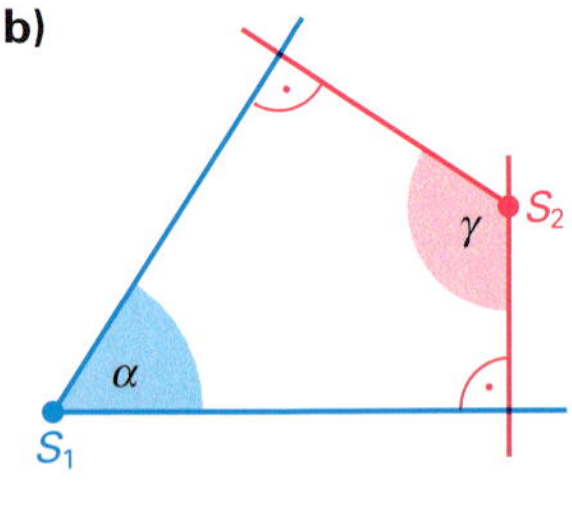

Außenwinkel am Dreieck

❶ Ermittle die fehlenden Winkelmaße.

a)

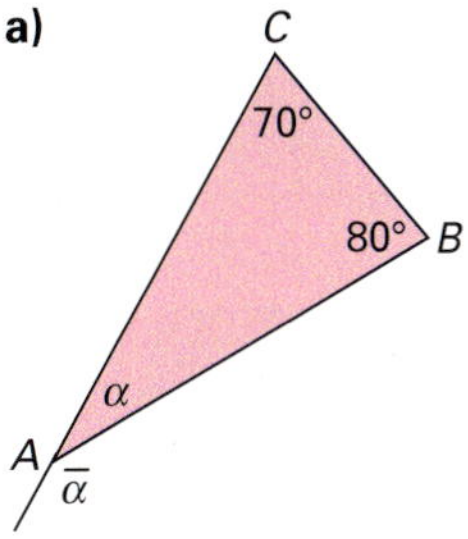

b)

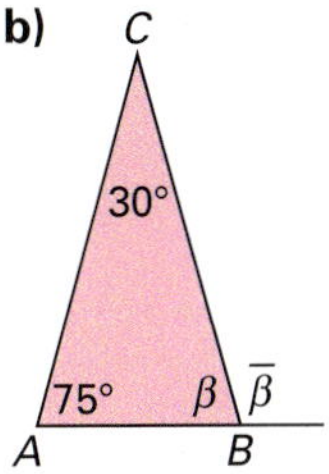

c)

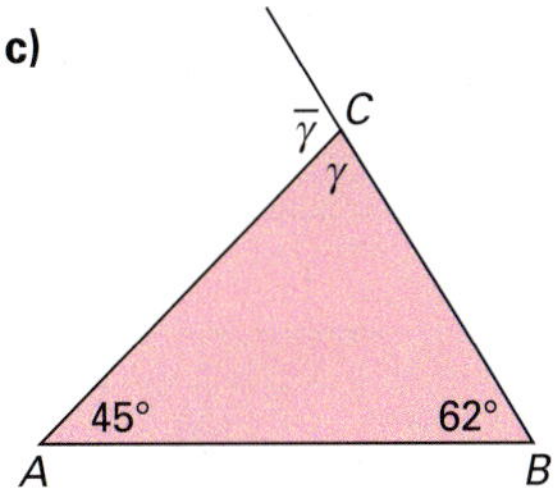

In den Aufgaben a), b) und c) sind die Winkel mit den Winkelmaßen $\overline{\alpha}$, $\overline{\beta}$ und $\overline{\gamma}$ Außenwinkel.

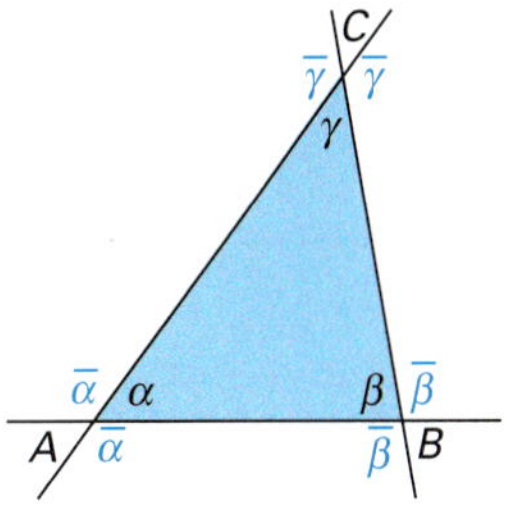

Bild 1

Beachte:
Ein Nebenwinkel eines Dreiecksinnenwinkels heißt **Außenwinkel** des Dreiecks.

❷ Begründe, dass für alle Dreiecke folgende Beziehungen zwischen den Winkelmaßen der Außenwinkel und den Winkelmaßen der Innenwinkel gelten (vgl. Bild 1): $\overline{\alpha} = \beta + \gamma \wedge \overline{\beta} = \alpha + \gamma \wedge \overline{\gamma} = \alpha + \beta$.

Anleitung: Es gilt: $\alpha + \boxed{\overline{\alpha}} = 180°$ und $\alpha + \boxed{\beta + \gamma} = 180°$

Außenwinkelsatz:
Das Winkelmaß eines Außenwinkels am Dreieck ist gleich der Summe der Winkelmaße der beiden dem Außenwinkel nicht anliegenden Innenwinkel.

Aufgaben

1 Ermittle die fehlenden Winkelmaße.

a)

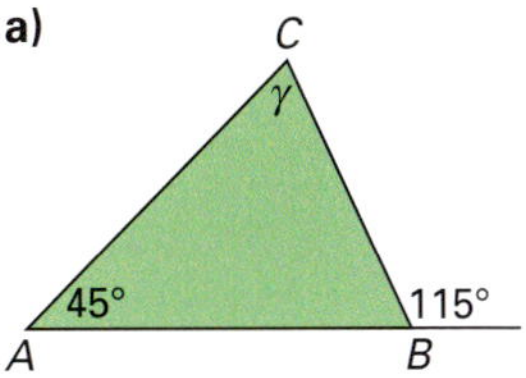

b)

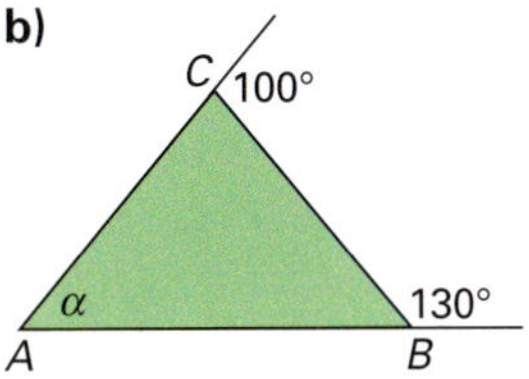

c)

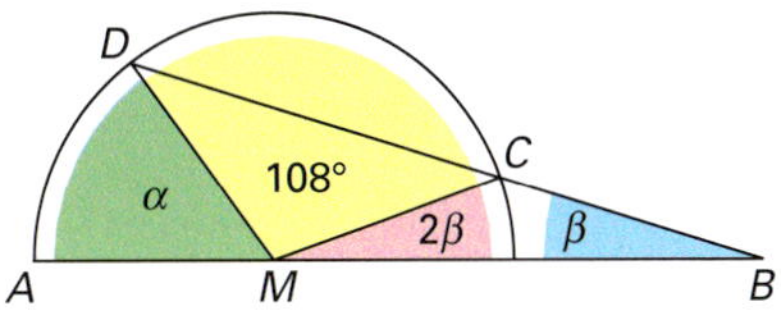

2 Zeige, dass im Dreieck ABC in Bild 2 gilt: $\varphi > \gamma$.

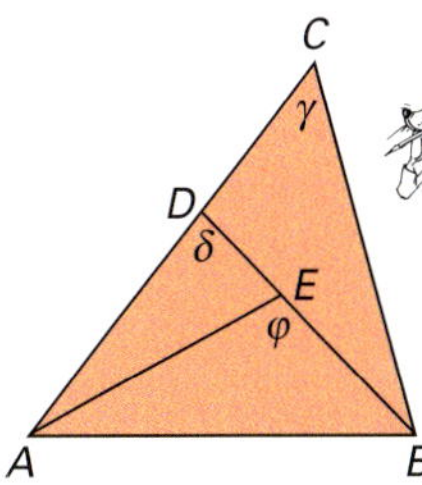

Bild 2

3.1 Zeichne das Dreieck ABC mit $A(1|1)$, $B(5|1)$, $C(7|7)$ und den Punkt $S(3|5)$ in ein Koordinatensystem und begründe zunächst, dass $\sphericalangle BAC = 45°$ gilt. (Platzbedarf: $-1 \leqq x \leqq +9$; $-1 \leqq y \leqq +8$)

3.2 Fälle von S aus die Lote l_1 auf AB, l_2 auf AC und l_3 auf BC. Es gilt: $l_1 \cap AC = \{D\}$, $l_1 \cap AB = \{E\}$, $l_2 \cap BC = \{F\}$, $l_2 \cap AB = \{G\}$, $l_3 \cap AC = \{H\}$.
Begründe sodann, dass $\sphericalangle DSH = \sphericalangle GBF$ gilt und berechne für $\sphericalangle CBA = 108{,}43°$ die Maße der Winkel EDC, GFC, BFG und FGB.
[Teilergebnis: $\sphericalangle GFC = 116{,}57°$]

4.6 Verknüpfung von Parallelverschiebungen – Rechnen mit Vektoren

Verknüpfung von Parallelverschiebungen

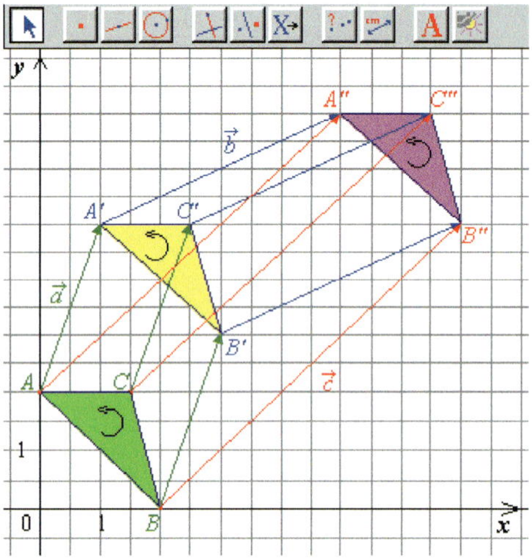

Bild 1

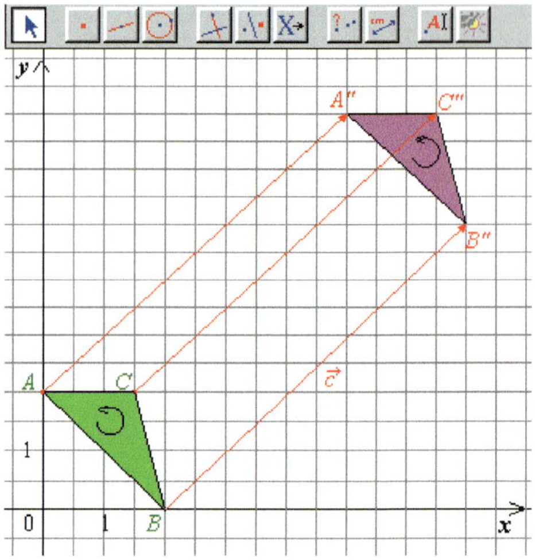

Bild 2

Das Dreieck ABC in Bild 1 wird zunächst mit dem Vektor $\vec{a} = \begin{pmatrix}1\\3\end{pmatrix}$ auf das Dreieck $A'B'C'$ und dieses dann mit dem Vektor $\vec{b} = \begin{pmatrix}4\\2\end{pmatrix}$ auf das Dreieck $A''B''C''$ abgebildet: $\triangle ABC \xmapsto{\vec{a}} \triangle A'B'C' \xmapsto{\vec{b}} \triangle A''B''C''$.

Wie Bild 1 und 2 zeigen, kann man die hintereinander ausgeführten Parallelverschiebungen mit den Vektoren $\vec{a}$ und $\vec{b}$ durch eine Parallelverschiebung mit dem Vektor $\vec{c} = \begin{pmatrix}5\\5\end{pmatrix}$ ersetzen: $\triangle ABC \xmapsto{\vec{c}} \triangle A''B''C''$.

❶ Begründe mithilfe der Satzgruppe der Parallelverschiebung, dass die Strecken $[AA'']$, $[BB'']$, $[CC'']$ gleich lang und zueinander parallel sind und dass einander entsprechende Innenwinkel der Dreiecke ABC und $A''B''C''$ maßgleich sind.

Wir können allgemein festhalten:

Jede Verknüpfung von Parallelverschiebungen ist wieder eine Parallelverschiebung.

Platzbedarf:
$-5 \leqq x \leqq +6$;
$-5 \leqq y \leqq +6$

❷ Gegeben sind die Vektoren $\vec{v_1} = \begin{pmatrix}+4\\0\end{pmatrix}$, $\vec{v_2} = \begin{pmatrix}-1\\+3\end{pmatrix}$, $\vec{v_3} = \begin{pmatrix}-3\\+1\end{pmatrix}$, $\vec{v_4} = \begin{pmatrix}+4\\-4\end{pmatrix}$, $\vec{v_5} = \begin{pmatrix}-7\\-3\end{pmatrix}$ und der Kreis $k(M(0|0);\ r = 1\text{ cm})$. Führe im Koordinatensystem folgende Abbildungen durch: $k \xmapsto{\vec{v_1}} k_1 \xmapsto{\vec{v_2}} k_2 \xmapsto{\vec{v_3}} k_3 \xmapsto{\vec{v_4}} k_4 \xmapsto{\vec{v_5}} k_5$.
Welche Kreise fallen zusammen? Gib den Vektor $\vec{s}$ zu der Abbildung an, die alle fünf Abbildungen ersetzt und durch die der Kreis k direkt auf den Kreis k_5 abgebildet wird.

Vektoraddition

Beim Hintereinanderausführen von Parallelverschiebungen werden die zugehörigen Vektoren wie in Bild 1 verknüpft. Der Pfeil $\overrightarrow{AA''}$ ist der Repräsentant des Vektors $\vec{c}$ der Gesamtabbildung. Er bildet mit den Pfeilen $\overrightarrow{AA'} \in \vec{a}$ und $\overrightarrow{A'A''} \in \vec{b}$ der Teilabbildungen eine **Pfeilkette**. Bezüglich der Vektoren $\vec{a}$, $\vec{b}$ und $\vec{c}$ spricht man auch von einer **Vektorkette**. Der Hintereinanderausführung der Parallelverschiebungen mit den Vektoren $\vec{a}$ und $\vec{b}$ entspricht die Addition der Vektoren $\vec{a}$ und $\vec{b}$. Der Vektor $\vec{c}$ der Gesamtabbildung heißt **Summenvektor** (vgl. Bild 1).

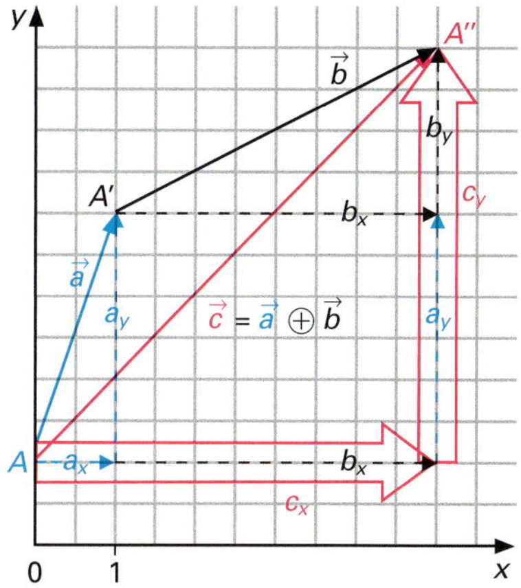

Bild 1

Man schreibt: $\vec{a} \oplus \vec{b} = \vec{c}$

Wie wir in Bild 1 anhand der Zahlenpfeile erkennen können, werden bei der Addition der Vektoren $\vec{a}$ und $\vec{b}$ die einander entsprechenden Vektorkoordinaten a_x und b_x sowie a_y und b_y addiert:

$$\begin{pmatrix} a_x \\ a_y \end{pmatrix} \oplus \begin{pmatrix} b_x \\ b_y \end{pmatrix} = \begin{pmatrix} a_x + b_x \\ a_y + b_y \end{pmatrix}$$

Vektoren werden addiert, indem man ihre einander entsprechenden Koordinaten addiert.

Beispiele

In Bild 1 auf der vorhergehenden Seite gilt: $\begin{pmatrix} 1 \\ 3 \end{pmatrix} \oplus \begin{pmatrix} 4 \\ 2 \end{pmatrix} = \begin{pmatrix} 1+4 \\ 3+2 \end{pmatrix}; \vec{c} = \begin{pmatrix} 5 \\ 5 \end{pmatrix}$

Koordinaten des Summenvektors $\vec{s}$ auf der vorhergehenden Seite:

$$\begin{pmatrix} +4 \\ 0 \end{pmatrix} \oplus \begin{pmatrix} -1 \\ +3 \end{pmatrix} \oplus \begin{pmatrix} -3 \\ +1 \end{pmatrix} \oplus \begin{pmatrix} +4 \\ -4 \end{pmatrix} \oplus \begin{pmatrix} -7 \\ -3 \end{pmatrix} = \begin{pmatrix} +4 -1 -3 +4 -7 \\ 0 +3 +1 -4 -3 \end{pmatrix}; \vec{s} = \begin{pmatrix} -3 \\ -3 \end{pmatrix}$$

Aufgaben

1 Berechne die Koordinaten des Summenvektors.

a) $\vec{a} = \begin{pmatrix} +4 \\ -7 \end{pmatrix} \oplus \begin{pmatrix} -11 \\ +15 \end{pmatrix}$ **b)** $\vec{b} = \begin{pmatrix} -2{,}2 \\ -4{,}8 \end{pmatrix} \oplus \begin{pmatrix} +1{,}2 \\ -2{,}2 \end{pmatrix}$ **c)** $\vec{c} = -\begin{pmatrix} -5 \\ +6 \end{pmatrix} \oplus \begin{pmatrix} 8 \\ 2 \end{pmatrix} \oplus \begin{pmatrix} -9 \\ -9 \end{pmatrix}$

2 Berechne die Vektorkoordinaten $x \in \mathbb{Q}$ und $y \in \mathbb{Q}$.

a) $\begin{pmatrix} -7 \\ +9 \end{pmatrix} = \begin{pmatrix} x \\ y \end{pmatrix} \oplus \begin{pmatrix} 2{,}5 \\ 5{,}5 \end{pmatrix}$ **b)** $\begin{pmatrix} -15 \\ +11 \end{pmatrix} = \begin{pmatrix} -x \\ 5 \end{pmatrix} \oplus \begin{pmatrix} -2x \\ +3y \end{pmatrix}$ **c)** $\begin{pmatrix} x \\ y \end{pmatrix} = \begin{pmatrix} 2x \\ 3 \end{pmatrix} \oplus \begin{pmatrix} -4 \\ 3y \end{pmatrix}$

3 Gegeben: $\vec{v_1} = \begin{pmatrix} -4 \\ +3 \end{pmatrix}$, $\vec{v_2} = \begin{pmatrix} +7 \\ -9 \end{pmatrix}$, $\vec{v_3} = -\begin{pmatrix} +4 \\ -5 \end{pmatrix}$, $\vec{v_4} = -\begin{pmatrix} -1 \\ -1 \end{pmatrix}$ und der Punkt $P(2|3)$. Der Punkt P wird mit den Vektoren $\vec{s_1} = \vec{v_1}$, $\vec{s_2} = \vec{v_1} \oplus \vec{v_2}$ und $\vec{s_3} = \vec{v_1} \oplus \vec{v_2} \oplus \vec{v_3}$ sowie mit $\vec{s_4} = \vec{v_1} \oplus \vec{v_2} \oplus \vec{v_3} \oplus \vec{v_4}$ parallel verschoben. Gib die Koordinaten der Verschiebungsvektoren $\vec{s_1}$, $\vec{s_2}$, $\vec{s_3}$, $\vec{s_4}$ an und zeichne P und die Bildpunkte P_1, P_2, P_3, P_4 in ein Koordinatensystem.

Platzbedarf:
$-3 \leqq x \leqq +6$
$-4 \leqq y \leqq +7$

Aufgaben

4.0 Bei der Addition von Vektoren gelten das **Kommutativgesetz** und das **Assoziativgesetz**:

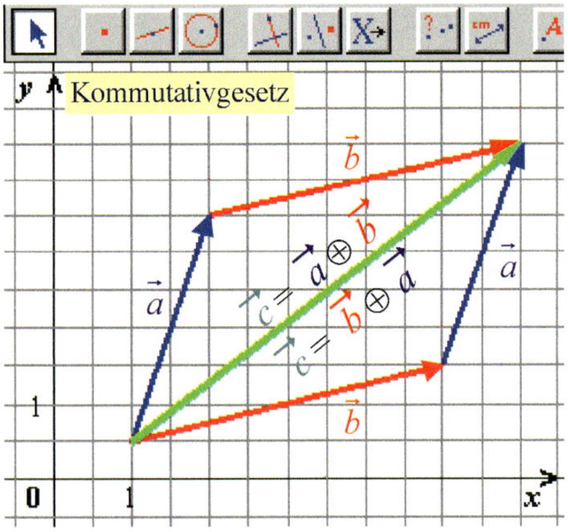

Bild 1

Es gilt: $\vec{a} \oplus \vec{b} = \vec{b} \oplus \vec{a}$

Bild 2
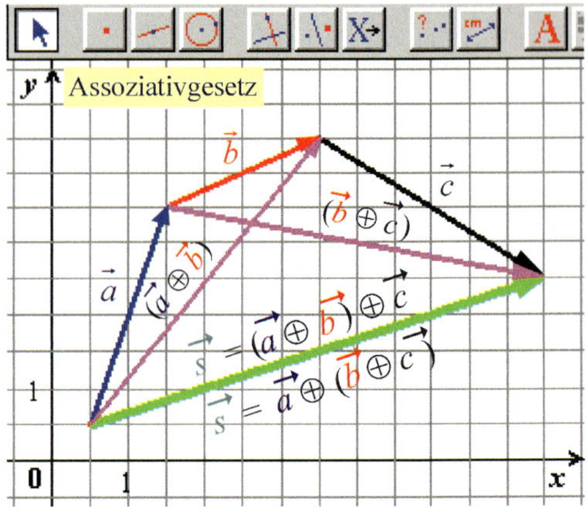

Es gilt: $(\vec{a} \oplus \vec{b}) \oplus \vec{c} = \vec{a} \oplus (\vec{b} \oplus \vec{c})$

4.1 In Bild 1 gilt $\vec{a} = \begin{pmatrix}1\\3\end{pmatrix}$ und $\vec{b} = \begin{pmatrix}4\\1\end{pmatrix}$. Berechne die Koordinaten des Vektors $\vec{c}$ aus $\vec{c} = \begin{pmatrix}1\\3\end{pmatrix} \oplus \begin{pmatrix}4\\1\end{pmatrix}$ und $\vec{c} = \begin{pmatrix}4\\1\end{pmatrix} \oplus \begin{pmatrix}1\\3\end{pmatrix}$.

4.2 In Bild 2 gilt $\vec{a} = \begin{pmatrix}1\\3\end{pmatrix}$, $\vec{b} = \begin{pmatrix}2\\1\end{pmatrix}$ und $\vec{c} = \begin{pmatrix}+3\\-2\end{pmatrix}$. Berechne die Koordinaten des Vektors $\vec{s}$ aus $\vec{s} = (\vec{a} \oplus \vec{b}) \oplus \vec{c}$ und $\vec{s} = \vec{a} \oplus (\vec{b} \oplus \vec{c})$.

Berechnung von Koordinaten

Koordinaten von Punkten und Vektoren können wir mithilfe von **Pfeilketten** berechnen.

1. Beispiel

Vom Dreieck ABC in Bild 3 sind $A(-0{,}5\,|\,2{,}5)$, $\overrightarrow{AB} = \begin{pmatrix}+2\\-1\end{pmatrix}$ und $\overrightarrow{AC} = \begin{pmatrix}1{,}5\\2\end{pmatrix}$ gegeben. Die Koordinaten der Eckpunkte B und C sind gesucht.

Lösung:

Für die **Pfeilkette** aus $\overrightarrow{OB}$, $\overrightarrow{OA}$ und $\overrightarrow{AB}$ gilt: $\overrightarrow{OB} = \overrightarrow{OA} \oplus \overrightarrow{AB}$ und somit

$\begin{pmatrix}x\\y\end{pmatrix} = \begin{pmatrix}-0{,}5\\+2{,}5\end{pmatrix} \oplus \begin{pmatrix}+2\\-1\end{pmatrix} \Leftrightarrow \begin{pmatrix}x\\y\end{pmatrix} = \begin{pmatrix}-0{,}5+2\\+2{,}5-1\end{pmatrix} \Leftrightarrow \begin{pmatrix}x\\y\end{pmatrix} = \begin{pmatrix}1{,}5\\1{,}5\end{pmatrix}$ mit $x, y \in \mathbb{Q}$

Die Koordinaten des Pfeils $\overrightarrow{OB} = \begin{pmatrix}x\\y\end{pmatrix} = \begin{pmatrix}1{,}5\\1{,}5\end{pmatrix}$ sind zugleich die Koordinaten des Punktes B: $B(1{,}5\,|\,1{,}5)$. $\overrightarrow{OB}$ heißt **Ortspfeil** des Punktes B.

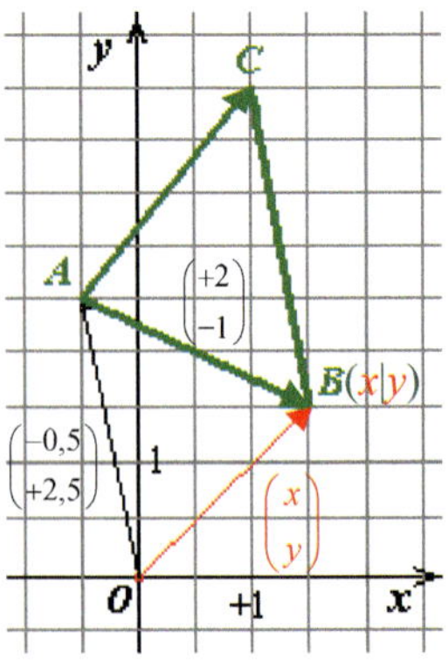
Bild 3

- Berechne in gleicher Weise die Koordinaten des Eckpunktes C.

2. Beispiel

Die Punkte $O(0|0)$, $P(2|2{,}5)$, $Q(1|5)$ sind Eckpunkte des Parallelogramms $OPQR$ in Bild 1. Die Koordinaten des Eckpunktes $R(x|y)$ sind gesucht.

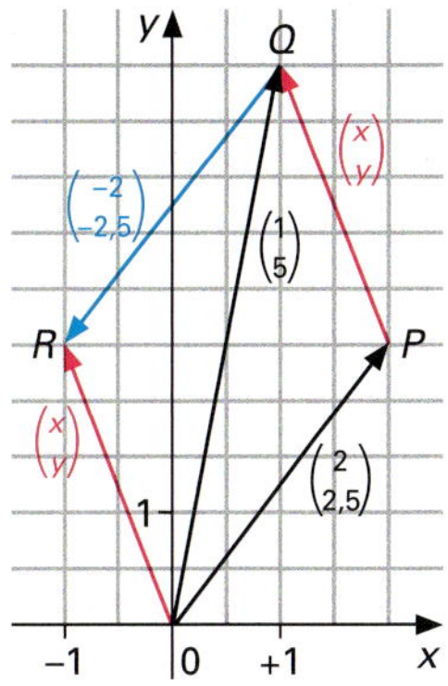

Bild 1

Lösung:

- Entnimm dem Bild 1 eine Pfeilkette wie im ersten Beispiel und berechne die Koordinaten x und y.

Da $\overrightarrow{OR}$ und $\overrightarrow{PQ}$ dieselben Koordinaten besitzen, ergibt sich folgende noch einfachere Lösung:

$$\begin{pmatrix} x \\ y \end{pmatrix} = \begin{pmatrix} 1-2 \\ 5-2{,}5 \end{pmatrix} \Leftrightarrow \begin{pmatrix} x \\ y \end{pmatrix} = \begin{pmatrix} -1 \\ 2{,}5 \end{pmatrix} \text{ mit } x, y \in \mathbb{Q}$$

Koordinaten des Eckpunktes R: $R(-1|2{,}5)$

> Merke:
>
> (Spitze minus Fuß)

3. Beispiel

Die **Koordinaten des Mittelpunktes** M der Strecke $[AB]$ mit $A(1|1)$ und $B(3|4)$ in Bild 2 sind zu berechnen.

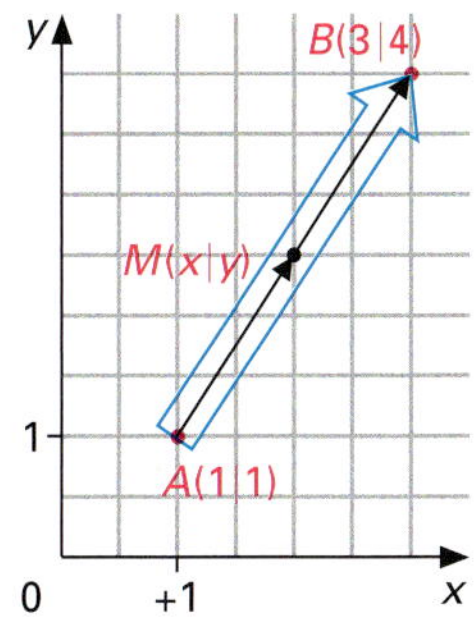

Bild 2

Lösung:

$$\overrightarrow{AM} \oplus \overrightarrow{AM} = \overrightarrow{AB}$$

$$\begin{pmatrix} x-1 \\ y-1 \end{pmatrix} \oplus \begin{pmatrix} x-1 \\ y-1 \end{pmatrix} = \begin{pmatrix} 3-1 \\ 4-1 \end{pmatrix} \Leftrightarrow \begin{pmatrix} 2x-2 \\ 2y-2 \end{pmatrix} = \begin{pmatrix} 2 \\ 3 \end{pmatrix} \text{ mit } x, y \in \mathbb{Q}$$

Die Koordinaten von M erhält man daraus wie folgt:

$\mathbb{G} = \mathbb{Q}$	$2x - 2 = 2$	$2y - 2 = 3$	$\mathbb{G} = \mathbb{Q}$
	$\Leftrightarrow\ x = 2$	$\Leftrightarrow\ y = 2{,}5$	

$M(2|2{,}5)$

Aufgaben

1 Berechne die Koordinaten des Punktes P:

a) $A(2|4)$; $\overrightarrow{AP} = \begin{pmatrix} -4 \\ +3 \end{pmatrix}$ **b)** $B(-3|-4)$; $\overrightarrow{BP} = \begin{pmatrix} 3 \\ 7 \end{pmatrix}$ **c)** $C(4|5)$; $\overrightarrow{PC} = \begin{pmatrix} -4 \\ -9 \end{pmatrix}$

d) $D(-2|2)$; $\overrightarrow{DP} = \begin{pmatrix} -3 \\ 5 \end{pmatrix}$ **e)** $E(4{,}5|-11)$; $\overrightarrow{EP_1} = \begin{pmatrix} -3{,}5 \\ +12 \end{pmatrix}$ und $\overrightarrow{P_2E} = \begin{pmatrix} +4 \\ -5 \end{pmatrix}$

2 Ermittle den Vektor $\begin{pmatrix} x \\ y \end{pmatrix}$ aus:

a) $\begin{pmatrix} -4 \\ -2 \end{pmatrix} \oplus \begin{pmatrix} 8 \\ 3 \end{pmatrix} = \begin{pmatrix} x \\ y \end{pmatrix}$ **b)** $\begin{pmatrix} 3{,}5 \\ 4 \end{pmatrix} \oplus \begin{pmatrix} x \\ y \end{pmatrix} = \begin{pmatrix} -7 \\ +5 \end{pmatrix}$ **c)** $\begin{pmatrix} 7 \\ 6 \end{pmatrix} \oplus \begin{pmatrix} x-3 \\ y-4 \end{pmatrix} = \begin{pmatrix} -4-x \\ +5-y \end{pmatrix}$

3 Von einem Parallelogramm $ABCD$ sind die Koordinaten folgender Punkte gegeben. Fertige eine Zeichnung an und berechne die Koordinaten des fehlenden Eckpunkts und des Mittelpunktes der Diagonalen $[BD]$.

a) $A(-5|+3)$, $B(+2|+1)$, $D(0|+4)$ **b)** $A(-2|-4)$, $B(+2|-1)$, $C(0|+3{,}5)$
[Teilergebnis von **b)**: $D(-4|+0{,}5)$]

Platzbedarf:
a) $-6 \leqq x \leqq +8$
$-1 \leqq y \leqq +5$
b) $-5 \leqq x \leqq +3$
$-5 \leqq y \leqq +5$

Aufgaben

Platzbedarf: $0 \leqq x \leqq +9$, $0 \leqq y \leqq +9$

4 Bilde das Dreieck ABC mit $A(0|2)$, $B(3|0)$ und $C(2|2)$ mit $\vec{v_1} = \begin{pmatrix}3\\2\end{pmatrix}$ und $\vec{v_2} = \begin{pmatrix}2\\4\end{pmatrix}$ wie folgt ab: $\triangle ABC \xmapsto{\vec{v_1}} \triangle A'B'C' \xmapsto{\vec{v_2}} \triangle A''B''C''$.
Berechne die Koordinaten der Punkte A'', B'' und C''.
Begründe sodann: $\triangle ABC \xmapsto{\vec{v_2}} \triangle A_0B_0C_0 \xmapsto{\vec{v_1}} \triangle A''B''C''$.

Platzbedarf: $-7 \leqq x \leqq +6$, $-6 \leqq y \leqq +4$

5 Ein Dreieck ABC wurde durch Parallelverschiebung auf ein Bilddreieck $A'B'C'$ abgebildet. Die Koordinaten folgender Punkte sind noch bekannt: $A(-6|-1)$, $B'(5|-4)$, $C'(2|-1)$, $M(-2|-0{,}5)$. M ist der Mittelpunkt der Seite [AB]. Fertige eine Zeichnung an und berechne die Koordinaten der fehlenden Punkte. [Teilergebnis: $B(2|0)$]

Platzbedarf: $-2 \leqq x \leqq +6$, $0 \leqq y \leqq +6$

6 Von einem Parallelogramm $ABCD$ sind die Eckpunkte $A(1|1)$, $B(5|2)$ und der Schnittpunkt $M(2|3)$ der Diagonalen gegeben. Fertige eine Zeichnung an und berechne die Koordinaten der Eckpunkte C und D.

7 Der Kreis um $M(5|3{,}5)$ verläuft durch den Punkt $A(2|5)$. Berechne die Koordinaten des Punktes B, sodass [AB] Mittelsehne des Kreises ist.

8 Zeichne die Strecken in ein Koordinatensystem und berechne die Koordinaten ihres Mittelpunktes.

a) [AB]: $A(-4|+5)$; $B(+2|+3)$
b) [PQ]: $P(+1|-5)$; $Q(+3|+4)$
c) [CD]: $C(0|+3)$; $D(+4|0)$
d) [RS]: $R(-2{,}5|-4)$; $S(+5|+4)$

Platzbedarf: $-2 \leqq x \leqq +5$, $0 \leqq y \leqq +8$

9 Zeichne das Viereck $ABCD$ mit $A(-1|2)$, $B(3|4)$, $C(4|7)$, $D(0|5)$ in ein Koordinatensystem. Zeige, dass $\overrightarrow{AB} = \overrightarrow{DC}$ und $\overrightarrow{AD} = \overrightarrow{BC}$ gilt und das Viereck $ABCD$ somit ein Parallelogramm ist. Bestätige dann durch Rechnung, dass sich die Diagonalen des Parallelogramms gegenseitig halbieren.

Platzbedarf: $-5 \leqq x \leqq +8$, $-6 \leqq y \leqq +5$

10 Zeichne das Viereck $ABCD$ mit $A(-4|-3)$, $B(1|-5)$, $C(7|2)$, $D(3|4)$ in ein Koordinatensystem und zeige rechnerisch, dass die Seitenmitten E, F, G, H Eckpunkte eines Parallelogramms sind. Berechne die Koordinaten des Diagonalenschnittpunktes M des Parallelogramms $EFGH$.

Platzbedarf: $-5 \leqq x \leqq +7$, $-4 \leqq y \leqq +7$

11 Der Punkt $P(-4{,}2|-3{,}7)$ wird mit $\vec{u} = \begin{pmatrix}1{,}4\\6{,}1\end{pmatrix}$, $\vec{v} = \begin{pmatrix}6{,}5\\3{,}9\end{pmatrix}$, $\vec{w} = \begin{pmatrix}+2{,}8\\-4{,}3\end{pmatrix}$ und $\vec{s}$ wie folgt abgebildet: $P \xmapsto{\vec{u}} Q \xmapsto{\vec{v}} R \xmapsto{\vec{w}} S$ und $P \xmapsto{\vec{s}} S$. Die Koordinaten von Q, R, S und $\vec{s}$ können mit einem Programm zur Tabellenkalkulation am Computer berechnet werden:

	A	B	C	D	E	F	G	H
1	$\overrightarrow{OP}$	$\vec{u}$	$\overrightarrow{OQ}$	$\vec{v}$	$\overrightarrow{OR}$	$\vec{w}$	$\overrightarrow{OS}$	$\vec{s}$
2	−4,2	1,4	−2,8	6,5	3,7	2,8	6,5	10,7
3	−3,7	6,1	2,4	3,9	6,3	−4,3	2	5,7

Führe die Abbildungen im Koordinatensystem durch und erkläre den Rechengang. Berechne dann ebenso die Koordinaten von Q, R, S und $\vec{s}$ für $P(-3{,}5|-2{,}7)$, $\vec{u} = \begin{pmatrix}5{,}2\\4{,}8\end{pmatrix}$, $\vec{v} = \begin{pmatrix}-2{,}3\\+4{,}5\end{pmatrix}$, und $\vec{w} = \begin{pmatrix}+3{,}6\\-5{,}6\end{pmatrix}$ mit dem Computer.

Eine kleine Sternkunde

- Berechne die Winkelmaße α und β des regelmäßigen fünfzackigen Sterns in Bild 1.

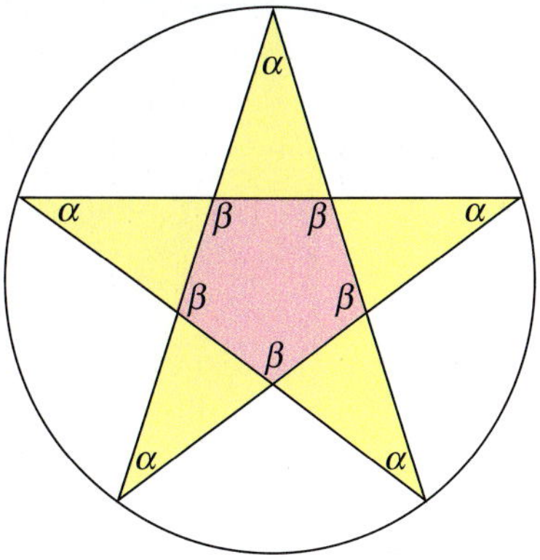

Bild 1

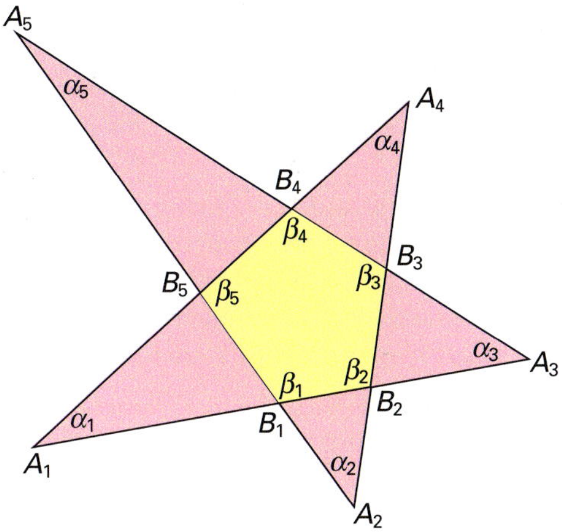

Bild 2

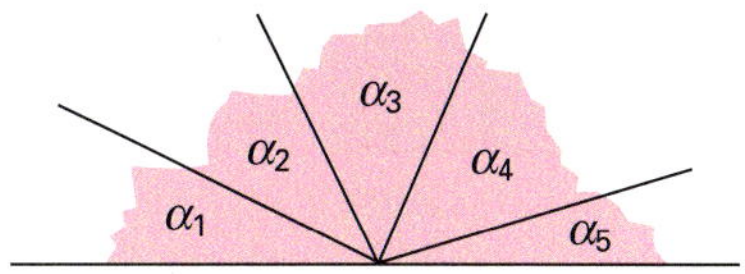

Bild 3

Schneidet man einen beliebigen unregelmäßigen fünfzackigen Stern wie in Bild 2 aus Papier aus, trennt die Zacken ab und setzt sie wie in Bild 3 zusammen, so drängt sich die Vermutung auf, dass die Summe der Winkelmaße α_1, α_2, α_3, α_4, α_5 wie beim regelmäßigen fünfzackigen Stern 180° beträgt.

❶ Zeichne zwei beliebige unregelmäßige fünfzackige Sterne auf ein Blatt Papier, schneide sie aus, und überprüfe die Vermutung.

❷ Die Vermutung kannst du leicht beweisen.
Bilde dazu zunächst die Summe aus den Winkelmaßen der fünf Vierecke $A_1B_2B_3B_4$, $A_2B_3B_4B_5$, $A_3B_4B_5B_1$, $A_4B_5B_1B_2$ und $A_5B_1B_2B_3$ in Bild 2. Wie du weißt, messen die Winkel der fünf Vierecke zusammen 1800° (= 5 · 360°).

Jetzt brauchst du nur noch die Summanden geschickt nach gesuchten und bekannten Teilsummen zusammenzufassen (Kommutativgesetz und Assoziativgesetz!).

5 Abbildung durch Drehung

Bild 1

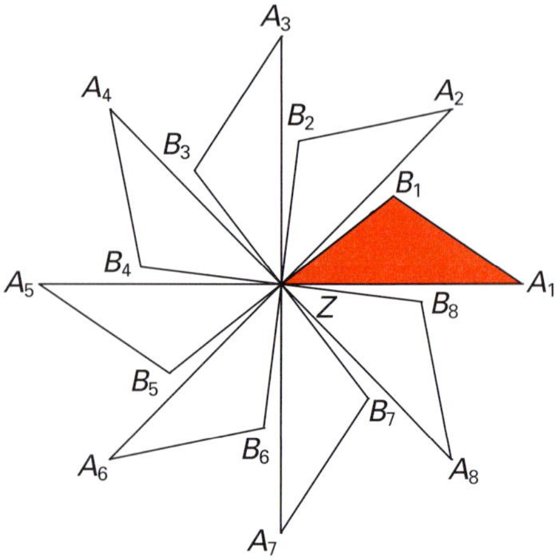

Bild 2

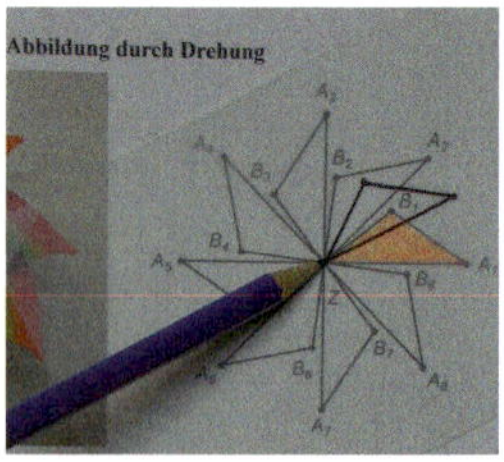

Bild 3

❶ Lege ein Blatt durchscheinendes Papier auf die Zeichnung in Bild 2 und zeichne das Dreieck ZA_1B_1 auf dem Blatt nach. Fixiere nun das Blatt mit einem Bleistift in dem allen Dreiecken gemeinsamen Punkt Z. Versuche wie in Bild 3 das nachgezeichnete Dreieck der Reihe nach mit den Dreiecken ZA_2B_2 bis ZA_8B_8 zur Deckung zu bringen. Was kannst du über die acht Dreiecke aussagen?

❷ Auf welchen Linien bewegen sich die Punkte A_1 und B_1? Begründe deine Beobachtung.

❸ Miss in Bild 2 jeweils die Winkel A_1ZA_2 und B_1ZB_2, A_1ZA_3 und B_1ZB_3, usw. bis A_1ZA_8 und B_1ZB_8. Was stellst du fest? Begründe deine Beobachtung anhand von Bild 4.

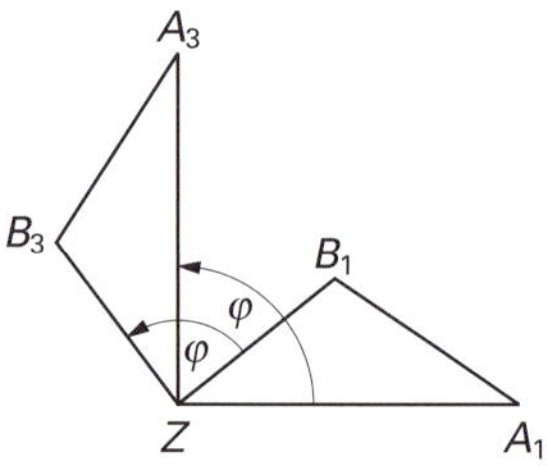

Bild 4

Diese neue Abbildung heißt **Drehung**. Der Punkt Z ist das **Drehzentrum**, φ ist der **Drehwinkel**.

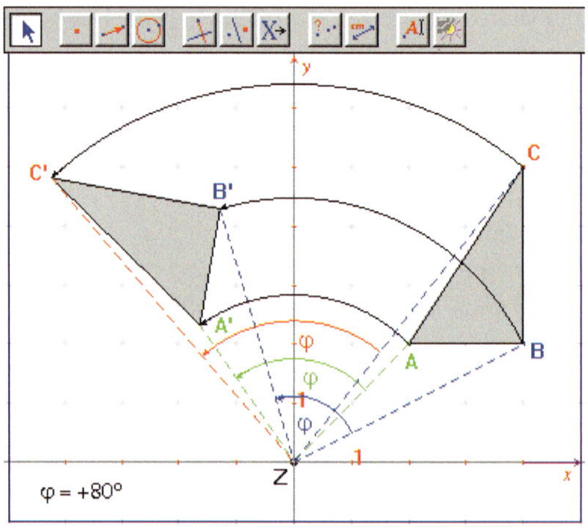

Bild 5

Schreibweise:

$A \xmapsto{Z;\,\varphi=+80°} A'$

$B \xmapsto{Z;\,\varphi=+80°} B'$

$C \xmapsto{Z;\,\varphi=+80°} C'$

$\triangle ABC \xmapsto{Z;\,\varphi=+80°} \triangle A'B'C'$

Bildpunkte werden wie folgt konstruiert:

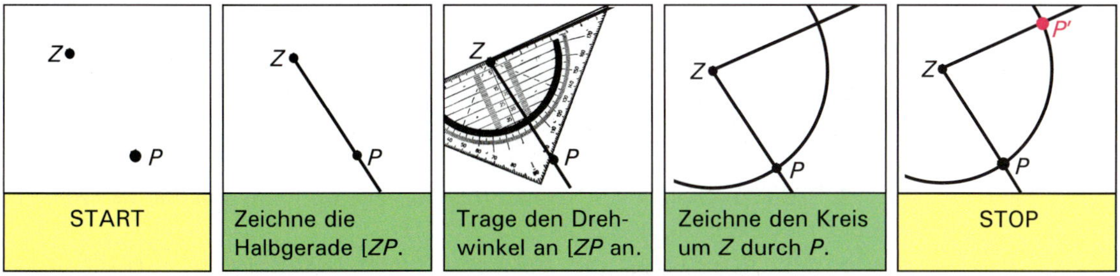

❶ Zeichne im Koordinatensystem das Dreieck ABC mit $A(2|2)$, $B(4|2)$ und $C(4|5)$ und den Punkt $Z(0|0)$. Bilde das Dreieck ABC durch Drehung mit Z als Drehzentrum mit dem Drehwinkel $\varphi = +100°$ ab.

Platzbedarf:
$-6 \leqq x \leqq 5$
$-1 \leqq y \leqq 7$

Zwei Drehrichtungen – zwei Drehwinkelmaße

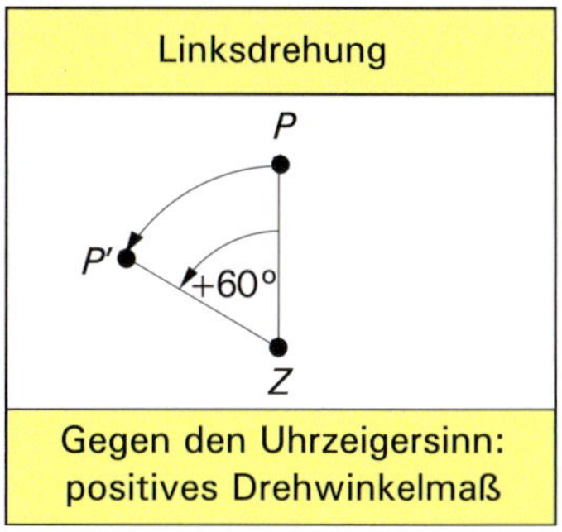

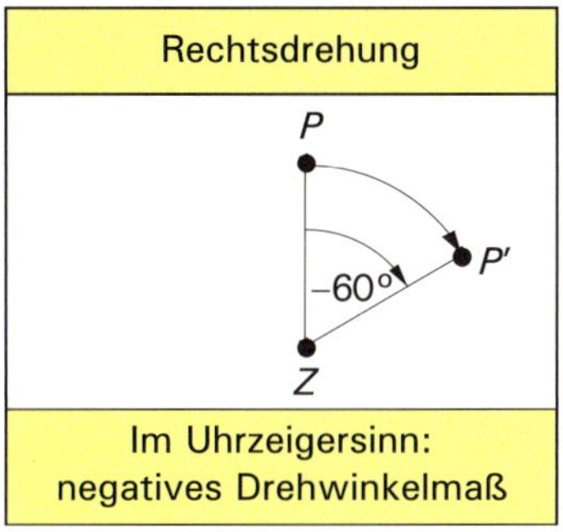

❷ Zeichne im Koordinatensystem das Dreieck ABC mit $A(2|2)$, $B(4|2)$ und $C(4|5)$ und den Punkt $Z(0|0)$. Bilde das Dreieck ABC durch Drehung mit Z als Drehzentrum mit dem Drehwinkel $\varphi = -100°$ ab.

Platzbedarf:
$-1 \leqq x \leqq 7$
$-5 \leqq y \leqq 6$

Wir fassen die wichtigsten Eigenschaften von Drehungen in einer Satzgruppe zusammen:

Satzgruppe der Drehung

1. Jeder Punkt Z der Ebene kann Drehzentrum und jeder Winkel mit dem Maß $\varphi \in [-360°; +360°]$ kann Drehwinkel zu genau einer Drehung sein, die die Ebene auf sich abbildet.
2. Bei allen Drehungen wird jeder Punkt P der Ebene umkehrbar eindeutig auf jeweils genau einen Punkt P' der Ebene abgebildet.
3. Bei allen Drehungen sind die Verbindungsstrecken $[PZ]$ von Urpunkten und Zentrum und $[P'Z]$ von zugehörigen Bildpunkten und Zentrum gleich lang und schließen den Drehwinkel mit dem Maß φ ein.
4. Bei allen Drehungen ist nur das Drehzentrum Fixpunkt.
5. Alle Drehungen sind längentreu und winkeltreu: Alle Drehungen sind Kongruenzabbildungen.
6. Alle Drehungen sind geradentreu und kreistreu.

Abbildungsvorschrift

Abbildungsschreibweise: $P \xmapsto{Z;\,\varphi} P'$
Sprechweise: P wird durch Drehung mit dem Zentrum Z und dem Winkel φ auf P' abgebildet.

Aufgaben

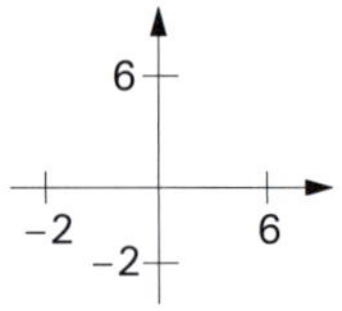

Platzbedarf zu 1.1

1.1 Das Dreieck ABC mit $A(2|1)$, $B(5|-1)$ und $C(4|5)$ wird wie folgt abgebildet:

$$\triangle ABC \xmapsto{A;\,\varphi=+75^\circ} \triangle A'B'C'.$$

Zeichne das Urdreieck und das Bilddreieck.

1.2 Bilde das Dreieck ABC aus 1.1 mit B als Drehzentrum und mit dem Drehwinkel $\varphi = +120°$ ab. (Platzbedarf: $-1 \leqq x \leqq 6$; $-6 \leqq y \leqq 6$)

1.3 Bilde das Dreieck ABC aus 1.1 mit C als Drehzentrum und mit $\varphi = +205°$ ab. (Platzbedarf: $-1 \leqq x \leqq 10$; $-2 \leqq y \leqq 11$)

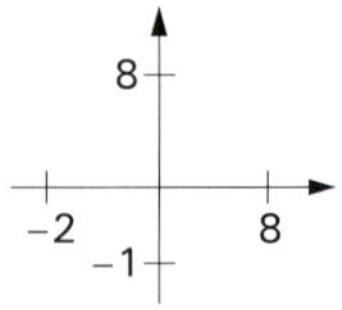

Platzbedarf zu 2 und 3

2 Bilde das Dreieck ABC mit $A(4|1)$, $B(7|0)$ und $C(6|5)$ durch Drehung mit $O(0|0)$ als Drehzentrum und mit dem Drehwinkel $\varphi = +60°$ ab.

3 Das Dreieck DEF mit $D(2|6)$, $E(7|4)$ und $F(6|7)$ wird durch Drehung mit $Z(4|2)$ als Zentrum und mit $\varphi = +90°$ auf das Bilddreieck $D'E'F'$ abgebildet. Zeichne die beiden Dreiecke.

$-4 \leqq x \leqq 8$
$-2 \leqq y \leqq 6$

4 Bilde das Dreieck ABC mit $A(-3|1)$, $B(0|2)$ und $C(-1|5)$ durch Drehung mit $Z(1|-1)$ als Drehzentrum und dem Drehwinkel $\varphi = -75°$ ab.

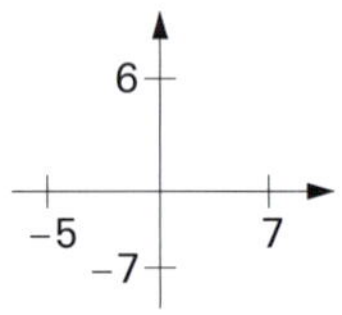

Platzbedarf zu 5

5.1 Zeichne die Punkte $Z(2|0)$, $A(6|4)$ und $A'(-2|4)$ in ein Koordinatensystem. Der Punkt A wird durch Drehung entgegen dem Uhrzeigersinn mit Z als Drehzentrum auf A' abgebildet. Welches Maß hat der Drehwinkel?

5.2 Jemand behauptet, dass der Punkt $B(5|1)$ durch dieselbe Drehung wie in 5.1 auf $B'(1|3)$ abgebildet wird. Prüfe dies in der Zeichnung nach.

5.3 Welche Koordinaten hat der Urpunkt C, wenn er durch die Drehung aus 5.1 auf den Bildpunkt $C'(2|-6)$ abgebildet wird?

Platzbedarf:
$-4 \leqq x \leqq 6$
$-5 \leqq y \leqq 7$

6 Das Dreieck ABC mit $A(0|4)$, $B(-3|-2)$ und $C(5|6)$ wird durch eine Drehung auf das Bilddreieck $A'B'C'$ abgebildet. Bekannt sind die Koordinaten der Punkte $A'(-1|-1)$ und $C'(-3|4)$. Zeichne die beiden Dreiecke.

Einsatz eines Geometrieprogramms

$P \xmapsto{Z;\,\varphi=+60^\circ} P'$

$g \xmapsto{Z;\,\varphi=+60^\circ} g'$

$k \xmapsto{Z;\,\varphi=+60^\circ} k'$

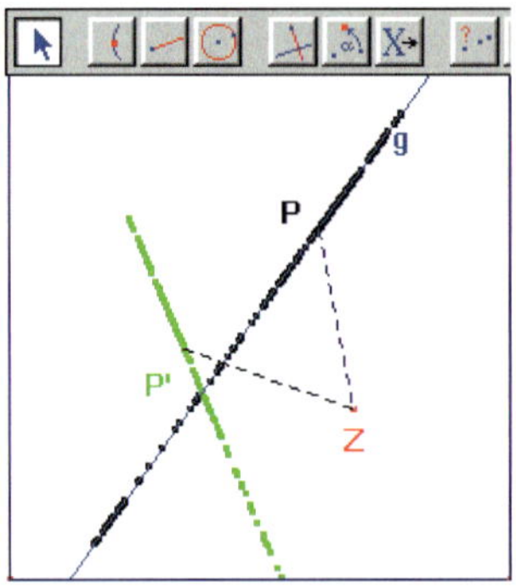

Bild 1

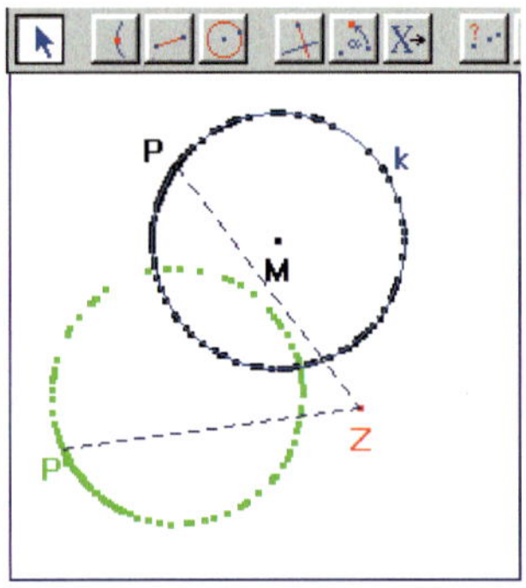

Bild 2

Mit einem Geometrieprogramm können wir einen Punkt P durch Drehung abbilden, der auf der Geraden g (vgl. Bild 1) bzw. auf dem Kreis k (vgl. Bild 2) liegt. Wenn wir dann den Punkt P bewegen, können wir sehen, dass der Bildpunkt P' wieder eine Gerade bzw. einen Kreis beschreibt. Vergleiche dazu den Satz 6 der Satzgruppe der Drehung auf der vorhergehenden Seite.

Aufgaben

7.1 Die Strecke $[AB]$ mit $A(6|1)$ und $B(9{,}5|3)$ wird durch Drehung um den Ursprung auf die Strecke $[A'B']$ abgebildet. Konstruiere die Bildstrecke, wenn $A'(3{,}5|5)$ bekannt ist, und gib das Maß φ des Drehwinkels an.

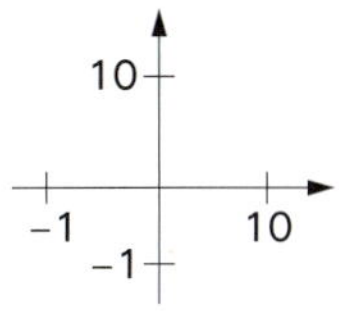

Platzbedarf zu 7.1

7.2 Gegeben sind die Urpunkte $G(-3|2)$ und $H(2|6)$ und ihre durch Drehung entgegen dem Uhrzeigersinn entstandenen Bildpunkte $G'(2|3)$ und $H'(6|-2)$. Konstruiere das Drehzentrum Z und bestimme das Maß φ des Drehwinkels.

8.0 Die Gerade $g = AB$ mit $A(2|1)$ und $B(5|4)$ soll durch Drehung mit dem Zentrum $Z(2|4)$ und $\varphi = +60°$ abgebildet werden.

8.1 Konstruiere die Bildgerade g', indem du zwei Punkte auf der Geraden g abbildest.

8.2 Erläutere die in Bild 1 dargestellte Konstruktionsmöglichkeit.

8.3 Begründe die Aussage, dass bei jeder Drehung Urgerade und Bildgerade einen Winkel einschließen, der maßgleich mit dem Drehwinkel ist.

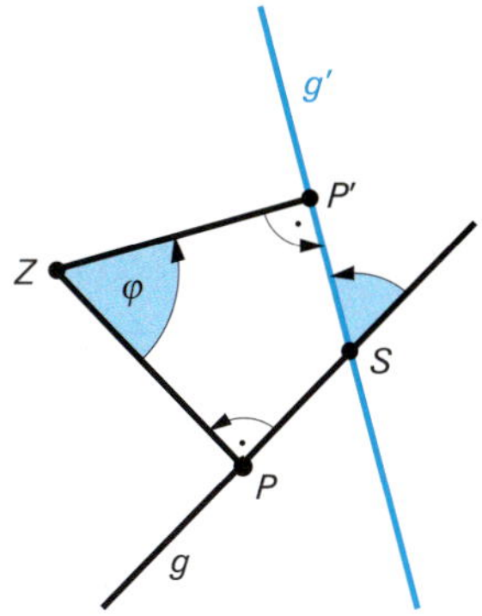

Bild 1

9.1 Bilde den Kreis $k(M(3|3);\ r = 2\,\text{cm})$ durch Drehung mit dem Drehzentrum $Z(0|-2)$ und dem Drehwinkel $\alpha = +64°$ ab.

9.2 Wo liegt das Drehzentrum, wenn der Kreis k aus 9.1 durch Drehung mit $\alpha = +64°$ auf sich selbst abgebildet wird?

Drehung um 90°

10.1 In Bild 2 wird das Dreieck ABC durch Drehung mit dem Drehzentrum Z und dem Drehwinkel $\varphi = +90°$ abgebildet. Überprüfe mit dem Geodreieck, ob $AB \perp A'B'$, $BC \perp B'C'$ und $AC \perp A'C'$ gilt. Begründe dies (siehe Aufgabe 8.3).

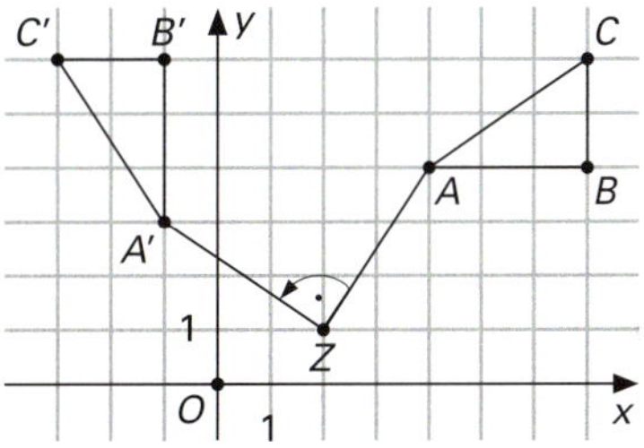

Bild 2

10.2 In Bild 3 wird der Pfeil $\overrightarrow{AC}$ durch Drehung mit Z als Drehzentrum und $\varphi = +90°$ auf den Bildpfeil $\overrightarrow{A'C'}$ abgebildet. Ermittle mithilfe der angegebenen Koordinaten die Koordinaten der Pfeile $\overrightarrow{AC}$ und $\overrightarrow{A'C'}$. Was kannst du feststellen?

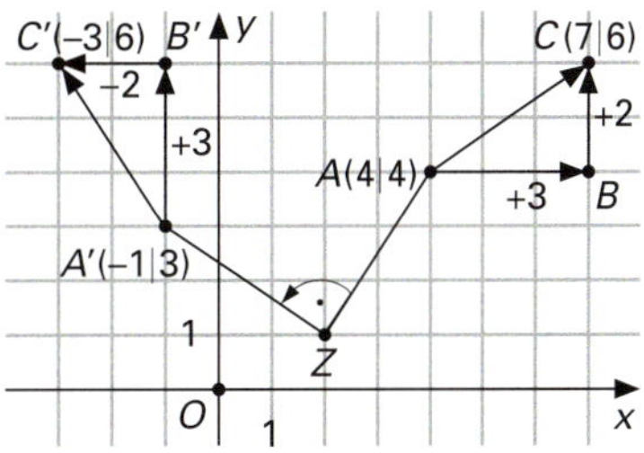

Bild 3

10.3 Zeichne im Koordinatensystem die Punkte $A'(-1|3)$ und $C'(-3|6)$ sowie den Pfeil $\overrightarrow{A'C'}$. Bilde den Pfeil $\overrightarrow{A'C'}$ durch Drehung um $Z(2|1)$ mit $\varphi = +90°$ ab. Lies die Koordinaten der Bildpunkte A'' und C'' ab und berechne die Koordinaten des Pfeils $\overrightarrow{A''C''}$. Was stellst du fest?

10.4 Begründe anhand von Bild 3: Es gilt $\begin{pmatrix} a \\ b \end{pmatrix} \xrightarrow{Z;\ \varphi = +90°} \begin{pmatrix} -b \\ a \end{pmatrix}$. Was gilt wohl für $\varphi = -90°$?

Aufgaben

11 Die Punkte $A(1|1)$ und $B(4|-1)$ sind Eckpunkte des Quadrats *ABCD*. Zeichne die Strecke [*AB*] und konstruiere das Quadrat, indem du zuerst [*AB*] um *A* auf [*AD*] und dann [*DA*] um *D* auf [*DC*] mit jeweils +90° drehst. Gib die Koordinaten der Punkte *D* und *C* an.

Platzbedarf:
$-2 \leqq x \leqq 10$
$-1 \leqq y \leqq 10$

12 Bilde die Gerade $g = PQ$ mit $P(3|5)$ und $Q(-1|4)$ durch Drehung mit dem Zentrum $Z(6|2)$ und dem Drehwinkel $\varepsilon = -90°$ ab.

13 In Bild 1 wird die Strecke [*AB*] zuerst an der Geraden *g* und anschließend die Bildstrecke [*A'B'*] an der Geraden *w* gespiegelt. Das Ergebnis dieser Doppelspiegelung ist die Strecke [*A''B''*]. In Bild 1 sieht man aber auch, dass man die Strecke [*AB*] durch eine Drehung mit dem Schnittpunkt *O* der beiden Spiegelachsen *g* und *w* als Zentrum und dem Drehwinkel $\varphi = 90°$ auf die Strecke [*A''B''*] abbilden kann:

$[AB] \xmapsto{g} [A'B'] \xmapsto{w} [A''B'']$

oder $[AB] \xmapsto{O(0|0);\ \varphi=+90°} [A''B'']$

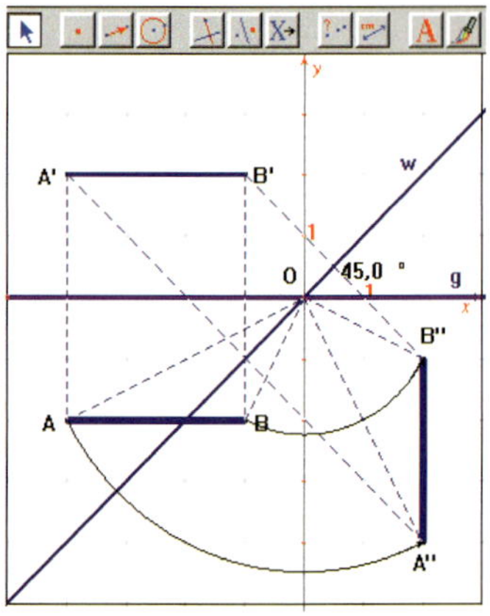

Bild 1

Bilde in gleicher Weise in deinem Heft den Kreis $k(M(-5|-3);\ r = 2\ \text{LE})$ an den Geraden *g* und *w* ab und zeige mithilfe von durchscheinendem Papier, dass man den Bildkreis *k''* auch durch Drehung des Kreises *k* mit *O* als Drehzentrum erhält.

Einsatz eines Geometrieprogramms

Mit einem Geometrieprogramm kann man wie in den Bildern 2 und 3 zeigen, dass sich nur das Zwischenbild [*A'B'*], nicht aber das Bild [*A''B''*] bewegt, wenn man das Achsenpaar (*g*|*w*) um seinen Schnittpunkt *O* dreht.

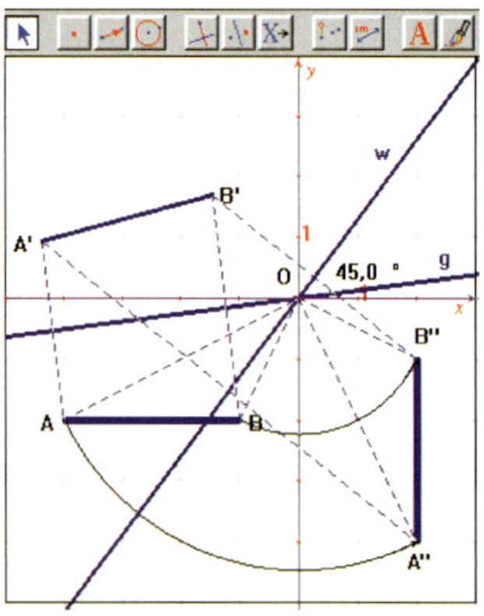

Bild 2

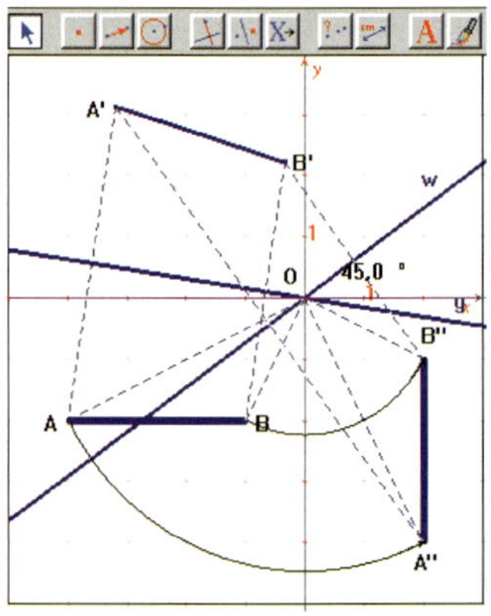

Bild 3

Drehsymmetrische Figuren

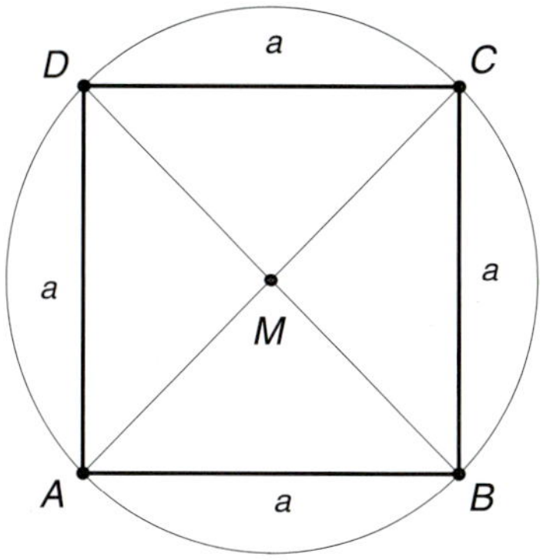

Bild 1

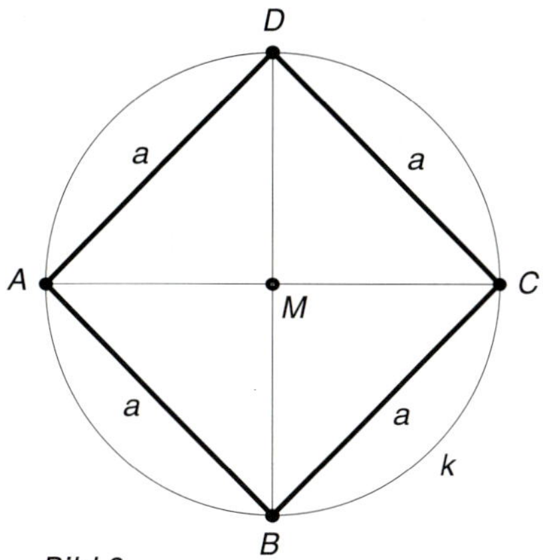

Bild 2

❶ Das Viereck *ABCD* in Bild 1 ist ein Quadrat mit dem Diagonalenschnittpunkt *M*. Was gilt für die Längen $\overline{MA}$, $\overline{MB}$, $\overline{MC}$ und $\overline{MD}$? Was gilt für die Winkel *AMB*, *BMC*, *CMD* und *DMA*?

❷ Wie erhält man aus der Figur in Bild 1 die Figur in Bild 2?

❸ Gib jeweils Urpunkte und zugehörige Bildpunkte an, wenn man das Quadrat *ABCD* um *M* mit $\varphi_2 = +180°$ und mit $\varphi_3 = +270°$ dreht.

Figuren, die man durch Drehung auf sich selbst abbilden kann, heißen **drehsymmetrisch**.

Aufgaben

1.0 In den Bildern 3 bis 5 sind regelmäßige Vielecke dargestellt, d. h. Vielecke mit gleich langen Seiten. Sie sind drehsymmetrisch.

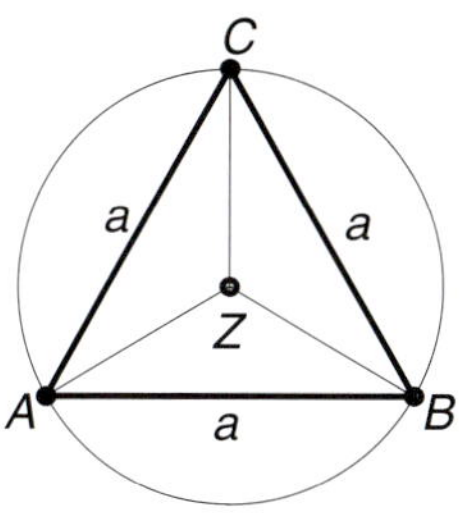

Bild 3

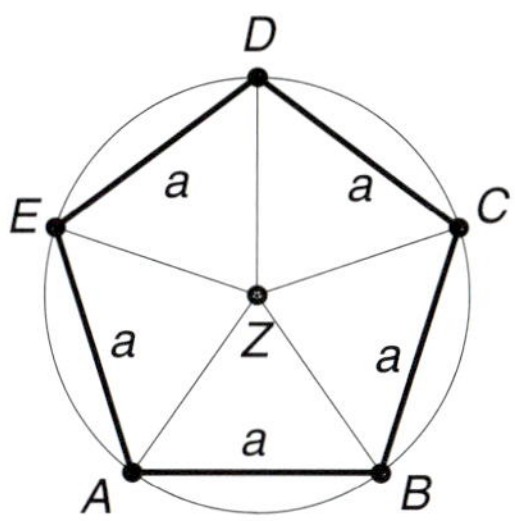

Bild 4

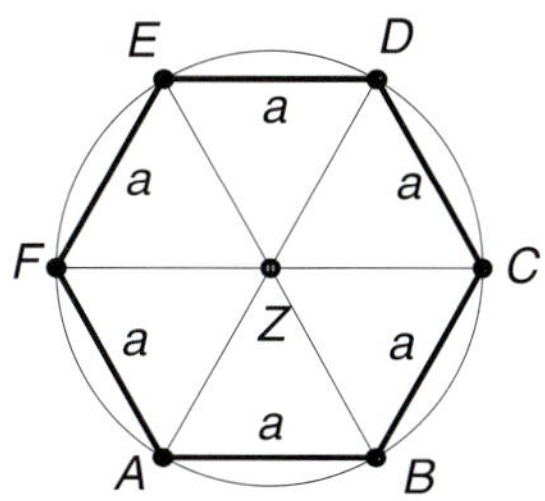

Bild 5

1.1 Gib für die Vielecke in den Bildern 3 bis 5 jeweils die möglichen Drehwinkel an, mit denen das Vieleck auf sich abgebildet werden kann.

1.2 Wie viele mögliche Drehwinkel gibt es bei einem regelmäßigen Fünfzigeck, beim regelmäßigen 1001-Eck, beim Kreis?

Aufgaben

2 In den Bildern 1–4 sind Radzierkappen abgebildet. Bezüglich welcher Drehwinkel sind die Zierkappen in den Bildern 1–3 drehsymmetrisch? Gibt es ein Drehwinkelmaß $\varphi \in]0°; 360°[$, für das die Radkappe in Bild 4 drehsymmetrisch ist? Beachte auch die vier Schraubenvertiefungen.

Bild 1

Bild 2

Bild 3

Bild 4

3.1 Zeichne die folgenden sechs drehsymmetrischen Figuren in dein Heft.
Anleitung: Beginne stets mit einem Kreis mit 3 cm Radius. Überlege, welches regelmäßige Vieleck zur Figur passt, und zeichne die Eckpunkte auf dem Kreis ein. Vervollständige dann die Figur.

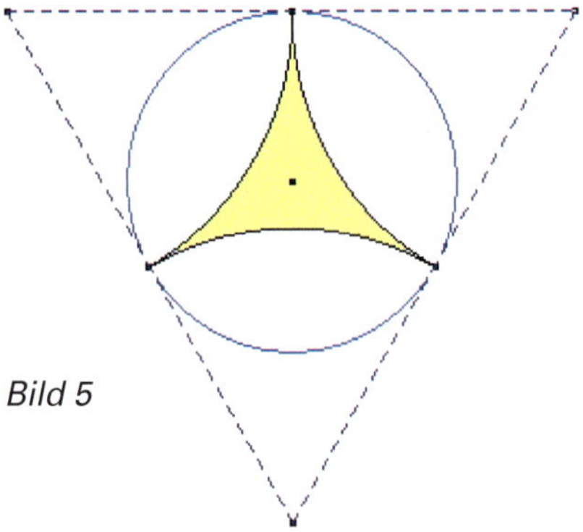

Bild 5

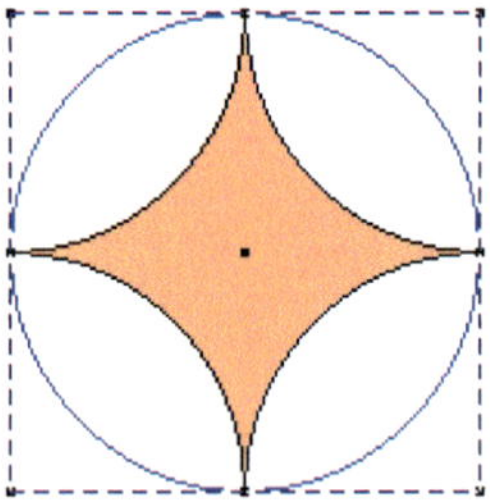

Bild 6

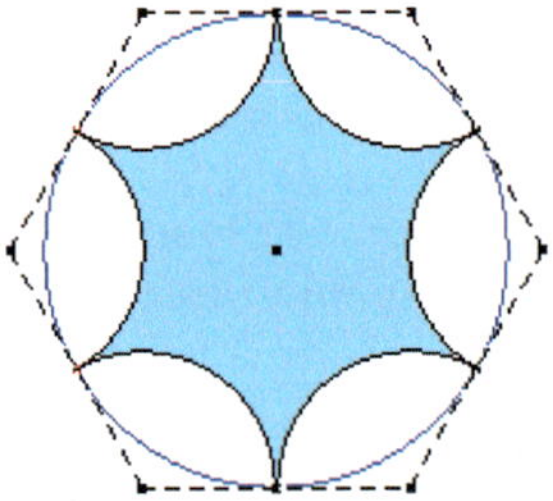

Bild 7

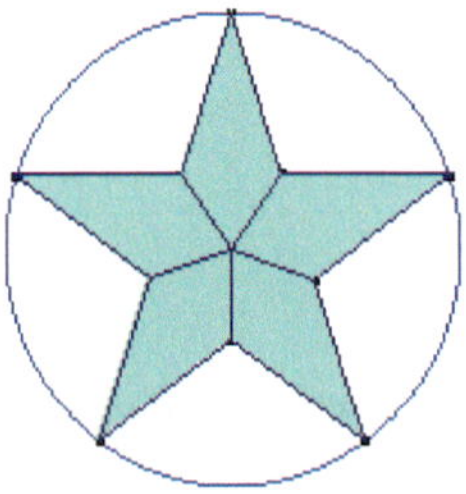

Bild 8

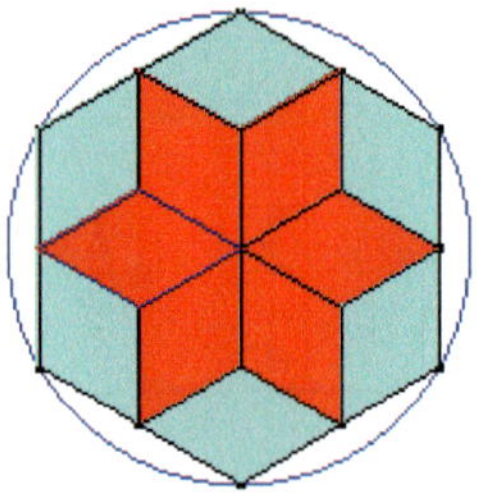

Bild 9

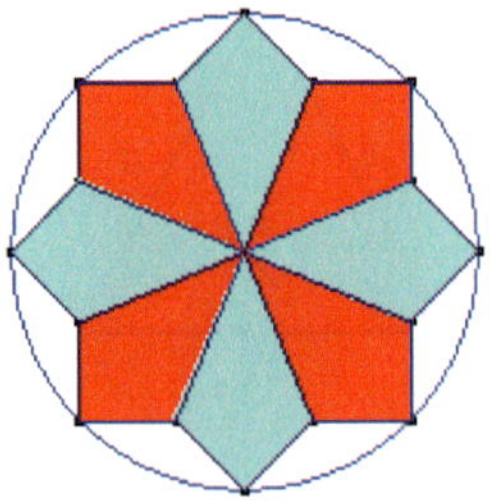

Bild 10

3.2 Überlege, welche Drehsymmetrien jede Figur aufweist. Gib jeweils die zugehörigen Winkelmaße an.

3.3 Viele Firmen haben drehsymmetrische Markenzeichen. Suche aus einer Tageszeitung solche „Logos“ und klebe sie in dein Heft.

Bastelecke

❶ Schneide aus farbigem Papier sechs Dreiecke wie in Bild 1 aus. Klebe in deinem Heft diese sechs Dreiecke zu einem Stern wie in Bild 2 zusammen.

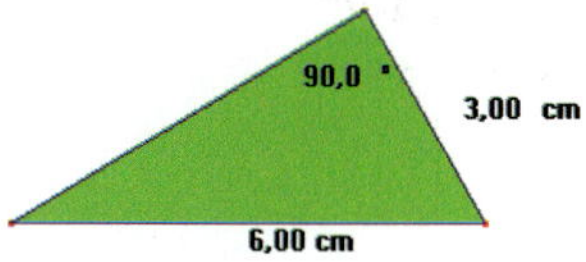

Bild 1

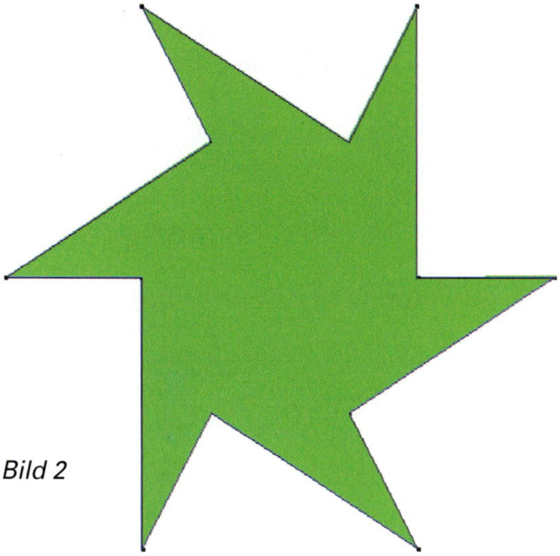
Bild 2

Bild 3

Der Stern ist drehsymmetrisch. Zeichne in deinem Heft das Symmetriezentrum ein und gib die Maße der Drehwinkel an.

❷ Schneide aus farbigem Papier zwölf Dreiecke wie in Bild 1 aus. Klebe sie in deinem Heft zu einem Fächer wie in Bild 4 zusammen. Verfahre dann mit dem Fächer ebenso wie oben mit dem Stern.

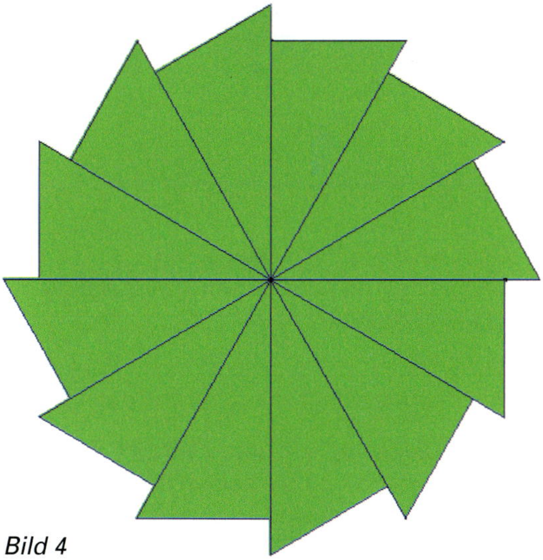
Bild 4

Bild 5

Drehung um 180° – Punktspiegelung

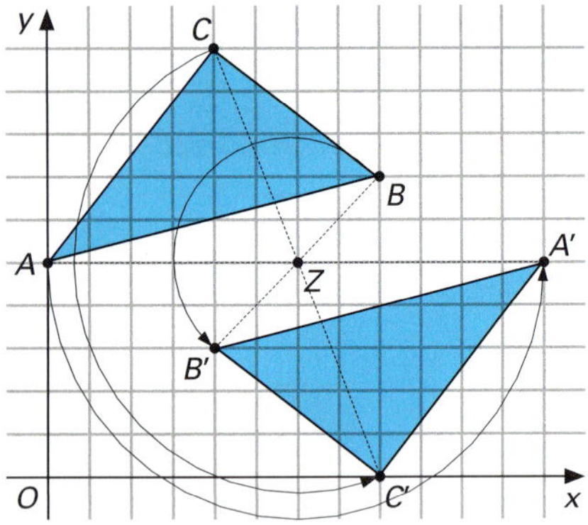

Bild 1

In Bild 1 wird das Dreieck *ABC* durch Drehung um *Z* mit dem Drehwinkel $\varphi = +180°$ auf das Bilddreieck *A'B'C'* abgebildet.

- Überprüfe die folgenden Aussagen und begründe sie.
  - Die Strecken [*AA'*], [*BB'*] und [*CC'*] werden durch *Z* halbiert.
  - Die Dreiecke *ABC* und *A'B'C'* sind gleichsinnig kongruent.
  - Jede Gerade durch das Zentrum *Z* ist eine Fixgerade.
  - Jede Gerade, die nicht durch das Zentrum geht, wird auf eine parallele Bildgerade abgebildet.

Dieser Sonderfall der Drehung heißt **Punktspiegelung**.

Bildpunkte werden wie folgt konstruiert:

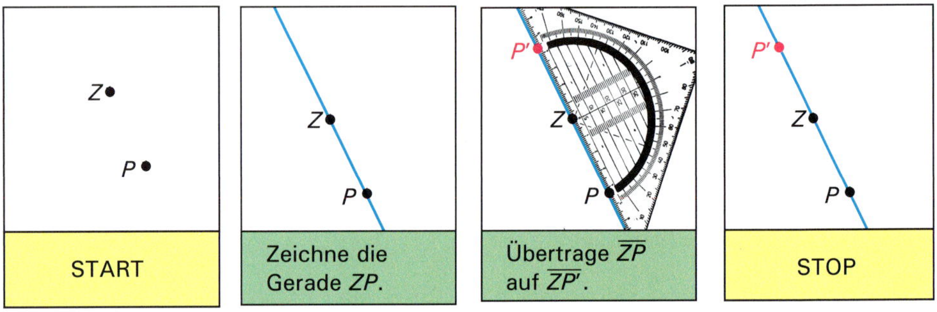

Abbildungs-vorschrift

Bei allen Punktspiegelungen werden die Verbindungsstrecken von Urpunkten *P* und zugehörigen Bildpunkten *P'* durch das Zentrum *Z* halbiert: $\overline{PZ} = \overline{ZP'}$.

Aufgaben

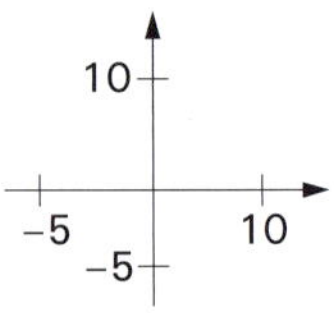

Platzbedarf zu 1

1 Zeichne das Dreieck *ABC* mit *A*(–2|1), *B*(5|0) und *C*(3,5|5) in ein Koordinatensystem.
Konstruiere jeweils das Bilddreieck bei einer Punktspiegelung
a) am Eckpunkt *C* **b)** am Ursprung des Koordinatensystems
c) am Punkt *P*(2,5|3) **d)** am Mittelpunkt *M* von [*BC*].

2 Bilde das Viereck *ABCD* mit *A*(0|0), *B*(4|1), *C*(3|5), *D*(0|4) durch Punktspiegelung mit *P*(3|3) als Zentrum ab. (Platzbedarf: $0 \leqq x \leqq 10$; $0 \leqq y \leqq 10$)

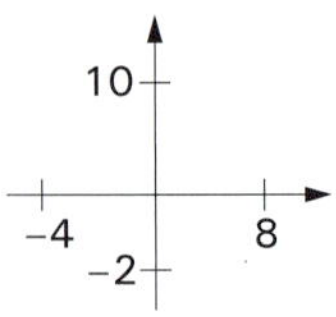

Platzbedarf zu 3

3.1 Das Dreieck *ABC* wird durch Punktspiegelung mit dem Zentrum *Z* auf das Bilddreieck *A'B'C'* abgebildet. Konstruiere *Z* und die beiden Dreiecke, wenn *A*(–3|1), *B*(5|–1), *B'*(–1|7) und *C'*(3|–1) gegeben sind.

3.2 Führe die Aufgabe erneut mit *A*(6|–1), *B*(7|9), *C*(–2|4) und *C'*(6|4) aus.

Aufgaben

4.1 Das Dreieck PQR mit $P(1|0)$, $Q(8|2)$ und $R(2|4)$ wird durch Punktspiegelung am Mittelpunkt Z der Seite $[PQ]$ abgebildet. Zeichne Ur- und Bilddreieck.

4.2 Die Punkte P, Q, R und R' sind die Eckpunkte des Vierecks $PR'QR$. Weise mithilfe der Satzgruppe der Drehung nach (s. Seite 115), dass es ein Parallelogramm ist.

4.3 In Bild 1 ist das Parallelogramm $ABCD$ gezeichnet. Weise mithilfe der Satzgruppe der Drehung folgende Eigenschaften von Parallelogrammen nach:
- Parallelogramme sind **drehsymmetrisch** bzgl. einer Drehung um 180°, also **punktsymmetrisch**.
- Gegenüberliegende Winkel sind maßgleich.
- Die Diagonalen halbieren sich.

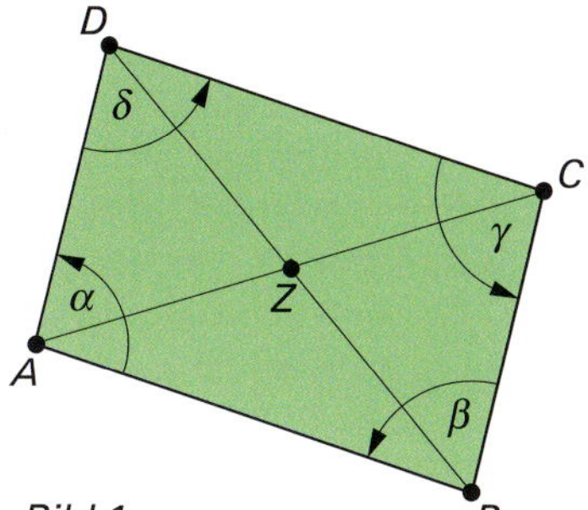

Bild 1

4.4 Bild 2 zeigt Parallelogramme. Findest du Sonderformen unter ihnen? Welche besonderen Eigenschaften haben sie?

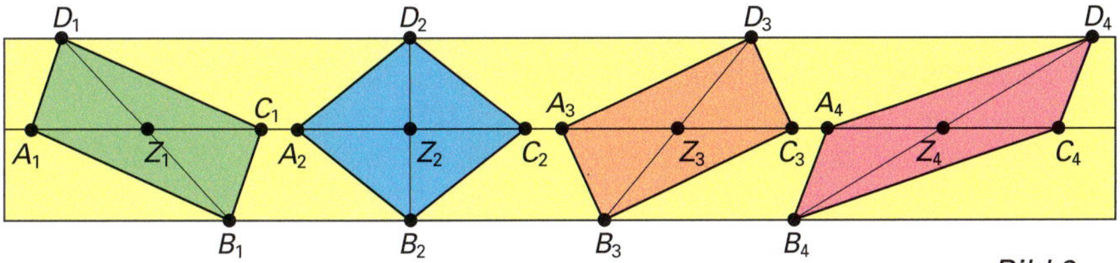

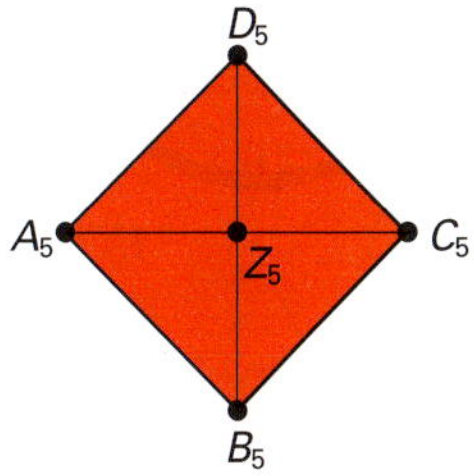

Bild 2

Beispiel

Die Koordinaten des Bildpunktes P' zu $P(5|1)$ bei einer Punktspiegelung mit $Z(3|2)$ als Zentrum können wie folgt berechnet werden (vgl. Bild 3):

$\overrightarrow{OP'} = \overrightarrow{OZ} \oplus \overrightarrow{ZP'}$ mit $\overrightarrow{ZP'} = \overrightarrow{PZ}$.

$\begin{pmatrix} x \\ y \end{pmatrix} = \begin{pmatrix} 3 \\ 2 \end{pmatrix} \oplus \begin{pmatrix} 3-5 \\ 2-1 \end{pmatrix}$; $P'(1|3)$

- Benütze zur Lösung $\overrightarrow{ZP'} = -\overrightarrow{ZP}$.

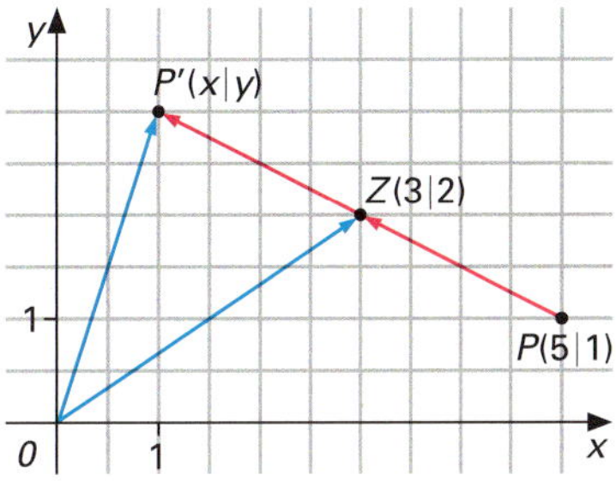

Bild 3

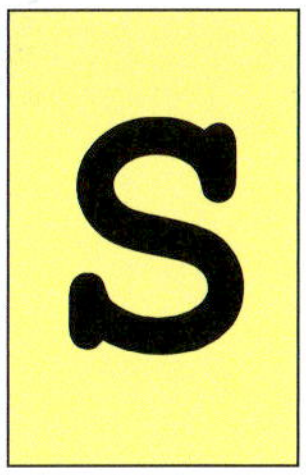

Aufgaben

5 Das Dreieck ABC mit $A(0|0)$, $B(3|4)$ und $C(1|6)$ wird durch Punktspiegelung an B abgebildet. Zeichne das Dreieck ABC und sein Bilddreieck $A'B'C'$ und berechne die Koordinaten von A' und C'. (Platzbedarf: $-1 \leqq x \leqq 7$; $-1 \leqq y \leqq 9$)

6.1 Die Strecke $[PQ]$ mit $P(-1|3)$ und $Q(5|7)$ wird durch Punktspiegelung an $Z(1|2)$ abgebildet. Bestimme durch Zeichnung und Rechnung die Koordinaten der Bildpunkte P' und Q'.

6.2 Zeige rechnerisch, dass das Viereck $PQ'P'Q$ ein Parallelogramm ist.

6 Aufgaben zur Wiederholung und Festigung des Grundwissens

Bild 1

Bild 2

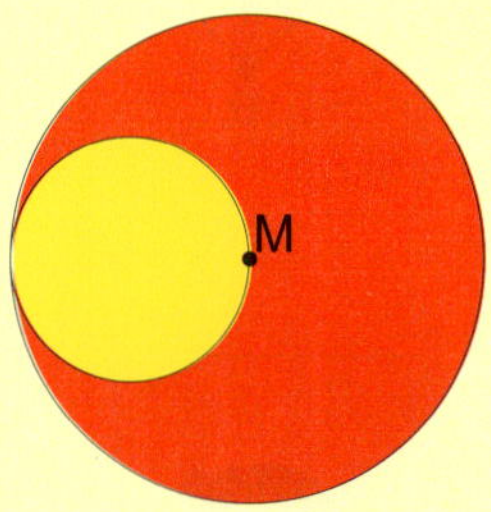

Bild 3

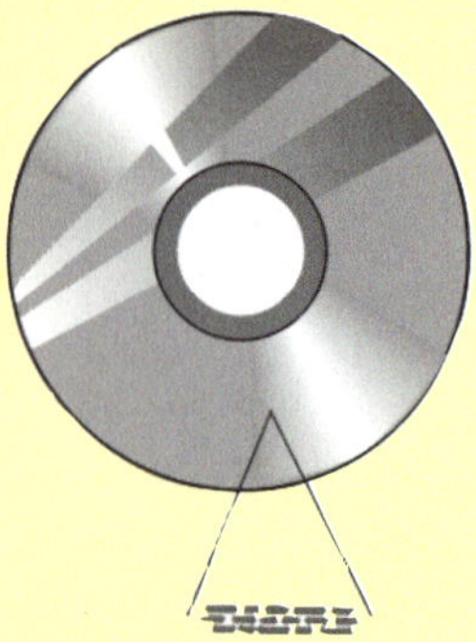

Bild 4

1 Monika plant, mit ihren zwei Lieblingsfreundinnen Geburtstag zu feiern. Dazu will sie beim Italiener Pizza bestellen. Ihre Mutter schlägt ihr aber vor, selbst Pizza zu backen. Mutters Backbleche sind 36 cm lang und 29,5 cm breit. Beim Italiener hat eine Pizza einen Durchmesser von 30 cm.

2 In einem Supermarkt gibt es die Pizza „Quattro Stagione" in zwei Größen. Die kleinere hat einen Durchmesser von 30 cm und kostet 3 €, die größere hat 40 cm Durchmesser und kostet 4 €. Bei welcher bekommt man mehr für sein Geld? Gib eine Begründung an.

3 Der Preis für Käse ist gestiegen. Anstatt den Preis zu erhöhen, verkleinert Antonio seine Pizza „Quattro Formaggio". Er verringert ihren Durchmesser von 30 cm auf 29 cm. Um wie viel Prozent verteuert sich die Pizza?

4 Der Minutenzeiger der Uhr in Bild 1 ist abgefallen. Wie spät ist es?

5 Bernd hat eine Vierundzwanzigstundenuhr erfunden. Bei ihr macht der kleine Zeiger nur einen Umlauf pro Tag. Welche Zeit zeigt die Uhr in Bild 2 an? Wo steht der kleine Zeiger um 18:00 Uhr?

6 Ein Kreis hat den Umfang von 31,4 cm. Zeichne ihn.

7.1 Das Vorderrad von Michaels Fahrrad hat einen Radius von 32 cm. Es dreht sich in einer Sekunde dreimal. Wie schnell fährt Michael?

7.2 Franz steht auf seinen Inlineskates und hält sich bei Michael am Gepäckträger fest. Wie oft drehen sich die Räder seiner Skates, wenn sie einen Radius von 3,2 cm haben?

8 Sonja braucht für ihr abstraktes Kunstwerk (siehe Bild 3) ein Döschen mit gelber Farbe. Wie viele gleich große Döschen mit roter Farbe benötigt sie?

9 Wie viel Prozent der Quadratfläche sind jeweils rot gefärbt?

10 Auf einer Compact Disc (siehe Bild 4) ist die Information in einer dichten Folge von mikroskopisch kleinen Vertiefungen (Pits) gespeichert. Diese sind spiralförmig angeordnet (etwa 20 000 Windungen mit einer Gesamtlänge von 5 000 Meter) und verlaufen von innen nach außen. Die Daten werden mit einer konstanten Leserate von einem Laser ausgelesen. Dazu muss sich die CD mit variabler Geschwindigkeit drehen.
Die innerste Spur hat einen Radius von 22 mm, die äußere 57,5 mm. Wie schnell muss die CD zum Lesen der äußeren Spur gedreht werden, wenn sie zum Lesen der inneren mit 530 Umdrehungen in der Minute rotiert?

Aufgaben

11 Eva kommt gerade aus der Badewanne. Sie hat sich gemerkt, dass sie drei Minuten gebraucht hat, um die Wanne zu füllen, und vier Minuten, um sie wieder zu leeren. Nun füllt ihr Bruder Karl die Wanne. Eva denkt: Das wird dauern, er hat nämlich nicht bemerkt, dass ich den Stöpsel gezogen habe.

12 Die Fußballmannschaft eines Sportvereins spielt mit 11 Mann, die durchschnittlich 22 Jahre alt sind. Als der Kapitän der Mannschaft verletzt das Spielfeld verlässt, fragt ein Reporter den Trainer: „Wie wollen sie es mit 10 Spielern schaffen?“ Woraufhin dieser antwortet: „Jetzt geht's erst richtig los, das Durchschnittsalter meiner Mannschaft ist auf 21 Jahre gesunken!“

13 Der Mathelehrer klagt: „Bei mir macht jeder dritte Schüler seine Hausaufgaben nicht!“ Darauf der Deutschlehrer: „Bei mir nur jeder fünfte, aber auch die fünf Prozent sind mir noch zu viel.“

14 Zu Beginn des Jahres 2002 hatte die Aktie der Deutschen Telekom rund 80 % von ihrem Höchstkurs eingebüßt. Um wie viel Prozent muss sie wieder steigen, um den alten Höchstkurs zu erreichen?

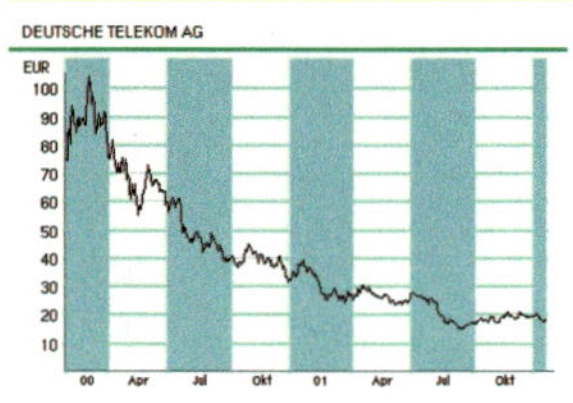

15 Die Klasse 7 b hat 29 Schüler. Bei der Wahl zur Klassensprecherin erhielt Anna dreimal so viele Stimmen wie Berta. Carola erhielt zwei Stimmen mehr als Berta, und Doris erhielt 5 Stimmen weniger als Anna. Wer wurde Klassensprecherin und wie groß ist ihr Vorsprung gegenüber den Mitbewerberinnen?

16 Prüfe die Angebote des Radsportcenters:

Sonderangebote

alter Preis: 980 €	neuer Preis: 2 190 €	alter Preis: 850 €	30 % reduziert!
Sie erhalten 25 % Rabatt!	Sie sparen 20 %!	neuer Preis: 748 €	Sie sparen 279 €!
Was kostet das Fahrrad?	Was hat das Fahrrad ursprünglich gekostet?	Um wie viel Prozent wurde reduziert?	Was hat das Fahrrad ursprünglich gekostet?

17.0 In der Ausstellung „Mathematik zum Anfassen“ sind Schaumstoffscheiben so aufzustapeln, dass die entstehende Säule genau die Körpergröße des Besuchers ergibt.
Dazu liegen Scheiben der Dicke 1 cm, 2 cm, 4 cm, 8 cm, 16 cm ... bereit.

17.1 Gib die Dicke der nächsten beiden Scheiben an.

17.2 Stelle die Dicke jeweils als Potenz mit der Basis 2 dar.

17.3 Schreibe deine Körpergröße als Dualzahl und ermittle dann, welche Scheiben übereinander gelegt deine Körpergröße ergeben.

Aufgaben

18 Was ist größer $5^{123} + 5^{123} + 5^{123} + 5^{123} + 5^{123}$ oder 5^{125}?

19 Vereinfache die Terme und überprüfe die Rechnung durch Belegung mit dem angegebenen Wert für die Variable.

a) $T(a) = 5 - \frac{3}{4}a - \frac{4}{5}a;\ a = 5$ **b)** $T(b) = \frac{b+4}{3} + \frac{6-b}{6};\ b = 10$

c) $T(c) = \frac{c+15}{5} - \frac{5-2c}{2} - \frac{0{,}4c}{3};\ c_1 = 0;\ c_2 = -3;\ c_3 = \frac{3}{4}$

20 Überprüfe durch Umformen, ob die Gleichungen und Ungleichungen bezüglich der Grundmenge $\mathbb{Q}$ äquivalent sind.

a) $12x + 4 = 40;\ 4 - 3x = 5$ **b)** $1 - 5x = 18;\ 36 + 10x - 2 = 0$

c) $\frac{2x}{7} + 3 = 5;\ 2x + 4 = 35$ **d)** $\frac{1}{4}x - \frac{3x}{8} + 2 = -1;\ 12 - \frac{1}{2}x = 0$

e) $5x - 3 < -23;\ x + 4 < 0$ **f)** $\frac{5x+9}{2} > 0;\ 2x > -8;\ x > -1\frac{4}{5}$

g) $\frac{11-3x}{4} + \frac{x+7}{2} < 0;\ x - 4 > 21$ **h)** $\frac{4x-5}{-3} + 7 > 2;\ x < 5$

21 Ermittle $x \in \mathbb{Z}$, sodass $T_1(x) = T_2$ gilt.

a) $T_1(x) = 8 - \frac{4}{3} + 6x;\ T_2 = \frac{2}{3}$ **b)** $T_1(x) = 3x - \frac{3}{4}x + 7;\ T_2 = \frac{1}{2} - \frac{5}{2}$

22 Übertrage die Tabelle in dein Heft und ermittle für die angegebenen Grundmengen jeweils die Lösungsmenge.

		Grundmenge				
		$\mathbb{N}$	$\mathbb{Z}$	$\mathbb{Q}^+$	$\mathbb{Q}^-$	$\mathbb{Q}$
a)	$3 - x - 2x = 9$	?	?	?	?	$\{-2\}$
b)	$\frac{3}{4}x + 3x - \frac{3}{8} = -1$	?	$\varnothing$	?	?	?
c)	$\frac{1-3x}{4} + x = 7$	?	?	?	?	?
d)	$3 + \frac{1}{5} = 2x + \frac{16}{5} - \frac{5x}{6}$	?	?	$\varnothing$	?	?
e)	$5x - \frac{2}{3} > -4$	?	?	?	?	$\left\{x \mid x > -\frac{2}{3}\right\}$
f)	$\frac{1-2x}{3} + 1 > 0$	?	?	$]0;2[$	?	?
g)	$-2 < 3x - \frac{4}{7} - \frac{1}{2}x$	?	?	?	?	?
h)	$(3x - 4) \cdot (-2) - 5 < 11$	?	?	?	?	?

23 Gib zu folgenden Gleichungen und Ungleichungen jeweils drei äquivalente Gleichungen bzw. Ungleichungen für $\mathbb{G} = \mathbb{Q}$ an.

a) $2x - 5 = \frac{3}{4}$ **b)** $4 - \frac{7 - 0{,}5x}{3} = -6$ **c)** $\frac{3}{4} - \frac{4x}{3} < -4$ **d)** $\frac{7x-2}{3-8} - \frac{0{,}2x}{5} > 1$

Aufgaben

24 Bei einem Industrieunternehmen mit Niederlassungen in vielen Ländern der Erde haben sich im September 2001 insgesamt 8 450 Frauen und Männer um einen Arbeitsplatz in den Bereichen Technik, Wirtschaft und Fremdsprachen beworben. Die nachfolgende Tabelle zeigt die vom Unternehmen bekannt gegebenen Einstellungszahlen. (Die Werte sind auf ganze Zahlen gerundet.)

	Einstellungsverfahren/September 2001					
	männlich			weiblich		
Bereiche	Bewerber	abgelehnt	Anteil	Bewerber	abgelehnt	Anteil
Technik	1 600	320	20 %	600	90	15 %
Wirtschaft	1 800	540	30 %	1 200	240	20 %
Fremdsprachen	450	351	78 %	2 800	1 960	70 %
insgesamt	3 850	1 211	31 %	4 600	2 290	50 %

Die Tabelle kann zu falschen Vergleichen führen. Beantworte daher folgende Fragen und runde dabei stets auf ganze Zahlen:

a) Wie viel Prozent aller Arbeitsuchenden waren Männer und wie viel Prozent waren Frauen?

b) Wie viele Arbeitsplätze wurden im Bereich Technik vergeben und wie viel Prozent entfielen dabei auf männliche und wie viel auf weibliche Bewerber?

c) Wie viele Arbeitsplätze wurden in den Bereichen Wirtschaft beziehungsweise Fremdsprachen vergeben und wie viel Prozent entfielen dabei auf männliche und wie viel auf weibliche Bewerber?

d) Wie viele Personen erhielten insgesamt einen Arbeitsvertrag und wie lautet die prozentuale Verteilung auf männliche und weibliche Bewerber?

25 Bei der letzten Stegreifaufgabe im Fach Mathematik konnten maximal 10 Punkte erreicht werden. Die nachfolgende Tabelle zeigt die Punkteverteilung.

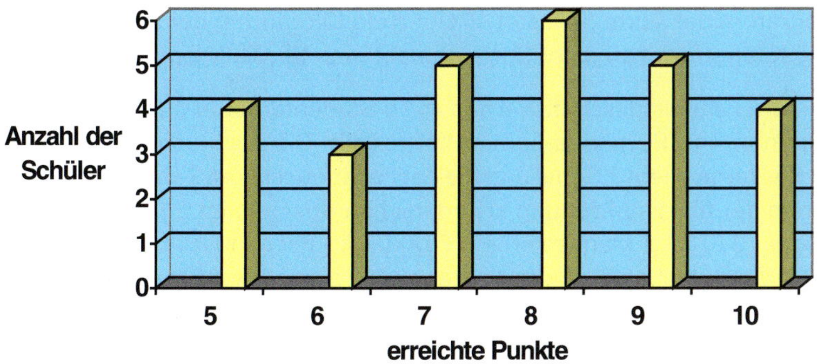

Ermittle die im Durchschnitt je Schüler erreichten Punkte. Wie viel Prozent der Schüler haben 8 Punkte erreicht? (Auf eine Stelle nach dem Komma runden.)

Aufgaben

26 Das Kapital einer Handelsgesellschaft in Höhe von 860 000 € stellen die vier Gesellschafter *A*, *B*, *C* und *D*. Der Anteil von *A* ist halb so groß wie der von *B*, der Anteil von *C* ist viermal so groß wie der von *A* und der Anteil von *D* ist um 40 000 € geringer als der von *B*. Wie groß sind die Anteile der einzelnen Gesellschafter? [1 (A); 2 (B); 4 (C); 7 (D)]

27 Entsprechend dem Gesellschaftsvertrag einer Kommanditgesellschaft soll der erwirtschaftete Gewinn in Höhe von 200 000 € an die drei Gesellschafter *A*, *B* und *C* so verteilt werden, dass *A* 6 000 € mehr als das Dreifache von *B* und *C* 22 000 € weniger als *A* erhält. Wie hoch ist der Gewinn jedes Gesellschafters?

28 An einer Handelsgesellschaft mit drei Gesellschaftern sind der Gesellschafter *A* mit 240 000 €, der Gesellschafter *B* mit 180 000 € und der Gesellschafter *C* mit 120 000 € beteiligt. Die Handelsgesellschaft erzielt einen Gewinn von 144 000 €. Dieser soll im Verhältnis der Kapitaleinlagen der Gesellschafter verteilt werden. Wie viel erhält jeder?
Lösungshinweis: Beachte, dass 60 000 der größte gemeinsame Teiler der Kapitaleinlagen ist. [10 (A); 12 (B); 5 (C)]

29 An einer Kommanditgesellschaft ist der Gesellschafter *A*, der voll haftet, mit 300 000 € beteiligt. Die Kommanditisten *B* und *C*, die nur mit ihren Einlagen haften, sind mit 120 000 € (*B*) bzw. mit 150 000 € (*C*) beteiligt. Vom Gewinn in Höhe von 230 000 € erhält *A* für die Geschäftsführung vorweg 40 000 €. Der Rest des Gewinns wird entsprechend den Kapitaleinlagen verteilt. Wie hoch sind die Gewinnanteile von *A*, *B* und *C*?

30 In einer Kaffeerösterei sind 110 kg der Kaffeesorte *A*, von der ein Kilogramm 9 € kostet, mit 55 kg der Sorte *B* gemischt worden. Ein Kilogramm der Kaffeemischung kostet 8 €. Wie viel kostet ein Kilogramm der Kaffeesorte *B*? [6]

31 In einer Kaffeerösterei soll aus zwei Kaffeesorten S_1 und S_2 eine Mischung von 180 kg hergestellt werden, von der ein Kilogramm 8 € kosten soll. Ein Kilogramm der Sorte S_1 kostet 10 € und ein Kilogramm der Sorte S_2 7 €. Wie viele Kilogramm von jeder Sorte braucht man für die Mischung?

32 In einem Feinkostgeschäft werden 45 kg Studentenfutter aus Rosinen, Mandelkernen und Pecannusskernen hergestellt. Die dazu verwendete Menge Mandelkerne wiegt 1,5-mal und die der Pecannusskerne 2-mal so viel wie die Menge der für die Mischung erforderlichen Rosinen. Im Einkauf kostet 1 kg Rosinen 3 €, 1 kg Mandelkerne 8 € und 1 kg Pecannusskerne 6 €. Wie viel kostet ein Päckchen Studentenfutter zu 200 g im Verkauf, wenn die Gewinnspanne 40 % betragen soll?
[Teilergebnis: Im Verkauf kostet 1 kg Studentenfutter 8,4 €.]

33 Frau Adam und Herr Beyer spielen gemeinsam Lotto. Sie haben einen Gewinn von 72 000 € erzielt. Wie viel bekommt jeder, wenn Herr Beyer als Einsatz um die Hälfte mehr als Frau Adam bezahlt hat?

Aufgaben

34 An einer Realschule haben im vergangenen Jahr in der Wahlpflichtfächergruppe II/III im Fach Mathematik drei Klassen mit insgesamt 86 Schülerinnen und Schülern an der Abschlussprüfung teilgenommen und folgende auf zwei Stellen nach dem Komma gerundete Ergebnisse erzielt:

Klasse	10b	10c	10d
Klassenstärke	25	29	32
Notendurchschnitt im Fach Mathematik	3,20	3,31	2,41
Häufigkeit der Note 2 im Fach Mathematik	16,00 %	10,34 %	31,25 %

Julia berechnet aus diesen Angaben, dass der Gesamtnotendurchschnitt der drei Klassen im Fach Mathematik 2,94 betragen hat und 19,77 % aller Schülerinnen und Schüler die Note 2 erzielt haben. Franz ermittelt jedoch die Werte 2,97 und 19,20 %. Welche Ergebnisse sind richtig und welcher Fehler hat zu den falschen Werten geführt? (Runde alle Ergebnisse auf zwei Stellen nach dem Komma.)
[Teilergebnis: Richtig ist 2,94 und 19,77 %.]

35 Aus einem Restposten von 40 kg einer Teesorte, von der 1 kg 12 € kostet, und einer zweiten Teesorte sollen insgesamt 60 kg einer neuen Teemischung hergestellt werden, von der 1 kg höchstens 13 €, aber mindestens 11 € kosten soll. Wie viel muss ein Kilogramm der zweiten Sorte mindestens und wie viel darf es höchstens kosten?

36 Über der Diagonalen [*AC*] des Rechtecks *ABCD* in Bild 1 ist das Quadrat *ACEF* gezeichnet. Es gilt weiter: $\triangle ACD \xmapsto{\overrightarrow{AF}} \triangle FEG$.
Zeichne das Rechteck *ABCD* mit *A*(3|3), *B*(4|1), *C*(8|3) und *D*(7|5) sowie das Sechseck *ABCEGF* mit der Diagonalen [*BG*] in dein Heft (Platzbedarf: $0 \leqq x \leqq 11$; $0 \leqq y \leqq 11$). Begründe sodann, dass die Diagonale [*BG*] die rechten Winkel *CBA* und *FGE* halbiert.
Lösungshinweis:
Führe folgende Abbildungen durch:
$\triangle ACD \xmapsto{A;\,+90°} \triangle AFD'$ und $\triangle ACD \xmapsto{C;\,-90°} \triangle CD''E$
Betrachte nun das so entstandene Viereck *BD''GD'*.

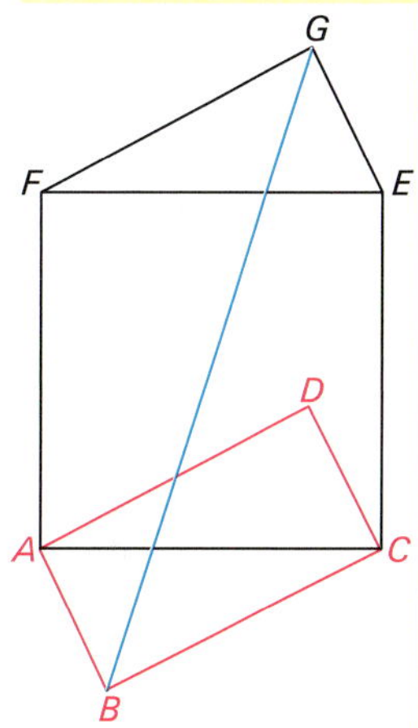

Bild 1

37.0 Nach dem Untergang eines Schiffes schwammen die einzigen drei Überlebenden in verschiedene Richtungen von der Unglücksstelle davon. Jeder von ihnen legte 1,5 Kilometer in der Stunde zurück und nach einer Stunde waren ihre Positionen die Punkte *A*, *B* und *C*.

37.1 Trage die Punkte *A*(−4|+2), *B*(9,5|−2,5) und *C*(1|6) in ein Koordinatensystem ein, ermittle geometrisch die Unglücksstelle *U* und gib ihre Koordinaten an. Platzbedarf: $-5 \leqq x \leqq +11$; $-4 \leqq y \leqq +7$

37.2 Miss die Strecken [*UA*], [*AB*], [*AC*] sowie [*BC*] und berechne damit, wie viele Kilometer die Überlebenden nach einer Stunde voneinander entfernt waren. Runde dabei auf eine Stelle nach dem Komma.

Aufgaben

Platzbedarf: $0 \leqq x \leqq 10$, $0 \leqq y \leqq 16$

38.1 Die Strecke $[AB]$ mit $A(4|1)$ und $B(15|6)$ wird durch Parallelverschiebung mit dem Vektor $\vec{v} = \begin{pmatrix} -4 \\ 3 \end{pmatrix}$ auf die Strecke $[DC]$ abgebildet. Führe die Abbildung im Koordinatensystem durch und berechne die Koordinaten der Punkte D und C. [Teilergebnis: $C(11|9)$]

38.2 Begründe, dass das Viereck $ABCD$ ein Parallelogramm ist.

38.3 Berechne die Koordinaten der Mittelpunkte P, Q, R, S der Seiten $[AB]$, $[BC]$, $[DC]$ und $[AD]$. Ermittle sodann die Koordinaten der Pfeile $\overrightarrow{SQ}$ sowie $\overrightarrow{PR}$ und begründe damit, dass die Mittellinien $[SQ]$ und $[PR]$ parallel zu den Seiten $[AB]$ bzw. $[BC]$ verlaufen.

38.4 Zeige rechnerisch, dass sich die Mittellinien $[SQ]$ sowie $[PR]$ gegenseitig halbieren und durch den Diagonalenschnittpunkt Z des Parallelogramms $ABCD$ verlaufen. [Teilergebnis: $Z(7{,}5|5)$]

38.5 Ermittle die Koordinaten der Pfeile $\overrightarrow{SP}$, $\overrightarrow{RQ}$, $\overrightarrow{SR}$, $\overrightarrow{PQ}$. Begründe damit, dass das Viereck $PQRS$ wieder ein Parallelogramm ist und seine Seiten parallel zu den Diagonalen $[AC]$ bzw. $[BD]$ verlaufen und halb so lang wie diese sind.

Platzbedarf: $0 \leqq x \leqq 11$, $-2 \leqq y \leqq +7$

39.1 Zeichne das Dreieck ABC mit $A(2|3)$, $B(8|-1)$ und $C(10|6)$ in ein Koordinatensystem und berechne die Koordinaten des Mittelpunktes M der Seite $[AB]$ sowie die des Mittelpunktes Q der Seite $[AC]$.

39.2 Der Punkt Q wird durch Parallelverschiebung mit dem Vektor $\overrightarrow{AM}$ auf den Punkt P abgebildet. Berechne die Koordinaten von P und bestätige sodann rechnerisch, dass P der Mittelpunkt der Seite $[BC]$ ist.

39.3 Begründe: Die Vierecke $AMPQ$, $MBPQ$ sowie $MPCQ$ sind Parallelogramme. Ihre Diagonalenschnittpunkte R_1, R_2 und R_3 sind die Seitenmittelpunkte S_1, S_2 und S_3 des Dreiecks MPQ.

40 In der Zeichenebene sind Geraden g_1, g_2 und g_3 gegeben, wobei gilt:

a) $g_1 \cap g_2 = \{P\}$ **b)** $g_2 \cap g_3 = \emptyset$ **c)** $g_1 \cap g_2 \cap g_3 = \{S\}$
d) $g_1 \cap g_2 \cap g_3 = \emptyset$ **e)** $g_1 \cap g_2 = \emptyset \wedge g_3 \cap (g_1 \cap g_2) = \{S_1; S_2\}$

Können die Geraden jeweils durch Drehung oder Parallelverschiebung aufeinander abgebildet werden? [Teilergebnis: a) Drehung um P e) Parallelverschiebung und nachfolgende Drehung um S_1 bzw. S_2]

41 Das Dreieck ABC mit $A(-4|0{,}5)$, $B(-2|0{,}5)$ und $C(-2|3{,}5)$ ist gegeben. Führe folgende Abbildungen durch:
1. $\triangle ABC \xmapsto{D_1;\ \varphi_1 = +90^\circ} \triangle A_1B_1C_1$ mit $D_1(-2|-2{,}5)$
2. $\triangle A_1B_1C_1 \xmapsto{D_2;\ \varphi_2 = -90^\circ} \triangle A_2B_2C_2$ mit $D_2(3|-2{,}5)$

Gib die Koordinaten des Vektors an, mit dem das Dreieck ABC direkt auf das Dreieck $A_2B_2C_2$ abgebildet werden kann.

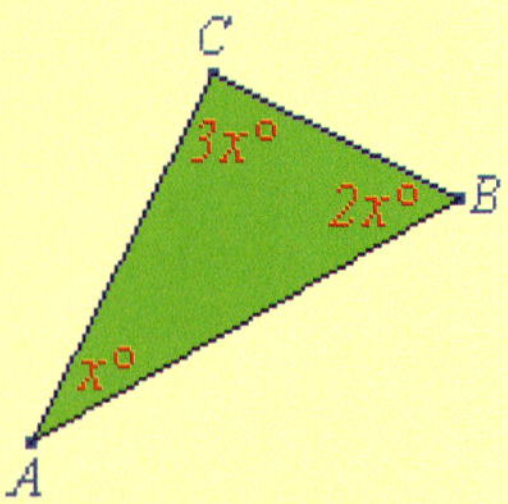

Bild 1

42 Im Dreieck ABC in Bild 1 sind die Maße der Innenwinkel $x°$, $2x°$ und $3x°$. Berechne die Maße der Innenwinkel.

Aufgaben

43 In einem Fünfeck *ABCDE* haben die Winkel *BAE*, *CBA* und *DCB* gleiches Maß. Ebenso sind die Winkel *AED* und *EDC* maßgleich. Der Winkel *AED* misst jedoch um 30° mehr als der Winkel *CBA*. Berechne die Maße aller Innenwinkel des Fünfecks.

44 Peter behauptet, dass es Vierecke, Fünfecke und Sechsecke gibt, bei denen die Maße der Innenwinkel wie folgt von $x°$ bis $4x°$, bzw. von $y°$ bis $5y°$ bzw. von $z°$ bis $6z°$ zunehmen: Vierecke: $x°$, $2x°$, $3x°$, $4x°$; Fünfecke: $y°$, $2y°$, $3y°$, $4y°$, $5y°$; Sechsecke: $z°$, $2z°$, $3z°$, $4z°$, $5z°$, $6z°$. Berechne x, y und z. Überprüfe sodann die Behauptung. (Auf eine Stelle nach dem Komma runden.) [Teilergebnisse: $y = 36$; $z = 34{,}3$]

45 Übertrage die Figuren in den Bildern 1 und 2 in dein Heft und berechne die Maße der benannten Winkel.

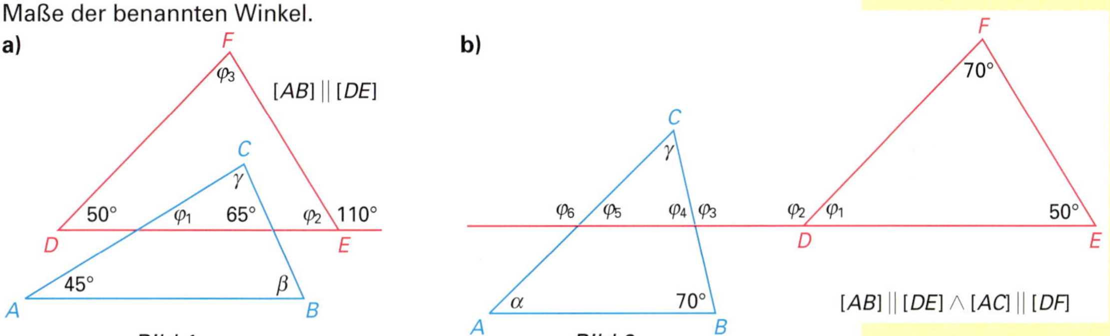

Bild 1 *Bild 2*

46 Berechne die Maße der benannten Winkel des Vierecks *ADSC*.

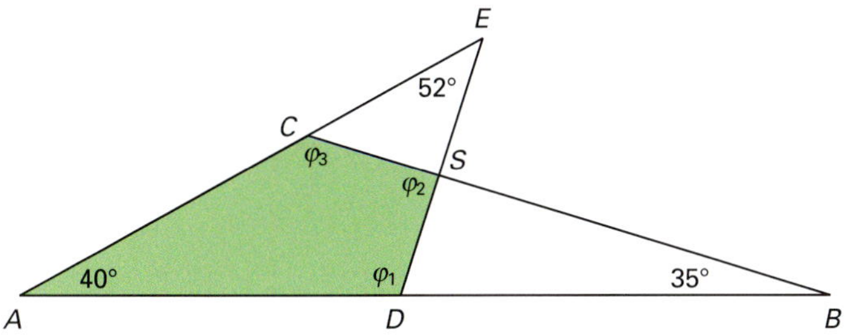

Bild 3

47 Gegeben: $g \parallel h$; $\sphericalangle ACB = 90°$; $\overline{AC} = \overline{BC}$; $\overline{AB} = \overline{AD}$.

Übertrage die Figur in Bild 4 in dein Heft und ermittle das Maß φ des Winkels *DAC*.
Lösungshinweis:
Spiegle *D* an der Geraden *g*.

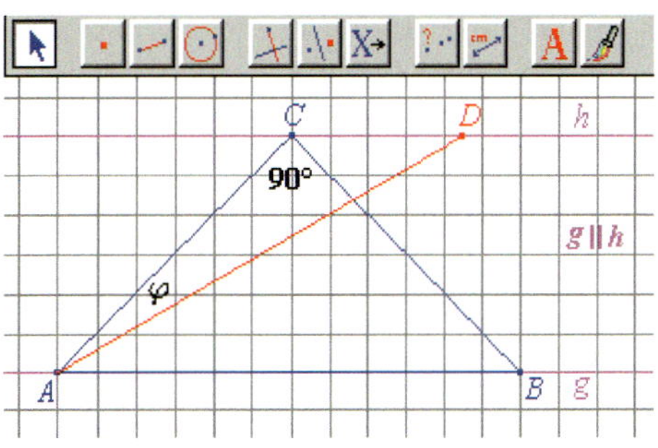

Bild 4

Ergebnisse der Aufgaben mit ungeraden Aufgabennummern:

1 Es müssen zwei Bleche Pizza gebacken werden. **3** 7 % **5** 13:00 Uhr; waagrecht, Spitze nach links **7** $21{,}7\frac{km}{h}$; 30 **9** jeweils 79 % **11** 12 min **13** jeder 5. $\triangleq$ 20 % **15** A: 12; B: 4; C: 6; D: 7 **17.1** 32 cm; 64 cm **17.2** 2^0 cm; 2^1 cm; 2^2 cm; 2^3 cm; … **17.3** z. B. 149 cm $\triangleq$ 10 010 101 cm; (1 + 4 + 16 + 128) cm **19 a)** $T(a) = 5 - \frac{31}{20}a$; $T(5) = -2{,}75$ **b)** $T(b) = \frac{b+14}{6}$; $T(10) = 4$ **c)** $T(c) = \frac{32c+15}{30}$; $T(0) = 0{,}5$; $T(-3) = -2{,}7$; $T\left(\frac{3}{4}\right) = 1{,}3$ **21 a)** $x = -1$ **b)** $x = -4$ **23 a)** z. B. $8x - 20 = 3$; $2x - \frac{19}{4} = 1$; $x = \frac{23}{8}$ **b)** z. B. $\frac{5 + 0{,}5x}{3} = -6$; $5 + 0{,}5x = -18$; $x = -46$ **c)** z. B. $9 - 16x < -48$; $-16x < 57$; $x > \frac{57}{16}$ **d)** z. B. $\frac{7x-2}{-5} - \frac{0{,}2x}{5} > 1$; $-7{,}2x + 2 > 5$; $x < -\frac{5}{12}$ **25** 7,6 Pkte; 22,2 % **27** A: 96 000 €; 30 000 €; 74 000 € **29** A: 140 000 €; B: 40 000 €; C: 50 000 € **31** S_1: 60 kg; S_2: 120 kg **33** Frau Adam erhält 28 800 €, Herr Beyer 43 200 € **35** höchstens 15 €; mindestens 9 € **37.1** $U(2{,}5|-1)$ **37.2** $\overline{AC} \triangleq 1{,}3\ km$; $\overline{BC} \triangleq 2{,}5\ km$; $\overline{AB} \triangleq 3{,}0\ km$ **39.1** $M(5|1)$; $Q(6|4{,}5)$ **39.2** $P(9|2{,}5)$; $\overrightarrow{BP} = \begin{pmatrix} 1 \\ 3{,}5 \end{pmatrix}$; $\overrightarrow{PC} = \begin{pmatrix} 1 \\ 3{,}5 \end{pmatrix} \Rightarrow \overline{BP} = \overline{PC}$ **39.3** $\overrightarrow{AM} = \overrightarrow{QP} = \begin{pmatrix} 3 \\ -2 \end{pmatrix} \Rightarrow$ $\Rightarrow$ $AMPQ$ ist ein Parallelogr.; $\overrightarrow{MB} = \overrightarrow{QP} = \begin{pmatrix} 3 \\ -2 \end{pmatrix} \Rightarrow$ $MBPQ$ ist ein Parallelogr.; $\overrightarrow{MP} = \overrightarrow{QC} = \begin{pmatrix} 4 \\ 1{,}5 \end{pmatrix} \Rightarrow$ $MPCQ$ ist ein Parallelogr.; Diagonalenschnittpunkte: $R_1(5{,}5|2{,}75)$; $R_2(7|1{,}75)$; $R_3(7{,}5|3{,}5)$; Seitenmittelpunkte: $S_1(5{,}5|2{,}75)$; $S_2(7|1{,}75)$; $S_3(7{,}5|3{,}5)$ **41** Dreieck $A_1B_1C_1$ mit $A_1(-5|-4{,}5)$, $B_1(-5|-2{,}5)$, $C_1(-8|-2{,}5)$; Dreieck $A_2B_2C_2$ mit $A_2(1|5{,}5)$, $B_2(+3|5{,}5)$, $C_2(3|8{,}5)$; $\triangle ABC \xmapsto{\overrightarrow{BB_2}} \triangle A_2B_2C_2$; $\overrightarrow{BB_2} = \begin{pmatrix} 5 \\ 5 \end{pmatrix}$ **43** $\sphericalangle BAE = \sphericalangle CBA = \sphericalangle DCB = 96°$; $\sphericalangle AED = \sphericalangle EDC = 126°$; **45 a)** $\varphi_1 = 45°$; $\varphi_2 = 70°$; $\varphi_3 = 60°$; $\beta = 65°$; $\gamma = 70°$; **b)** $\varphi_1 = 60°$; $\varphi_2 = 120°$; $\varphi_3 = 110°$; $\varphi_4 = 70°$; $\varphi_5 = 60°$; $\varphi_6 = 120°$; $\alpha = 60°$; $\gamma = 50°$ **47** $\varphi = 15°$.

Glossar

Satzgruppe der Achsenspiegelung

1. Jede Gerade *a* der Ebene kann Spiegelachse zu genau einer Achsenspiegelung sein, die die Ebene auf sich abbildet.
2. Bei allen Achsenspiegelungen wird jeder Punkt *P* der Ebene umkehrbar eindeutig auf jeweils genau einen Punkt *P'* der Ebene abgebildet.
3. Bei allen Achsenspiegelungen stehen die Verbindungsstrecken von Urpunkten *P* und entsprechenden Bildpunkten *P'* (für $P \notin a$) auf der Spiegelachse senkrecht und werden von ihr halbiert.
4. Bei allen Achsenspiegelungen ist nur die Spiegelachse Fixpunktgerade.
5. Alle Achsenspiegelungen sind längentreu und winkeltreu: Alle Achsenspiegelungen sind Kongruenzabbildungen.
6. Alle Achsenspiegelungen sind geradentreu und kreistreu.

Abbildungsvorschrift

Satzgruppe der Parallelverschiebung

1. Jedes geordnete Punktepaar $(P|P')$ bzw. jeder Pfeil $\overrightarrow{PP'}$ der Ebene legt genau eine Parallelverschiebung fest, die die Ebene auf sich abbildet.
2. Bei allen Parallelverschiebungen wird jeder Punkt *P* der Ebene umkehrbar eindeutig auf jeweils genau einen Punkt *P'* der Ebene abgebildet.
3. Bei allen Parallelverschiebungen sind die Verbindungsstrecken von Urpunkten *P* und entsprechenden Bildpunkten *P'* zueinander parallel, gleich lang und gleich orientiert. Die Pfeilmenge, die sie bilden, heißt Vektor.
4. Bei allen Parallelverschiebungen ist kein Punkt der Ebene Fixpunkt.
5. Alle Parallelverschiebungen sind längentreu und winkeltreu: Alle Parallelverschiebungen sind Kongruenzabbildungen.
6. Alle Parallelverschiebungen sind geradentreu und kreistreu. Jede Gerade wird auf eine parallele Gerade oder auf sich abgebildet.

Abbildungsvorschrift

Satzgruppe der Drehung

1. Jeder Punkt *Z* der Ebene kann Drehzentrum und jeder Winkel mit dem Maß $\varphi \in [-360°; +360°]$ kann Drehwinkel zu genau einer Drehung sein, die die Ebene auf sich abbildet.
2. Bei allen Drehungen wird jeder Punkt *P* der Ebene umkehrbar eindeutig auf jeweils genau einen Punkt *P'* der Ebene abgebildet.
3. Bei allen Drehungen sind die Verbindungsstrecken $[PZ]$ von Urpunkten und Zentrum und $[P'Z]$ von zugehörigen Bildpunkten und Zentrum gleich lang und schließen den Drehwinkel mit dem Maß φ ein.
4. Bei allen Drehungen ist nur das Drehzentrum Fixpunkt.
5. Alle Drehungen sind längentreu und winkeltreu: Alle Drehungen sind Kongruenzabbildungen.
6. Alle Drehungen sind geradentreu und kreistreu.

Abbildungsvorschrift

Äquivalenzumformungen

Die Lösungsmenge einer Gleichung oder Ungleichung ändert sich nicht, wenn man
- auf beiden Seiten die gleiche Zahl addiert oder subtrahiert
- beide Seiten mit der gleichen positiven Zahl multipliziert oder dividiert
- beide Seiten mit der gleichen negativen Zahl mulitpliziert oder durch sie dividiert und bei einer Ungleichung das Ungleichheitszeichen umkehrt (Inversionsgesetz).

Sachwortverzeichnis

98765432